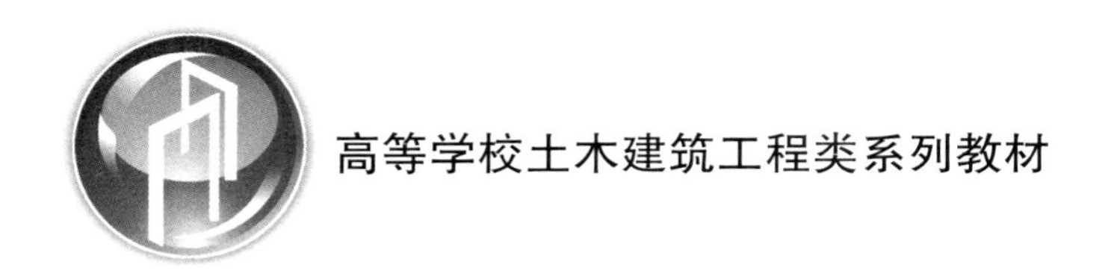

高等学校土木建筑工程类系列教材

土木工程事故案例

■ 主　编 陆小华

■ 副主编 李广信 杨光华 黄宏伟

■ 参　编 陶能付 杨蕴萍

WUHAN UNIVERSITY PRESS

武汉大学出版社

图书在版编目(CIP)数据

土木工程事故案例/陆小华主编;李广信,杨光华,黄宏伟副主编. —武汉:武汉大学出版社,2009.10
高等学校土木建筑工程类系列教材
ISBN 978-7-307-07304-3

Ⅰ.土… Ⅱ.①陆… ②李… ③杨… ④黄… Ⅲ.土木工程—工程事故—高等学校—教材 Ⅳ.TU712

中国版本图书馆CIP数据核字(2009)第156624号

责任编辑:李汉保　　责任校对:黄添生　　版式设计:支　笛

出版发行:**武汉大学出版社**　(430072　武昌　珞珈山)
(电子邮件:cbs22@whu.edu.cn 网址:www.wdp.com.cn)
印刷:武汉中远印务有限公司
开本:787×1092　1/16　印张:12.25　字数:289千字　插页:1
版次:2009年10月第1版　2009年10月第1次印刷
ISBN 978-7-307-07304-3/TU·79　定价:20.00元

高等学校土木建筑工程类系列教材

编　委　会

内容简介

本书介绍国内外土木工程实践中实际发生的典型失败案例，以事故调查结果为依据，介绍事故发生、发展的过程，并对事故的原因、经验和教训进行分析和评论。全书分为6章，第1章介绍国外著名案例，这些案例的调查处理后来都对土木工程的理论、实践和法规产生了深远影响；第2章介绍地基基础事故案例；第3章介绍几个大型隧道工程事故案例；第4章介绍水利工程事故案例；第5章介绍脚手架、模板支撑和地下开挖临时地下连续墙等施工临时结构的事故案例；第6章介绍两个地震震害及其教训。

案例后面附上了相关思考题，要求学生在进一步检索阅读相关文献资料的基础上进行讨论，希望学生以这些案例为出发点进行深入的思考，从这些实践中吸取经验和教训，成长为成熟的有社会责任感的土木建筑工程工程师。本书可以作为高等院校土木建筑工程类本科生、硕士生的教材，也可以供高等院校教师、相关工程技术人员参考。

序

建筑业是国民经济的支柱产业，就业容量大，产业关联度高，全社会50%以上固定资产投资要通过建筑业才能形成新的生产能力或使用价值，建筑业增加值占国内生产总值较高比率。土木建筑工程专业人才的培养质量直接影响建筑业的可持续发展，乃至影响国民经济的发展。高等学校是培养高新科学技术人才的摇篮，同时也是培养土木建筑工程专业高级人才的重要基地，土木建筑工程类教材建设始终应是一项不容忽视的重要工作。

为了提高高等学校土木建筑工程类课程教材建设水平，由武汉大学土木建筑工程学院与武汉大学出版社联合倡议、策划，组建高等学校土木建筑工程类课程系列教材编委会，在一定范围内，联合多所高校合作编写土木建筑工程类课程系列教材，为高等学校从事土木建筑工程类教学和科研的教师，特别是长期从事土木建筑工程专业教学且具有丰富教学经验的广大教师搭建一个交流和编写土木建筑工程类教材的平台。通过该平台，联合编写教材，交流教学经验，确保教材的编写质量，同时提高教材的编写与出版速度，有利于教材的不断更新，极力打造精品教材。

本着上述指导思想，我们组织编撰出版了这套高等学校土木建筑工程类课程系列教材，旨在提高高等学校土木建筑工程类课程的教育质量和教材建设水平。

参加高等学校土木建筑工程类系列教材编委会的高校有：武汉大学、华中科技大学、南京航空航天大学、湖北工业大学、汕头大学、南通大学、江汉大学、三峡大学、孝感学院、长江大学、昆明理工大学、江西理工大学12所院校。

高等学校土木建筑工程类系列教材涵盖土木工程专业的力学、建筑、结构、施工组织与管理等相关领域。本系列教材的定位，编委会全体成员在充分讨论、商榷的基础上，一致认为在遵循高等学校土木建筑工程类人才培养规律，满足国家教育部关于土木建筑工程类本科人才培养方案的前提下，突出以实用为主，切实达到培养和提高学生的实际工作能力的目标。本教材编委会明确了近30门专业主干课程作为今后一个时期的编撰，出版工作计划。我们深切期望这套系列教材能对我国土木建筑事业的发展和人才培养有所贡献。

武汉大学出版社是中共中央宣传部与国家新闻出版署联合授予的全国优秀出版社之一，在国内有较高的知名度和社会影响力。武汉大学出版社愿尽其所能为国内高校的教学与科研服务。我们愿与各位朋友真诚合作，力争使该系列教材打造成为国内同类教材中的精品教材，为高等教育的发展贡献力量！

高等学校土木建筑工程类系列教材编委会

2008年8月

前　言

1980 年，哥伦比亚大学教授、著名建筑和结构工程教育家马里奥·萨瓦多里很高兴地告诉母亲，他出版了一本名为《建筑物如何站起来》(Why Buildings Stand Up)的著作，他母亲回答“嗯，不错！但我更关心建筑物是怎样倒塌的”。1992 年萨瓦多里又同马蒂斯·李维合著了一本《建筑物是如何倒塌的》(Why Buildings Fall Down)。如今这两本书都是颇受读者欢迎的经典著作。随着科学技术的进步与发展，人类的建造手段与能力不断加强，每年都有无数大小工程成功建设，为人类的福祉服务。然而，我们时常也耳闻目睹各种工程事故的发生，给社会带来灾难和损失。那么这些事故是如何发生的？我们能够避免事故的发生吗？我们能从这些事故中学到些什么？

对已发生的事故统计分析表明，很大比例的工程事故是由于人为的失误，而不是不可抗拒的原因造成的。瑞士苏黎世联邦理工学院的一项研究，对世界上 800 个结构工程事故案例进行了分析，这些事故造成了 504 人死亡、592 人受伤和数以亿元计的经济损失。相关研究发现，事故产生的原因包括：理解不足 36%；低估了某些因素的影响，16%；无知、粗心、忽视，14%；遗漏、错误，13%；依赖不能控制的因素，9%；未知因素，7%；责任不明，1%；质量问题，1%；其他，3%。同一研究显示，这些事故中的$\frac{3}{4}$是人为错误造成的，如果采取适当的管理措施，85% 的事故是可以避免的。

在另一项研究中，海因里希调查了 75 000 件工伤事故，结果发现不可抗拒的因素只占 2%，而人的因素占 88%，物的不安全原因占 10%。对我国近 7 年的地铁工程事故分析也可以发现，发生在晚 7 时到早 7 时的事故占 90%；发生在周 5、周 6、周日三天的事故占 80%，其中周 6、周日两天的事故占近 70%；所有事故中发生在附属工程中的占$\frac{2}{3}$。可见，事故的发生主要是源于麻痹大意，放松警惕。

所谓工程，是指人类为了改善生活条件而进行的物化劳动的过程。所以工程不仅仅只是科学技术知识的运用，工程也包括管理、人文和道德层面上的因素。是一项复杂综合的社会实践的过程。人类的工程实践早于系统的科学的形成，工程实践也就是科学技术诞生的源泉。早期的工程实践主要靠经验的判断。直至今日，在一些工程领域，例如岩土工程领域，经验判断仍然占重要的地位，这主要是源于客观对象的复杂性和人类认识的局限性。面对无垠的客观世界，人类要穷尽宇宙的奥妙几乎是不可能的，“天意从来高难问”，因而工程实践就不可避免有其盲目性和失败的风险。

总结经验，吸取教训，加深对自然规律的认识，从而也就推动了科学技术的发展。美国对塔科马大桥倒塌(见 §1.1)的反思首次引入了风洞试验，并使人类对结构的空气动力性能有了崭新的认识；加拿大魁北克大桥的倒塌(见 §1.2)被认为是工程师永远的耻辱，而套在工程师手指上的铁指环时刻提醒他们记住这一耻辱;英国罗兰坊的局部倒塌(见§1.3)导致了结构规范和法规对连锁倒塌和结构鲁棒性(robustness)的一系列要求;新加坡对联益大厦倒塌(见§1.4)的调查催生了所有建筑必须接受周期性检查的法规;“9·11”事件(见§1.5)的调查发现,在救援过程中需要一些必要的程序规范。比如,要有一个比较完整、统一的标准和指引、指导对建筑物损害程度和可用性的评估;重大事故现场往往也是犯罪现场,志愿者参与救援和勘测行动的协调、身份认证和法律责任问题都需要有相应的预案的指引。而事故的全面调查就能发现这些需求并帮助制定符合现场要求的指引。魁北克大桥的倒塌和新加坡尼诰大道地铁站地下连续墙的倒塌(见§5.3)事件均表明,施工现场需要有人能在必要的时候下令停工,并撤出人员以避免事故的发生和人员伤亡,并且这样的人也必须具有这样的判断力、权威和责任。这些程序、规范和指引不能单靠理论分析和模拟得到,它们是以工程事故的惨痛付出为代价的。所以,对事故的发生进行深入的调查总结、吸取经验是非常重要的。

失败的案例是宝贵的财富,因为我们在其中常常会发现尚没有认识的东西。人们都是在失败中总结经验,增长才干,成为专家的。“九折臂而成医兮,吾至今而知其信然。”古往今来,真正的常胜将军其实是没有的,即使是天才,如果自傲轻敌,犯了错误又自欺欺人,那么在过五关、斩六将的辉煌之后,也可能落到走麦城的悲惨结局。

工程的风险是可以监控的,事故一般是可以避免的,是有预兆的,可以反映在监测数据中,事故萌芽到险情发生一般有一段时间。事故的发生往往是多种不负责的因素叠加,失去了报警和补救的时机。这里就涉及一个重要的问题,即工程师的伦理(engineering ethics)教育问题。伦理就是“什么应当做,什么不应当做”,也就是一种行为准则。美国工程师协会有专门的“伦理规范”(Code of Ethics);在一些大学开设工程伦理课程。工程师应当是求真务实,一丝不苟,兢兢业业,对历史负责的,也就是职业的道德,是诚信和负责。我国目前进行史无前例的大规模工程建设,与科学技术的不适应相比较,工程技术人员的伦理观念方面的差距更为显著,是亟需加强的。

工程事故是惨痛的,生命和财产的损失应当换回一些经验和教训,所以事故的案例也是十分珍贵的财富,是工程伦理教育的最好教材。土力学的奠基人太沙基讲过:“A well documented case history should be given as much weight as ten ingenious theories.”(一个记录完善的工程实录等价于十个有创造性的理论)。失败的案例往往比成功的案例更加宝贵,因为我们在其中常常会发现尚没有认识的东西,或者值得吸取的教训。

2007年初,广东水电科学研究院总工程师杨光华教授到汕头大学讲学,讲座中介绍了他所处理过的一系列触目惊心的工程事故。他指出:“当我们发现哪里出现了问题,我们就应该在这里插上一个标签,警示后人不要再犯同样的错误”。所以,所有土木建筑工程(所有工程类)类专业的学生都应该将“工程事故分析”作为一门必修课程,从前人的错误中学习,总结经验,避免类似事故的发生,并促进人类工程实践与管理的进步。

2007年7月武汉大学出版社组织出版高等学校土木建筑工程系列教材,并组织成立了以武汉大学何亚伯教授为主任委员的编委会。汕头大学陆小华即建议将土木工程事故案例列入计划,得到了编委会的认同,当即通过杨光华教授联系到清华大学李广信教授、同济大学黄宏伟教授讨论编书事宜,得到了三位教授的热情参与和鼎力支持。在进一步得到新加坡理工学院陶能付博士和汕头大学杨蕴萍老师的加盟后形成了一个实力雄厚、覆盖广泛的编写团队。

本书分为6章，第1章（陆小华编写）介绍国外著名土木工程失败案例，这些案例的调查处理后来都对土木工程的理论、实践和法规产生了深远影响；第2章（杨光华、李广信编写）介绍地基基础事故案例；第3章（黄宏伟编写）介绍几个大型隧道工程事故案例；第4章（李广信编写）介绍水利工程事故案例；第5章（杨蕴萍编写）介绍脚手架、模板支撑和地下开挖临时地下连续墙等施工临时结构的事故案例；第6章（陶能付编写）介绍两个地震震害及其教训。

一个事故的发生往往是众多因素相互作用的结果，从工程理论的进步和经验的积累来说，总结经验教训、避免类似错误的重现的重要性要远高于确定事件的法律责任和经济责任。所以，一个事故的调查应该尽可能的还原事件发生、发展的全过程。研究、理解这个过程就能够更有效地总结经验。因此，只要具备足够的资料，本书中尽量对事件的过程进行一些叙述，这样学生可以比较全面地理解一个具体的工程实践中所涉及的各个方面、各种角色、他们所代表的利益、所采取的立场和对同一事件的不同反应。具备这样的理解，能预测这样的反应可能带来的后果，并知道采取相应的措施避免事故的发生，将有助于学生成长为具有社会责任感和职业道德的工程专业人员。

我们尽可能保持案例编写风格的一致性，然而，由于案例所涉及的方向、规模、调查处理方式和完整资料的可获得性的巨大差异，我们还是不能保证风格的完全统一。此外，国内类似书籍极少，缺少可参考借鉴的资料，加上作者水平有限，难免出现各种错漏，敬请读者批评指正！

作　者

2009年8月

目　录

第 1 章　国外著名土木工程失败事件

§1.1　塔科马大桥的倒塌

1.1.1　大桥倒塌

1940 年 7 月 1 日距美国华盛顿州首府西雅图市西南约 50km 的塔科马大桥（Tacoma Narrows Bridge）正式建成通车，这座公路桥是通向奥林匹克半岛的经济和军事门户，桥的全长 5 939 英尺（1 811m），主跨长 2 800 英尺（853m），桥面为双向二车道 39 英尺（11.9m）宽。和著名的金门大桥一样，这是一座悬索桥，是当年美国第三大悬索桥，当时被称为人类创造力和毅力的结晶。4 个月后，同年 11 月 7 日上午约 11 点，塔科马大桥在剧烈的震动中倒塌，如图 1.1.1 所示。这件事震动了全世界，被称为“工程界的珍珠港事件”，直到今天，桥梁、结构或物理课程的许多老师都会向他们的学生提到这座桥。由该桥倒塌而引发的一系列调查和研究促进了一系列学科的创新与进步，使桥梁结构和空气动力学得到了极大的发展。

图 1.1.1　倒塌中的塔科马大桥

1.1.2 事件的经过

20世纪上半叶，美国奥林匹克半岛尚未开发，看到其资源的经济潜力，越来越多的人希望在该处建桥。1923年即有一个委员会在作建桥的可行性研究。1927年塔科马商会路桥委员会确认了建桥的可行性并组成了一个集资委员会负责为前期勘测筹款。1928年塔科马商会正式宣布筹建该桥，并授予伊文思（Evans）、海奇（Hickey）和刘易斯（Lewis）特许筹款权为建桥筹款。然而此后的五年中并没有筹到足够的款项。

1937年华盛顿州通过了一项法案成立州收费桥管理局，建桥的工程就被转到了华盛顿州收费桥管理局，由华盛顿州公路局长莫洛（L. V. Murrow）负责。桥梁采用当时流行的悬索结构，华盛顿州的工程师克拉克·艾尔德里奇（Clark Eldridge）早先提出了一个初步设计，采用25英尺高（7.6m）的钢桁架梁，预计造价为1 100万美元。其设计交给多个桥梁专家审核，来自纽约的工程师莱昂·莫伊塞夫（Leon Moisseiff）认为他可以花更少的钱建桥，他将梁高减为8英尺（2.4m）高的钢板梁，由于梁高变矮使大桥更优雅，更具观赏性，同时也降低了建造成本，预计造价600万美元。莫伊塞夫是纽约曼哈顿大桥的设计者、旧金山金门大桥的主要设计者，在桥梁设计上享有盛誉，因此，他的设计被接受，而艾尔德里奇仍被任命为项目总工程师。

1938年6月华盛顿州收费桥管理局向公共事业局（PWA）和重建融资公司（RFC）申请建设款。然而由于建设投标金额超过了600万美元的申请款额，该局只好重新申请。1938年9月30日美国联邦政府宣布给予288万美元的公共事业拨款和352万美元的重建融资贷款（从过桥费中返还）用于兴建塔科马大桥。同年9月27日建设标书发给了旧金山的太平洋桥梁公司（Pacific Bridge Company）、西雅图的通用建设公司（General Construction Company）和俄勒冈的波利维尔哥伦比亚建设公司（Columbia Construction Company of Bonneville）。这三个公司联合成立了太平洋通用哥伦比亚公司（Pacific-General-Columbia Company）负责该桥的建设，作为该公司的负责运行公司，太平洋桥梁公司从1938年11月23日正式开始上部结构的施工。

桥的跨高比高达350，跨宽比达72，桥梁没有足够的刚度，从而经不住风的侵袭。桥在施工时就发生摆动，一个工程师曾报告说"刚开始桥面支模时就感到了晃动，晃动随桥面板的完成而变得越来越强，并且随风力的变化而变化"。同样是莫伊塞夫设计的纽约白石桥（Whitestone Bridge）也遇到了类似的晃动。桥面完成后，摇摆愈来愈烈，莫伊塞夫向负责工地施工的设计人员保证说他已研究出了减震阻尼器可以解决桥摇晃的问题，然而装上阻尼器后问题仍然没有解决。轻度至中度的风就可以导致大桥来回摇摆，因此大桥被当地居民起绰号叫"舞动的格蒂"（Galloping Gertie）。塔科马大桥竣工通车后，摇摆得更加厉害。该桥吸引了不少远方的客人驾车到此一游，为的是寻求刺激，尝尝汽车驶过摇摇晃晃的大桥时的滋味。在某些日子里，桥身上下振动的幅度竟达1.5英尺，使得驾驶员看不见在自己前面行驶的汽车。如图1.1.2、图1.1.3所示。

尽管工程师们认为桥梁结构本身是安全的，从1940年7月底起华盛顿大学的法库哈逊（F. B. Farquharson）教授开始用摄影机记录桥的振动并设法研究减振装置。法库哈逊教授在工程系的地下室作了一个桥的模型来研究减振的方法，他发现在副跨跨中向地面设一锚缆可以减小桥的振动，然而实际装在桥上后锚缆被拉断了。进一步试验发现在梁的腹

图 1.1.2　大桥开通当日

板上开孔有助于减低风对桥梁的作用力。另一个方案是在梁的侧面装上半圆球状的导风罩以减低风力。安装导风罩的方案得到了华盛顿州收费桥管理局的批准，然而，未等方案实施，塔科马大桥就在风中倒塌了。

图 1.1.3　破坏前桥面的跳动

1940年11月7日早晨，桥跨中在时速35～46英里（56～74km）的风中振幅高达3～5英尺，早上10点管理当局关闭了大桥。不久之后，大桥从平常的波浪型振动转换为双波扭转振动。随着每次振动的增强，跨中的振动由振幅为5～28英尺的波形振动变为路面侧倾到同水平面呈45°角的扭转振动。过了约30分钟到10:30左右，跨中的一块路面板坠入水中，接着有200m长的路面断开，然后振动停止了几分钟，最后又发生新的振动，将残留的桥面全部掀到水里。出事的当时法库哈逊教授正在桥上观察如何安装导风罩，他亲眼目睹了这一切的发生，桥梁倒塌的最后几分钟也被摄影机记录下来成为后世学习和教育的珍贵资料。

由于当局及时关闭了大桥，大桥的倒塌竟奇迹般地只损失了“一座桥、一辆车、一条狗”（当时某报纸的标题）。然而，桥梁的倒塌让我们更清楚地认识到我们对自然界认识的有限，打击人们日益膨胀的自信心。

1.1.3 事故原因

事后，在该项目工作的一些工程师说他们早知道这座桥不可靠，他们认为桥的倒塌完全是由于桥的形体不合理而不是材料强度不足。项目总工程师艾尔德里奇指责美国联邦融资机构坚持采用莫伊塞夫的设计直接导致了桥的倒塌，他指出华盛顿州公路局的工程师曾提出实腹的钢板梁不能像传统的桁架体系能让风吹过而像船帆一样受风力。莫伊塞夫则将桥的倒塌归根于工程师对空气动力性能认识不足，外加缺少资金而不得不将桥建得太窄。

华盛顿州收费桥管理委员会委托一个调查组调查现场，查找事故原因并估计重建大桥的费用。1941 年 6 月 26 日，调查组发表他们的调查结论，调查组认为，大桥倒塌的首要原因是桥梁超大的跨高比和跨宽比以及桥板和梁的形式。此外，钢板梁的实心腹板使桥受风力影响很大，而从前采用桁架设计桥梁时风力并未被认为是一种重要的因素。具体的破坏则始于北面悬索中部连接主缆和吊索的索夹滑移。

另一个由美国联邦公用事业局（FWA）委托的调查组也认为这项工程失败是由于风作用于过于柔性的结构，而该结构不能吸收足够的动能。北中跨索夹的松滑使得桥面产生扭转从而导致整个中跨破坏。

毫无疑问，桥梁刚性太低、变形过大是桥梁的一个严重的问题。然而，大桥倒塌的真正原因长期以来存在争议，至少有三种流行的理论解释大桥的破坏[1]：1. 随机扰动；2. 周期性脱旋；3. 气动失稳（负阻尼）。

1. 随机扰动理论

早期人们认为由于风压的周期性变化恰好与大桥的自振频率吻合而引起了桥的共振。这一理论的最大问题是共振需要风压频率与大桥自振频率高度一致，而随机风压的频率总是随时间变化的。所以，随机风压不太可能使大桥几乎在所有的风中都产生稳定的振动。因此，这一理论似乎不太适用本案。

2. 周期性脱旋

著名的航空空气动力学专家西奥多·冯·卡门（Theodore von Karman）相信涡旋脱落是导致大桥晃动的主要原因。当风吹向一个非流线型的物体，如大桥的桥面时，其背风面会产生卡门涡街，卡门涡街会对其前方的桥面产生周期性的负压作用而引起振动（涡旋脱落）。如图 1.1.4 所示。这一理论的问题是计算得到的频率为 1Hz，而法库哈逊教授实际观察到的大桥扭转振动频率为 0.2Hz。涡街频率是实际振动频率的五倍，所以这一扭转振动也不太可能是卡门涡旋脱落引起的。除了卡门涡街外，风气旋还可能引发颤振，也有可能是颤振引发了大桥的扭转振动。

3. 气动失稳

气动失稳是一种自激振动，在这种情况下维持桥振动的周期性力是由大桥自身变形产生的，当振动消失后振动力也就消失了。这一现象也称为负阻尼，例如一张薄纸或旗帜迎

图 1.1.4　卡门涡旋示意图

风飘舞振动。以下是气动失稳理论对塔科马大桥扭转振动的一个解释。

假如风从桥下斜向吹到大桥底面，这股风会对桥面板产生一个扭矩从而使桥面发生顺时针方向的扭转，桥面由于扭转变形而储存了弹性能，由于桥面的转动致使风对桥面的作用角改变，扭矩减低，在弹性恢复力的作用下桥面开始逆时针方向转动，由于惯性的作用桥面不会停在原平衡点，而会继续按逆时针方向转动直到弹性回复力大于惯性力和风压扭矩的联合作用桥面就会回头向顺时针方向转动，重复前面的过程而维持持续的扭转振动。在这个过程中风压的大小和方向并没有改变，而风压产生的扭矩的大小和方向是随桥面转动的方向呈周期性变化的，因此，是一种自激式的振动。当应力反复次数超过材料的疲劳极限，或自激振动增强到使应力超过材料的屈服极限时结构就破坏了。实际上这两种因素是相互影响的，比如疲劳会降低材料的屈服极限。

1.1.4　事故的经验和教训

大桥倒塌后，工程界进行了大量的事故原因调查和研究，法库哈逊教授领导的华盛顿大学研究组将风洞试验引入桥梁结构，试验证明塔科马大桥由于桥梁变形过大且无足够的耗能机制而破坏倒塌。从此以后，重要的大桥设计后总要经过风洞试验以保证桥的空气动力性能满足相关要求。

由于美国卷入第二次世界大战，塔科马大桥的重建直到 1948 年 6 月才开始，重建期间又经历了地震和火灾，终于在 1950 年 10 月 14 日建成通车。重建的大桥采用了桁架梁增加桥的刚性和减少风阻，采用轻质混凝土路面以减轻桥的自重，桥面加宽为双向四车道，增加了桥的水平刚度，加宽了桥塔以提高大桥的稳定性。大桥首次在车道间的桥面开通缝以减少风压对桥面的影响，首次在桥塔与悬索和桥面板与吊索连接处使用液压阻尼减震器，首次在建桥前在风洞中进行空气动力试验。所以，这次事故是人类工程历史上的一次惨痛的失败，同时也促进了工程科学和工程实践的飞跃进步。

莫伊塞夫曾是极负盛名的桥梁专家，对著名的旧金山金门大桥的设计有着不可磨灭的贡献。然而，由于过度的自信而导致塔科马大桥的倒塌，导致他个人身败名裂。假如管理当局没有因为他的盛誉和极低的预算而采用他前所未有的大胆设计，假如他谨慎地对待在建桥过程中出现的异常摇动，这一损失也许是可以避免的。莫伊塞夫是如此相信他的理论，即使在施工过程中出现了极其异常的晃动也没有使他警觉到有可能发生的问题。从短期强度来看，他的柔性设计也许是正确的，单纯风压作用下的应力应该低于材料强度，大桥毕竟使用了4个月的时间。然而，大桥在风的作用下产生周期性的振动则是他所未预计到的，周期振动所带来的是以前从未意识到的问题，也就不能找到适当的方法制止灾难的发生。

科学和技术的创新能带来人类环境巨大的发展和改善，当在技术上或应用上有大幅度的创新或变革时我们是走在一条前人未走过的路上，我们已经知道如何避免熟悉路上的陷阱和障碍，但在新的路上将如何能够避免尚未知的因素给我们带来灾难是值得人们深思的课题。

思考题

1. 以小组为单位将人员分为三方：政府主管，负责大桥审批和贷款；设计者甲，做了一个符合传统要求的设计，估计造价1 100万美元；设计者乙，著名桥梁专家，根据他的新理论做了一个创新设计，新设计能使造价减到600万美元，且基于他的理论的另一座桥已经成功建成，只是这一次的设计比以前更为大胆。

（1）三方通过辩论确定采用哪个设计。

（2）假定辩论的结果是采用设计者乙的方案，在施工的过程中发现桥梁产生超出预料的摇动，三方讨论决定如何处理。

2. 以小组为单位将人员分为正方和反方辩论：为了科学和技术的创新付出一些代价是在所难免的。

莱昂·莫伊塞夫（Leon Moisseiff 1872—1943）小传[12]

莱昂·莫伊塞夫1872年出生于拉脱维亚，1891年19岁时移民美国，5年后取得土木工程学位并入美国籍，他加入纽约市桥梁处并成为一名著名的桥梁理论家和设计师，他是纽约市华盛顿大桥的设计师。

1925年工程师约瑟夫·斯特劳斯（Joseph Strauss）需要人手帮他设计旧金山金门大桥，他通过著名工程师查尔斯·艾利斯（Charles Ellis）找到当时极负盛名的桥梁设计专家莫伊塞夫，双方一拍即合。

莫伊塞夫同艾利斯为金门大桥的设计开展了紧密的合作，莫伊塞夫在风荷载设计上做出了巨大的贡献。他们将莫伊塞夫的柔性设计（deflection theory of suspension bridges）理论运用于金门大桥的设计，以柔性的桥身抵抗金门湾常有的阵风。莫伊塞夫相信他可以把桥建得比任何以前的悬索桥都要轻、细、长，他认为一半以上的由风产生的应力是可以通过悬索传递到锚墩上去的。由于莫伊塞夫和艾利斯解决了悬索桥的设计问题，斯特劳斯决定将原设计的悬臂悬索混合结构改为悬索结构，用较少的钢材和较短的施工时间建成金门大桥。这样，莫伊塞夫和艾利斯的技术攻关加上艾温·莫洛（Irving Morrow）的设计工作，著名的金门大桥得以建成。

1937年莫伊塞夫应用他的柔性设计理论修改塔科马大桥的设计方案，使得建桥预算从1 100万美元降到600万美元并成功获得有关当局的批准建造。然而这一次他走得太远，跨高比高达350倍的柔性桥梁获得了“舞动的格蒂”（Galloping Gertie）的外号，大桥建成后4个月即在风中倒塌了。

大桥的倒塌也意味着莫伊塞夫职业生涯的结束，三年后他在一次心脏病突发中逝世。

§1.2　魁北克大桥的建造

1.2.1　尚未建成就倒塌的大桥

在加拿大魁北克市以北数公里的魁北克大桥（Pont de Quebec）横跨圣劳伦斯河（St Lawrance River），连接魁北克市和李维（Lévis）。首座魁北克大桥设计为一座铆接钢桁架桥，桥全长987m，宽29m，高104m，由南北副跨各悬挑出177m长的悬臂支撑195m的中跨。魁北克大桥是圣劳伦斯河最下游的一座桥，也是世界上跨度最大的悬臂桥。副跨同时起着锚固和支撑主跨的作用。

1907 年 8 月 29 日，大桥已经接近最后完工。下午 5 点 30 分，下班的第一声哨声已经吹响，桥上的 86 名工人正准备下班。忽然一声大炮般的巨响，南岸悬臂和已经部分完工的中跨倒塌，总重量达 19 000t 的钢结构在 15 秒钟内掉入河底，桥上工作的 86 人中仅 11 人侥幸生还。如图 1.2.1 所示。

图 1.2.1　倒塌后的魁北克大桥

1.2.2　大桥的历史

早在 1852 年就开始讨论建一座连接南岸的李维和北岸的魁北克大桥，这一话题在 1867 年、1882 年和 1884 年又一再被提起。终于，1887 年加拿大联邦议会通过了一项法案，成立魁北克大桥公司（Quebec Bridge Company）。然而，因为缺钱此后 11 年公司几乎没有什么进展。

魁北克大桥公司的总工程师爱德华·霍尔（Edward Hoare）经验不够，此前他从未做过超过 90m（300 英尺）跨度的桥。因此，大桥公司向美国的同行请求帮助。1897 年夏，纽约的设计工程师、美国土木工程学会（ASCE）董事西奥多·库帕（Theodore Cooper）参加完 ASCE 的年会后来到魁北克，对这项工程产生了极大的兴趣，当即表示他将施以援手。

库帕正式参与大桥的建设已是两年以后了。1899 年 3 月大桥公司请库帕评标，将所有投标者的设计和标书交给他评审。此前，自 1897 年起魁北克大桥公司与宾夕法尼亚凤凰镇（Phoenixville）的凤凰桥梁公司（Phoenix Bridge Company）就有密切联系，凤凰公司也早已做好了大桥的设计和标书参与投标，而魁北克大桥公司也公开希望凤凰公司能够中标。1899 年 6 月 23 日，库帕在给魁北克大桥公司的报告中说凤凰公司的设计和标价是最好、最省的。顺理成章，凤凰公司取得了建桥工程合同。1887 年 5 月 6 日，库帕被聘为魁北克大桥建设工期的咨询工程师（consultant engineer）。

在库帕正式作为魁北克大桥咨询工程师之前 5 天，他就已经行使了他的权利。他要求对桥的设计进行两项重要修改，一是将桥的主跨从 486m（1 600 英尺）增加到 549m（1 800 英尺）；二是将钢材的设计允许应力提高。增加跨度可以使桥墩比较靠近河岸，从而减少被河上浮冰撞击破环。同时，在河水较浅的地方建桥墩能够加快建设速度，使整个建设工期至少缩短一年。他的建议理所当然地得到魁北克大桥公司的批准。然而，在此后三年基础结构的建设过程中却没有任何人对增加主跨跨度和提高允许应力所带来的困难做任何准备。

造成这种结果的根源还是在于缺钱，魁北克大桥公司并没有向任何人承诺当基础建设结束后公司将有能力支付上部结构的建设费用，而凤凰公司则只有在一项工程的付款合同得到保障之后才进场开工。按常理，对这样一个没有先例的大型工程应该做一些必要的试验研究，然而，凤凰公司不可能自己掏钱来做，魁北克大桥公司也没有钱来支持这样的研究。所以，三年的时间就这样白白浪费了。一个心照不宣的假定是库帕的学识和经验将保证工程的成功。

1903 年加拿大政府发行了一个 670 万加元的债券作为建桥费用，一时间建设速度骤然加快。设计工程师和制图员开始加紧工作赶制施工图，以满足现场的需要。当时甚至都没有时间重新计算总用钢量以及钢材自重荷载。库帕也没有提出异议，采用了凤凰公司的估计值。

三年中库帕总共只到过工地三次，他最后一次访问工地是 1903 年 5 月，此后他便以健康为理由拒绝去工地，仅呆在纽约遥控大桥的建设。实际上并非他的健康影响他的旅行，而是他认为访问工地是无效率的工作。早在签订聘用合同时他就坚持写上他到访工地的次数为每月不超过 5 次。他“抱着骄傲和期待的心情看到这个伟大的工程顺利地进行，我不愿再做任何事了”（a pride and an desire to see this great work carried through successfully, I took no further action）。

1903 年夏，库帕的骄傲促使他赶到渥太华。加拿大铁道与河道部的总工程师科灵伍德·施瑞博（Collingwood Schreiber）需要对桥梁的设计作最后的审核批准，他希望让自己的桥梁工程师先对库帕的设计进行审核然后再签字。施瑞博的工程师罗伯特·道格拉斯（Robert Douglas）审查了库帕的设计（见图 1.2.2），他认为“美国政府有好几次在没有可供参考的工程中都用了四到五个工程师一起来决定允许应力的值，现在这么重要的问题不应该仅由库帕一个人来决定”。然而，这却激怒了库帕，他在写给魁北克大桥公司的信中说道“这是将我放到了一个下属的位置，我绝不能接受”。他强硬的作风使得施瑞博最后让步，以后库帕的图纸直接送给库帕签字批准，施瑞博成了个橡皮图章。

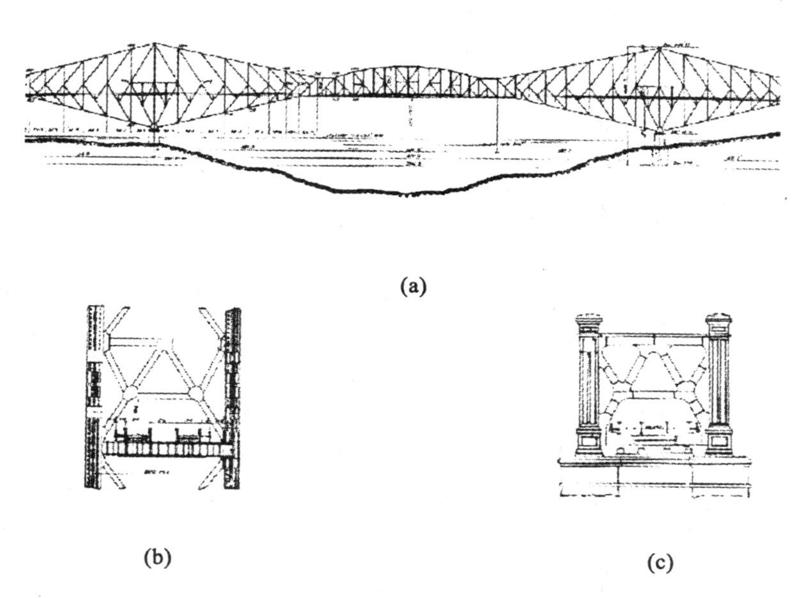

(a)

(b) (c)

图 1.2.2 魁北克大桥的设计简图

1905 年库帕派刚毕业的诺曼·麦克卢尔（Norman McLure）在工地。名义上，麦克卢尔同时对库帕和霍尔负责，实际上麦克卢尔只是库帕的私人代表。麦克卢尔聪明、勤奋并且忠心，很符合库帕的要求。他与库帕联系频繁，准确报告工地的情况，并且忠实地执行库帕的指令。然而，他却缺少足够的经验。

1904 年夏，魁北克大桥公司和凤凰公司正式签约开始上部结构的建设。到 1905 年，南副跨的施工图完成，他们有机会对大桥的实际重量做出比较精确的计算了。然而，无论是库帕还是凤凰公司似乎都没有对此有任何表示。他们再一次失去了发现问题的机会。

1906 年 2 月 1 日，他们开始付出代价。凤凰公司的材料主管 E·L·爱德华报告说，估计大桥实际用钢为 3 300 万 kg（7 300 万磅），比原先预计的 2 800 万 kg（6 200 万磅）的估计值高了许多。然而，库帕认为爱德华搞错了，实际应力只比原来估计值高了（7%～10%）。此时，南副跨、桥塔、南主跨两榀悬臂梁的制作已经完成，只待安装了。库帕认为结构是安全的。所以，除非重新设计，桥梁的倒塌已经是不可避免的了。

1907 年 6 月 15 日，麦克卢尔写信告诉库帕，南副跨下弦有四根杆在铆接时无法对接，最后用了两台 75t 的千斤顶才勉强对上。库帕回信说没有关系，只要今后将构件加工准确就可以了。

1907 年 7 月开始安装主跨，结构逐渐延伸，结构的应力也逐渐增加，而此时桥根部下弦有些受压的格构还没有铆上。到 1907 年 8 月初，根部一些受压的下弦杆开始屈曲。1907 年 8 月 6 日麦克卢尔向库帕报告说南悬臂下弦杆 7-L 和 8-L 已经弯曲了。库帕开始有些担心了，他回信指示处理办法，并同时问道，“怎么会两根杆同时弯曲了?”。同年 8 月 9 日麦克卢尔又报告 8-L 和 9-L 的连接板也弯曲了。库帕更加担心了，但他并没有同凤凰公司讨论此事。凤凰公司总工程师约翰·迪安斯（John Deans）认为，7-L 和 8-L 下弦杆在加工厂时就已经弯了，而麦克卢尔认为弯曲是安装之后产生的。8 月份大部分时间在争论着两根杆的问题。同时，构件的应力还在不断增加。

同年8月27日，危机已经变得非常明显了。一周前，南副跨的9-L下弦杆还只有19mm（0.75英寸）的挠曲，27日早挠曲已经增加到了57mm（2.25英寸）。麦克卢尔立即给库帕写信告知此事。如果他更加有经验一点，此时他应该是用电报，而不是信件来报告。

9-L杆挠曲的事传遍了整个工地，凤凰公司的工地总监工晏瑟尔（Yenser）说为了他自己和他手下人的生命安全，他要停工。然而，第二天他却决定继续开工。魁北克大桥公司的总工程师霍尔批准继续开工。凤凰公司的人员坚持认为这些挠曲是安装前就存在的，他们既没有去解释9-L杆如何在一周内挠度增加了38mm（1.5英寸），也没有采取任何纠正措施。

同年8月28日，恐惧弥漫着整个工地，而工地的权威却瘫痪了。魁北克大桥公司的总工程师霍尔没有足够的能力和经验作出决定。所以，他派麦克卢尔到纽约面见库帕。

同年8月29日上午11点30分库帕到达他在曼哈顿的办公室时见到正在等他的麦克卢尔，麦克卢尔27日发出的信也同时到了。库帕读完信后同麦克卢尔作了简单的交谈。12点16分，他给凤凰公司发了一个简短的电报："在事情弄清楚前不要往桥上加任何新的荷载，麦克卢尔将在5点到达"。库帕不知道工地上这两天一直都在继续施工，他以为两天前麦克卢尔发信时工地就已经停工了。而麦克卢尔急于赶上去凤凰公司的火车，忘了将库帕的电报发给魁北克大桥公司。所以，当天工地一直施工到下午5点。

库帕的电报下午3点到达凤凰公司，迪安斯读后就扔到一边了，没有采取任何行动。麦克卢尔下午5点到达凤凰公司。他同凤凰公司的总工程师迪安斯和总设计工程师皮特·兹拉普卡（Peter Szlapka）会面。他们决定第二天一早再开会，那时凤凰公司魁北克工地工程师的一封信会到达，信中有证明构件离开凤凰镇时就已经弯曲、然而强度足够的内容。就在他们会谈结束的同时，魁北克大桥南跨9-L、9-R同时失稳，造成整个南侧桥体倒塌。

1.2.3 事件结论与后续发展

1908年加拿大皇家委员会发表了事件调查报告。鉴于约翰·迪安斯在最后危机处理过程中极其不称职的判断，他遭到了强烈的谴责。魁北克大桥公司因指派不能胜任的爱德华·霍尔为工地工程师而受到批评。而最强烈的批评落到了库帕和兹拉普卡头上，是库帕审查并批准了兹拉普卡的设计。委员会认为，这个事故"除了这二位工程师判断的错误外不能委责于任何其他的直接原因。他们极大地低估了桥的自重，这是一个致命的错误。即使桥的下弦杆有足够的强度，这个错误仍将导致大桥的倒塌"。

魁北克大桥经重新设计后重建，新桥用了原设计2.5倍的钢材。然而多灾多难的大桥在重建过程中又发生了致命事故。1916年9月11日，预制的中跨在吊装过程中掉落，又导致11人身亡。直到1917年10月17日，新桥才终于完成，并服务至今。

自1922年起，加拿大工程大学的毕业生和工程师都必须通过一个宣誓仪式，然后戴上一个标示工程师身份的铁指环。有一个广泛流传的传说，说铁指环是用倒塌的魁北克大桥的钢材制成的，指环的作用是要工程师们牢记大桥倒塌的耻辱，牢记工程师的社会责任，严守职业伦理，为社会服务。尽管传说的真实性值得怀疑（至少它的材料是铸铁而不是钢材)，但该传说却实实在在地反应了社会和工程界的共识，勉励新加入工程师行列的人牢记过去，谦虚谨慎。因此，大家都乐意让该传说流传下去。

1.2.4 事故的经验与教训

库帕是一个骄傲、自信的人，狂热于自己的事业。1858 年年仅 18 岁的他毕业于美国最早的工程学校伦斯莱尔理工学院土木系。1861 年加入美国海军，在内战最后三年他作为助理工程师服务于炮舰 Chuocura 号，然后到美国海军学院（US Navy Academy）任教。1872 年从海军退役。同年 5 月受著名工程师詹姆斯·伊兹（James B. Eads）委派作为伊兹最著名工程圣路易斯大桥的钢结构制造检验员。如果说美国海军开启了库帕的职业生涯，伊兹则将库帕送到职业生涯的新高度。伊兹很快提拔他负责大桥现场施工，而这座桥是当时最大的悬臂桥。库帕尽心尽力，曾经有一次因为处理一个事件连续 65 小时不休息。另一次则在半夜给伊兹发电报，告知有些拱肋出现问题。由于他的及时报告和处理，避免了一场可能的灾难。到 1874 年大桥完成时，库帕发现自己已经小有名气了。1879 年他从匹茨堡的 Keystone Bridge 公司主管的位置辞职，自己在纽约开了间工程咨询公司。他做过一些有名的大桥，如普罗维登斯的 Seekonk Bridge 大桥，匹茨堡的 the Sixth Street Bridge 大桥和纽约的 the Second Avenue Bridge 大桥等。然而，同他的老师伊兹相比较，他却从来没有做过一座真正可以称得上是杰作的大桥。所以，魁北克大桥对他有不可抗拒的吸引力。他说过，这座大桥将是他最后一件作品，并且是他完美职业生涯的顶峰。

魁北克大桥的倒塌也终结了库帕的职业生涯。他在皇家委员会调查会上两次作证，同凤凰公司和魁北克大桥公司相互指责。然而，当如此重大的事件发生之后，他也不得不淡出退休。1919 年 8 月 24 日去世，享年 80 岁。

一个伟大的工程师总有他值得骄傲的成就。然而，在面对未知的世界时，这种骄傲是不能有任何展示的，他必须小心谨慎，实事求是。否则骄傲换来的可能是身败名裂，可能是人类的灾难。这种事情会发生，会在任何不尊重自然规律的人身上发生，而且已经在相当优秀的人身上发生过了。

思考题

1. 仔细阅读本节的内容，并尽可能阅读其他参考资料，分别列出库帕、凤凰公司、魁北克大桥公司和政府主管部门在魁北克大桥倒塌事件过程中有些什么样的过失，如何以制度的形式避免这些过失的产生?

2. 以小组为单位，结合塔科马大桥的莫伊塞夫和魁北克大桥的库帕二人的悲剧，讨论并撰写一篇不少于 5 000 字的报告，阐明工程师的社会地位、社会成就、社会责任、职业伦理和职业行为之间的关系。

§1.3　罗南坊事故的启示

1.3.1 爆炸的楼房

英国伦敦东部纽汉区（London Borough-Newham）克利佛路（Clever Road）有一栋名

叫罗南坊（Ronan Point）的23层（底层没有住户，楼层从第二层算起）公寓楼。1968年5月16日清晨5点45分，18层90号单元52岁的艾薇·霍基（Ivy Hodge）到厨房去烧水泡早茶，在她划下火柴的一瞬间一声巨响，楼房爆炸。整栋楼房的东南角的客厅自顶层22楼到底楼依次垮下，18～22层的卧房也倒塌。事故导致4人丧生、17人受伤。艾薇·霍基却奇迹般地生还。事故没有导致更多伤亡是因为那个时间大部分居民还在睡觉，而18层以上的单元中仅22层住了人，如图1.3.1～图1.3.3所示。

图1.3.1 爆炸后事故现场

图1.3.2 18～22层破坏

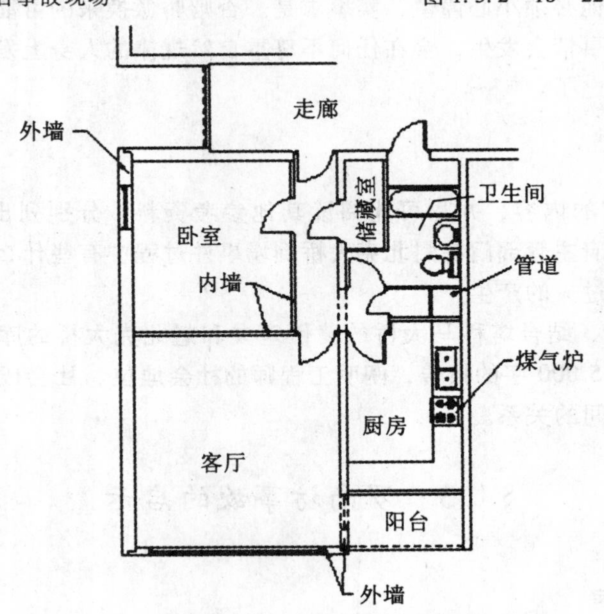

图1.3.3 90号单元的平面图

1.3.2　事故原因

事故刚发生时还有人怀疑是爱尔兰共和军的恐怖爆炸，而事故调查证明这只是一场简单的煤气泄漏导致的爆炸。然而，就是这场煤气爆炸事件直接将防止连锁破坏（progressive collapse）纳入结构工程的理论和实践，导致一系列规范、规程的改变。

第二次世界大战后伦敦建了许多高层住房以补充大战中摧毁了的房子，当时又缺少足够的熟练建筑工人。所以既节省土地、劳力，又能高速建设的预制组装结构（system building）就非常流行。罗南坊采用的是丹麦在 1948 年发明的拉森-尼尔森体系（Larsen-Neilsen system），墙、楼梯和楼板都是工厂预制后现场组装的，单层高的预制墙为承重墙。罗南坊每层 5 户，22 层楼共有 110 户。其中有 44 个二房单元、66 个一房单元。1966 年 7 月动工、1968 年 3 月竣工的罗南坊是 9 栋完全相同的建筑中的一栋。

相关调查显示这次爆炸的能量是很低的，事后艾薇·霍基的听力依然完好证明爆炸产生的压力在 70kPa 以下，英国帝国理工学院对其他物证的研究也证明了这一点。然而，这么轻微的爆炸却产生了这么惨痛的后果，证明房子的结构有严重的问题。

除了使用了早期的荷载规范而导致风荷载不足、建筑质量差外，罗南坊给世人最重要的警示是结构需要具有足够的冗余性（redundancy）和鲁棒性（robustness）以保证结构在意外情况发生、部分结构破坏时仍能够形成替代传力路径（alternative load paths），保证结构的整体性（integrity），不让破坏碎片成为其余部分的不可承受的荷载而导致多米诺骨牌效应（Domino effect），发生连锁破坏（progressive collapse）。为六层以下建筑发明的拉森-尼尔森体系显然不满足这些条件。一旦某一承重墙破坏，其墙体以上承载的全部重量就失去支撑而落下。落下的上层结构对下层结构形成不可承受的过载，从而逐次形成多米诺骨牌效应，像罗南坊一样形成连锁破坏。

1.3.3　事件的后续发展

罗南坊破坏使结构工程界意识到连锁破坏可能带来的灾难性后果。自那以后一系列的规范条文开始要求防止连锁破坏。1995 年穆拉联邦大楼（Murrah Federal Office Building in Oklahoma）恐怖爆炸案和 2001 年美国纽约世贸中心（World Trade Center）恐怖袭击案分别又为防止连锁破坏掀起了第二波和第三波浪潮。

1970 年英国建筑规程（British Building Regulations，之后发展为英国标准 CP-110）加入第五修正款，要求英国所有五层及以上的建筑设计必须满足抵抗连锁破坏的要求。

1972 年，罗南坊事故刚发生不久，美国国家标准局（American National Standards Institute，ANSI）《建筑及其他结构最小荷载规范》（Building Code Requirements for Minimum Design Loads in Buildings and Other Structures，ANSI A58.1）中 1.3.1 款要求防止连锁破坏。到 1982 年，ANSI A58.1 给出了连锁破坏更明确的定义，并给出了保证结构整体性的指南。1982 年起，ANSI A58.1 转移给美国土木工程师学会（American Society of Civil Engineers，ASCE），成为 ASCE 标准族中的《建筑与其他结构最低设计荷载规范》（Minimum Design Loads for Buildings and Other Structures，ASCE 7）。ASCE 7 经 1982 版、1995 版到最新 2002 版 ASCE 7-02。基于多年的研究发展，相关标准也对计算连锁破坏的荷载组合系数给出了建议，还给出了 11 条保证结构整体性的措施指南。

1975年加拿大国家研究理事会（National Research Council of Canada）发表的《加拿大国家建筑规范》（The National Building Code of Canada）设款4.1.1.8要求防止连锁破坏，并在1977年、1980年和1995年继续修订要求。1995年的补充说明更进一步要求将连锁破坏的失效概率门槛定在10^{-4}/年。

1999年美国国防部（Department of Defense）发布《反恐怖袭击既结构保护临时标准》（Interim Antiterrorism/Force Protection Construction Standards），这个标准现已被2003年发布的《国防部统一设施标准》（Unified Facilities Criteria，UFC 4-010-01）替代。标准族中有专门规范防止连锁破坏（UFC 4-023-03，Design of Building to Resist Progressive Collapse）。

2000年负责美国联邦政府采购的服务管理总局（General Service Administration，GSA）发布《新建联邦办公楼和大型现代项目抗连锁破坏分析和设计指南》（"Progressive Collapse Analysis and Design Guidelines for New Federal Office Buildings and Major Modernization Projects"）。标准的目的既为了新建建筑物的设计分析，也为了帮助既有建筑物的评估分析。

2001年美国机构安全委员会（Interagency Security Committee，ISC）发布《新建联邦办公楼和大型现代项目安全标准》（ISC Security Criteria for New Federal Office Buildings and Major Modernization Projects），文件的第四节第二部分要求参照ASCE7-95考虑抵抗连锁破坏。ASCE7-95标准的主旨在于结构的破坏不得超出原始破坏的范围（the structural would not collapse or be damaged to an extent disproportionate to the original cause of the damage）。因此，结构需要具备一定的冗余性、能提供替代传力路径，结构材料也需要有足够的延性。

2002年美国混凝土学会（American Concrete Institute，ACI）《混凝土结构建筑标准》（Building Code Requirements for Structural Concrete，ACI 318-02和ACI 318R-2）中7.13小节要求结构保持冗余性和延性以局限结构破坏范围、保证结构的整体稳定性。

美国世贸中心倒塌后，美国联邦紧急事务管理局（FEMA）和ASCE的联合调查报告以及美国国家标准与技术研究所（National Institute of Standards and Technology，NIST）的报告都将增加结构的整体性和冗余性作为首条建议。

罗南坊被修复之后又服务了18年，1986年5月罗南坊被拆毁，其他一些类似的建筑物也都被拆掉。罗南坊的拆毁不是采用通常的炸毁，而是逐层拆卸。拆卸过程证明大楼的建筑质量如事先估计般极其低劣，几乎没有一个合格的节点。

1.3.4 事故的经验与教训

罗南坊事故留给世人最宝贵的是对连锁破坏的认识，这个认识激起了对这一现象的研究与防止，并带来了一系列的规范要求的改变，使人们对建筑结构安全性的认识达到了一个新的高度。从另一个角度来讲，这个事件也提醒建筑工程师对自然规律和法则要有谦卑敬畏之心。当人们把一个已知的设计或规律带入未知的领域时，建筑工程师需要对其可能产生的影响有充分的研究与认识。盲目地扩展应用范围可能带来灾难性的后果。

对于我国的土木建筑工程界来说，我们应该学习美英工程界积极地研究事故，从事故中学习、总结经验教训，追求真理的精神。让每一次事故真正成为前车之鉴，为后人指明方向，为技术发展做出贡献。

思考题

1. 我国正处在经济水平由欠发达到发达的高速转型时期，各种规模的建设工程广泛开展。其中很有可能存在一些类似于罗南坊的工程隐患。当现在的在校学生成长为事业有成的工程师时可能正是这些隐患显现危害的时候。以小组为单位讨论当一项土木工程事故发生之后土木工程界应如何介入事故的调查和之后的建议、改革？社会应有怎样的机制保证独立的调查和改进程序能够正常地进行？

2. 以小组为单位，查找资料，尽可能完全地列出现有关于抵抗连锁破坏的分析、设计、施工方法和措施。分类整理并向全班报告，进行班级讨论。

§1.4　新世界酒店的倒塌

1.4.1　悲剧的发生

从1971年到1986年间，新加坡实龙岗路（Serangoon Road）305号，在实龙岗路和欧文路（Owen Road）相交的角上有一座6层高的楼房，名为联益大厦（Lian Yak Building），如图1.4.1所示。联益大厦的一楼为一家银行和一个10车位停车场，二楼是一家夜总会，地下室是个停车场，三楼到六楼为一家67房间的酒店。酒店名为新世界酒店（Hotel New World），是一家颇受印度、马来西亚和泰国旅游者欢迎的经济酒店。1986年3月15日上午11点25分，大楼突然坍塌，不到一分钟时间内整个楼房变成一片废墟，导致33人丧生、104人受伤，仅有17人获救，如图1.4.2所示。

事故震惊全国，新加坡政府于1986年3月22日成立事故调查委员会，查找事故发生的原因，并提出预防类似事故发生的建议。调查委员会的报告显示，事故的祸根实际上从15年前大楼的设计规划开始时就已经种下。而调查也导致了一系列的法律、规范的改变。

图1.4.1　倒塌前的联益大厦

图 1.4.2 联益大厦倒塌事故现场

1.4.2 事故的种子

1966 年戴利东（音译）、黄鸿林（音译）和罗亚秋（音译）三人作为信托人替联益地产私人有限公司（Lian Yak Realty Company Private Limited）买下这块 1 179m² （12 695 平方英尺）的土地。黄是联益地产的董事经理，其余二人是联益地产的董事。买下地皮后雇建筑师派斯坦纳（F. J. Pestana）向主管当局递交发展规划申请。经申请者两次撤回申请修改后，主管当局于 1967 年 3 月 20 日批准了申请。批文规定：（1）地下室为 21 车位停车场；（2）一楼为两个商店店铺和 10 车位停车场；（3）二楼为餐馆；（4）三楼到六楼为每层 16 房间的旅馆；（5）平屋顶，上建一电机房。

梁瑞龙（音译）是派斯坦纳的一个制图员，尽管自 1953 年开始就在派斯坦纳的公司做制图员，梁实际上并未经历正规训练，仅上过理工学院的制图课程，并且还没有完成。就是这个连制图员资格都不具备的人后来成了联益大厦实际的建筑师。当时，派斯坦纳因公司效益不佳转到了马来西亚的柔佛新山（Johore Bahru），梁离开派斯坦纳的公司做制图的散工。大概在这时黄结识了梁，并要梁替他帮忙。同时，黄雇了莱克西马南（K. N. Lekshmanan）接替派斯坦纳作为大楼的设计。莱克西马南是位 1956 年注册的土木工程师。此后由梁作的规划和设计由莱克西马南签字盖章，进行修改设计上报市政当局审批。

同建筑设计一样，联益大厦的结构设计也是由一位没有专业资格的制图员实际进行的。向崇兴（音译）是莱克西马南的制图员，尽管上交的文件上是莱克西马南签字，实际的钢筋混凝土设计计算书和图纸全是由向做的。而相关调查显示，设计计算书有漏算、错算等大量错误，且许多地方与设计图纸不符。

1968 年 11 月，因为遭人投诉与无资格人员共享职业服务收费，莱克西马南被剥夺了执业资格，因此，他再也不能用他自己的名义向市政当局递交专业设计文件。黄因此找到了建筑师易宏坤（音译）替代莱克西马南。黄、易和梁约定由黄和梁分享建筑设计费，而梁负责制作、修改设计图纸和工地检查。

大楼的施工由 Hong Eng Construction Company 承担，公司的唯一所有人是洪阿盛（音译），他是黄的姻亲。而洪作证时透露黄不过出借了他的名字而已，公司实际所有人是黄自己。整个施工过程中莱克西马南和易都没有对工程进行监督，工地上也没有监理。向或莱克西马南仅在结构上有问题时到工地去一下，多数时候是向一个人去，莱克西马南只去过一、两次。工地上基本是由梁和黄实际监理的。鉴于黄本人也于这次事故中遇难，他本人在施工过程中的作用已无从得知。

1970 年 6 月，大楼还在建造中，以易的名义向市政当局申请了一系列修改。其中，地下室的 9 根内柱包上了砖；一楼的一间商铺建了一间密室。1971 年中又申请将一间商铺改为银行。1971 年 11 月底又申请将原设计的两间商铺均转作为银行。而这些修改中最不寻常的是为什么要在柱外包上砖。事故后现场发现，外包层内还埋上了钢轨，如图 1.4.3 所示。而且有些柱是由混凝土而不是砖包起来的。钢轨由桩台一直延伸到一楼楼板，顶部还有垫板和螺钉与楼板连接成一个整体。显然这是施工阶段就有的，并且是为承力而设的。然而，却没有任何设计书或施工图说明它们的作用。原设计中屋顶没有水箱，修改后的设计在屋顶安装了一个小水箱。而实际安装的是一个 3.7 m×2.4 m×2.4 m（12 英尺×8 英尺×8 英尺）的大水箱。

图 1.4.3　地下室柱外包的钢轨

1972 年 9 月 22 日大楼取得主管当局合格证，准予入住。

除了主管当局保存的设计计算书和图纸外，联益大厦的历史细节很难完整。几个主要当事人中，派斯坦纳、莱克西马南和易都已过世，黄本人也在事故中遇难。对现存的资料调查发现：

（1）有地下室墙的结构施工图，但没有发现设计计算书；

（2）仅有 229mm×457mm（9 英寸×18 英寸）和 229mm×610mm（9 英寸×24 英寸）两种柱的设计计算，实际还有其他尺寸的柱子；

（3）只有 229mm×610mm（9 英寸×24 英寸）一个尺寸梁的计算，实际有其他尺寸的梁；

（4）设计书只有 9 桩桩台的设计，实际还有 2 桩、3 桩、4 桩和 6 桩等多种桩台。桩台设计没有进行钢筋锚固长度、抗弯、抗剪和抗冲切验算；

（5）设计屋面板有 114 mm，127 mm 和 152 mm（4.5 英寸、5 英寸和 6 英寸）等多种板厚，实际图纸只有 100mm（4 英寸）一种板厚；

(6) 计算书和施工图还有多处出入，小尺寸的梁、板施工图的配筋少于计算书给出的配筋。

因此，除了交给市政当局的计算书外，应该还有一套计算书存在。除计算书与施工图纸不符外，施工图本身也不清楚、遗漏或矛盾。

桩基础施工结束后没有进行压桩试验。事故后调查发现，25 号承台明显是两次不同施工浇筑的，两次浇筑间还有粘土和木渣，较大的一部分承台是斜的，外层混凝土内埋有钢轨，柱脚与桩群不同心，承台下有 11 根桩而不是设计的 9 根桩。据此可以判断，多余的桩、承台和外包钢轨是因为某种原因在施工阶段后期加上去的。检查其他三个承台也有类似的问题，只是没有 25 号承台偏心这么严重。对 14、24、25 和 26 号承台的检查发现，承台的施工与图纸不符，尺寸不对，配筋少了 25%，柱脚偏心，施工质量差，有的地方有进行二次浇筑的痕迹，如图 1.4.4 所示。

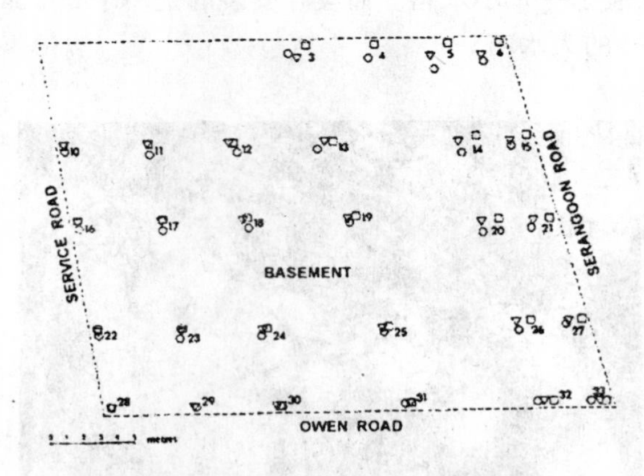

图 1.4.4 建筑设计、结构设计和实际建造的柱网

1974 年 5 月公用局在检查防火设施时发现屋顶搭建了一个设计中没有的职工餐厅，并行文要求拆除。虽然有文件显示已经拆除，但有证据显示这个违章搭建实际上直到房子倒塌时都还存在。1976 年 5 月，屋顶安装了两个热水器储水桶。1978 年 8、9 月房顶安装了一个空调用冷却塔。1982 年 3 月公用局发现联益大厦外表过于破旧，发文要求其粉刷外墙。而联益则给外墙贴上了瓷砖，据相关估算贴瓷砖给建筑物额外增加总重为 50 吨。1984 年 10 月，给房子做保温装修，将普通玻璃换为茶色玻璃，并给一些窗户安装石棉板。除此之外，联益大厦还经历了一些重要的修缮，如裂缝修补等。然而，由于缺乏记录，并且，主要当事人黄和主要分包商苏清唐（音译）均在这次事故中遇难。许多事实都无从得知了。

早在 1974 年，新世界酒店的一位合伙人 Pan Ah Pok 就发现酒店三楼有些房间墙上出现裂缝。这些裂缝有的 1.5 ~ 2m 长，有的达 2cm 宽。黄得到报告后仅简单的用水泥将裂缝补上。但 6 个月之后裂缝又出现了。1976 ~ 1979 年，二楼也发现裂缝，有的宽达 2cm。这些都被简单地补上了。一位给酒店做装修的承包商说他多次告诉黄，228、328 和 428 房间有雨水从外墙渗漏进来，黄也没有做任何补救。1980 年，一位给二楼夜总会作装修的承包商发现二楼至少五根柱上有不同宽度的裂缝，有的柱子表面的抹灰脱落。还有的柱子外面包有砖层。当他告诉黄时，黄要他只管装修，不用管这些。所以他把胶合板钉到柱子上后用塑料贴面做表面装饰。1985 年该承包商再给这家夜总会贴墙纸时发现三根柱的胶合板张开了，并有些涨曲。他没有修补这些裂缝，只是简单地将贴面钉上，贴上墙纸。该承包商还发现天花板上漏水，舞台背后墙上有垂直裂缝。他还帮忙修过几次通往后面车库的门，门框总是弯曲变形。黄对这些问题完全没有采取任何措施。1983 年，夜总会的看门人报告发现银行门口路上一道宽达 25mm（1 英寸）的裂缝，结果他挨了一顿批。这道裂缝也一直留在那里没有做任何处理。

1986 年 3 月 14 日下午 5 点半夜总会的妈咪来到夜总会，有人告诉她祈祷房内传出开裂的声音。7 点她听到 26 号柱传出开裂声，柱子外包的木板裂开了。7 点 30 分，她发现裂缝更宽了。她告诉夜总会经理，经理又告诉黄。然而，黄说没事，是新安装的空调冷却塔造成的。当天下午 6 点夜总会歌手从化妆室出来时也听到了 26 号柱传来开裂声。7 点 15 分她返回化妆室时发现门被卡住打不开了，只能叫经理帮忙。7 点 30 分另一个歌手在化妆时安装在 32 号柱上的镜子突然破裂。其他人也反映整个夜晚都能听到 26 号柱上传来的开裂声。当晚 11 点 45 分，外面有人听到楼上有窗玻璃掉落的声音。

被告知 26 号柱和 32 号柱的开裂声后，黄当晚 9 点来到现场。他找人用木条支撑着两根柱。支撑的一端在地板上，另一端顶在天花板上斜撑着。

15 日，住三楼的一位房客清晨 5 点听到一声很大的声音，上午 11 点左右房间的浴缸突然爆破，大量抹灰和混凝土从天花板上落下。9 点 30 分两名负责四、五、六楼房间的工人发现她们做完 408 和 510 房间卫生后房间的门关不上了。408 房间墙上也发现了以前没有的斜裂纹。在三楼的酒店前台说上午 10 点 45 分听到一声巨响。在一楼的银行职员在 10 点左右听到远处传来闷响，感到了一些震动。另一位职员听说后面停车场有柱子的抹灰落下，他赶紧出去将他的车停到地下室车库。在外面他看到黄正指挥人用木条支撑 30 号柱。当他在 11:45 左右返回银行时，银行天花板突然打开，整个向下塌下来。

上午 9:45 酒店一名服务生正在同大楼保安讲话时听到一声巨响，检查之下发现一楼车库的 30 号柱顶部四面都裂开了，混凝土渣下落，钢筋都能看见了。黄让他和保安的儿子到旁边一个工地搬几根木头来顶。他们搬了一根 4～5m 长的方木过来顶上。黄要他们再去搬，黄自己则回酒店内同应招前来的承包商谈话。他们搬了另一根方木回来的路上听到一声雷鸣般的巨响，整个大楼倒塌了。

1.4.3　事件结论与后续发展

相关调查表明，结构设计强度不足；施工质量差，多处与施工图纸严重不符；使用过程中施加了额外荷载；在使用过程中多次出现破坏迹象时没采取任何补救措施，最终导致大楼倒塌的惨剧。15 年时间证明了一系列的严重错误。

根据现有资料按英国相关规范 CP110 分析，结构强度严重不足，有些柱的安全系数低于 1。在荷载方面，约 22t 的屋顶水箱，22t 的银行密室和 53t 的外墙贴面和保温装修是原设计中没有的。对正常设计的结构来讲，这些额外荷载并不算大，而对一个强度严重不足的结构，这就无疑是百上加斤了。那么，联益大厦为什么能存在 15 年？这可能由于这样几个原因：

（1）CP110 取混凝土抗压强度为立方强度的 0.67 倍，而实际上这个值会高一些；

（2）框架间的填充墙能够帮助承担一些荷载；

（3）钢筋的设计强度取为250N/mm²，而实际强度会高一些；

（4）设计荷载并不是长期作用在结构上的。

尽管有这么多的因素，15年后房子还是倒塌了。

调查委员会认为该大楼的设计、承包商的选择、结构的施工和结构的使用维护等四个方面都存在严重不足。而且，这些方面不仅对于本案例，而且对于所有建筑物，尤其是小型建筑物的安全具有普遍意义。因此，今后应该从这四个方面加强监管，以避免类似惨案的发生。调查委员会的建议主要包括：

（1）在设计阶段，所有的设计方案和计算必须经当局指派的独立的注册工程师审核；

（2）设立施工公司评级制度，某一级别公司不能承建超出其级别允许的工程；

（3）加强施工过程的监控，重要工程必须有全日的监理工程师，一般工程必须有工地监工。要有完整的施工、检验、试验记录，关键项目埋封48小时前需通知当局派人验查，实行重要项目临时抽检制度等；

（4）除了强化已有的改变用途、装修、改建等的报批审核制度外，一个重大的变化是建筑的周期性检查制度。所有建筑物，除了纯粹用于居住的私人住宅外，每五年要进行一次强制性的结构检验。

1989年新加坡新的建筑管制法令（Building Control Act）生效，法令采用了委员会大部分的建议。如今，建设局（Building and Construction Authority）是隶属于国家发展部（Ministry of National Development）的一个机构。以建筑管制法令为杠杆负责全国建筑物（built environment）的安全、质量和可持续发展环境的建设。

1.4.4 事故的经验与教训

正如事故调查委员会所指出的，对于大型工程项目，因为责任重大、后果严重，类似的错误和疏忽发生的机率可能要低得多。因为项目小，建筑物的所有者往往在整个建造过程中能起到决定性的作用。而建筑物所有者的经济利益常常会与公众的安全利益相冲突，这就使得政府监管和工程师严守职业道德变得格外重要。类似的建设事故相信没少在我们周围发生，而且有许多正在发生。一个能站立15年的建筑物也不一定是一个安全的建筑物。对于广大土木工程专业的学生乃至工程师来说，这是一个需要我们谨记深思的案例。

这个事件是新加坡土木工程史上的一个标志性事件，以该事件为契机，一系列的法规、制度、培训改革被引入或加强，使得新加坡土木工程的监管和实践水平跨上一个新台阶。

思考题

1. 小型私人建筑物的监管是一项很困难的工作，分组讲述自己所见、所闻类似的建筑案例，并讨论在我国国情下应该如何进行符合实际的、有效的监管。

2. 一座建筑物在使用过程中出现裂缝是极为常见的现象，以为出现裂缝就意味着房屋要垮是不正确的，可能会导致不必要的惊慌、骚动或浪费。然而，本案例中建筑物所有者对房屋破坏先兆现象的无动于衷直接导致了惨剧的发生。作为土木工程专业人员，我们的看法和意见对非专业人员具有决定性的影响。所以，我们必须培养提高判别正常使用裂缝和结构破坏先兆的能力。以小组为单位，通过查找资料和讨论做一份关于正确鉴别结构非正常表现的报告。向全班报告、讨论。

§1.5　纽约世贸中心大楼的倒塌与调查

1.5.1　世贸中心简介

位于美国纽约的世界贸易中心，是著名的建筑艺术家雅马萨奇（Minoru Yamasaki 日本名山崎实）最重要的代表作之一，该建筑群占地达 16 英亩之广，由 7 栋建筑物组成，如图 1.5.1、图 1.5.2 所示。其中“Twin Towers”（双子大厦）的两座 110 层高楼的平面和体形完全一样，它们的边长都是 63.5m（207 英尺 2 英寸）。北塔（1 号楼，或 WTC1）高 417m（1 368 英尺），南塔（2 号楼，或 WTC2）高 415m（1 362 英尺）。1 号楼顶还安装了 109.5m（360 英尺）高的电视塔。3 号楼（WTC3）为 22 层万豪酒店（Marriot Hotel），4 号楼、5 号楼为 9 层南北裙楼，6 号楼为 8 层的美国海关大楼，7 号楼（WTC7）有 47 层，独自建在 Vesey 街北侧。世界贸易中心的主要业务是进出口等国际贸易，担负着美国国际贸易的发展重任，里面除贸易公司之外，也有运输公司、通信机构、银行、保险公司、海关等公、私机构，凡与贸易及港湾有关的活动均集中于此，世界贸易中心内共有企业约 1 200 家，员工 5 万多名，每天访客高达 8 万人次。

图 1.5.1　倒塌前的世贸中心全貌

1. 世贸中心的建筑结构体系

世界贸易中心大楼于 1966 年 8 月 5 日破土动工，1968 年 8 月开始钢结构施工，1970 年 12 月 WTC1 开始入住，1972 年 1 月 WTC2 开始入住，整个工程于 1973 年 4 月 4 日剪彩完工。世贸中心双塔均为筒中筒（Framed-tube）结构，每面 59 根密集的外柱组成外筒（四个角的每个角上还有一根柱），47 根钢柱构成大约 26.5m×41.6m（87 英尺×137 英尺）的核心内筒，如图 1.5.3 所示，内筒的四个角柱最大，承担核心部分$\frac{1}{4}$的竖向荷载，内筒墙板是50mm（2英寸）厚，两边嵌在槽钢内的石膏板。结构的水平力基本上由密集钢柱组成的外筒承担。外柱是由三层高、三根柱焊接而成的一个个单元在现场用螺栓连接起来的，如图1.5.4所示。每座楼的内筒布置了3个楼梯井、99台电梯、16台自动扶梯。外柱间由大约1.32m（52英寸）高的板梁横向联系起来。连接外筒柱子和内筒的是高度约为0.74m（2英尺5英寸），跨度为长向18.2m（60英尺）、短向10.6m（35英尺）的桁架梁，梁间距为2.03m（6英尺8英寸）。桁架梁上由1.5英寸、22号非组合压型钢板和10cm（4英寸）厚的轻质混凝土组成的楼板。在每栋楼的桁架梁下弦安装了约一万个阻尼器，如图1.5.5所示，这是首次在高楼中安装这种阻尼器，其目的是减轻风振引起的不适感。大楼外钢柱的中心距离为1.02m，柱子本身的宽度为0.36m（14英寸），形成又窄又长又密的窗子。世贸中心大楼外墙上的玻璃面积只占表面总面积的30%，其比例远低于当时的大玻璃或全玻璃高层建筑。因为窗子极窄，柱子即窗间墙很密，所以在世贸中心大楼上的人，没有"高处恐惧"感（建筑师自己有恐高症）。在大楼的底部，每三根柱合并为一根，以容纳进出通道，如图1.5.6所示。因为不可能每个进来的人都从底层上到110层，一般都是越到高处乘客越少，所以，在44层和78层有两个转换，在那个地方必须换另外一部电梯，这样一来，上面电梯井的面积就大大缩小了，如图1.5.7、图1.5.8所示。

在第106层到110层之间使用斜撑将外柱、内筒和楼板一起组成一个空间桁架系统，共同抵御横向风力，并将内筒的一部分竖向力传递给外柱，以增加结构的整体抗倾覆能力。对于一号楼，这个桁架系统还承担楼顶109.5m高的电视发射塔的荷载。

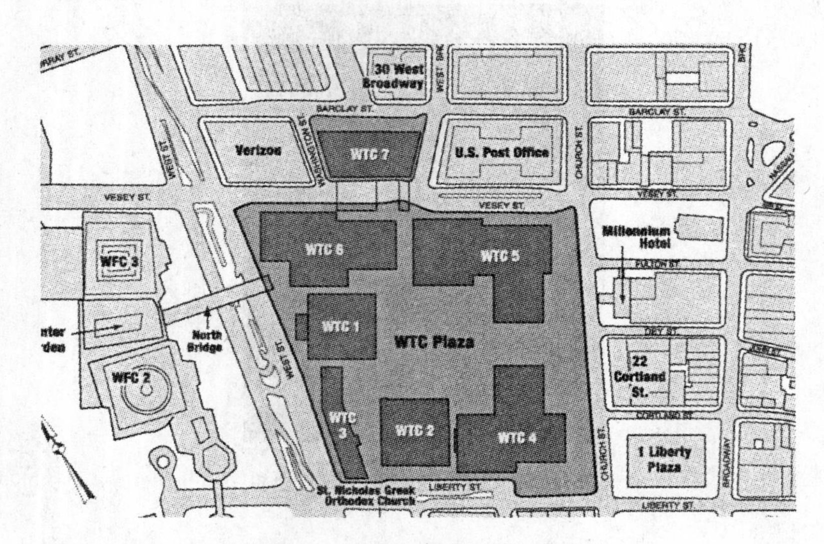

图1.5.2 世贸中心楼群平面布置图

2. 世贸中心的防火体系

世贸中心大楼的防火体系是以主动防火和被动防火相结合的方案。主动防火系统由自动喷水系统、检测系统、报警系统和排烟系统组成。被动防火系统主要是防火分区和结构防火涂层，如图1.5.9所示。北塔的底下39层，原来是喷涂的石棉防火材料，这些石棉防火材料后来被覆盖了或被铲掉后重新喷涂了新的材料（石棉可能致癌）。南、北双塔的

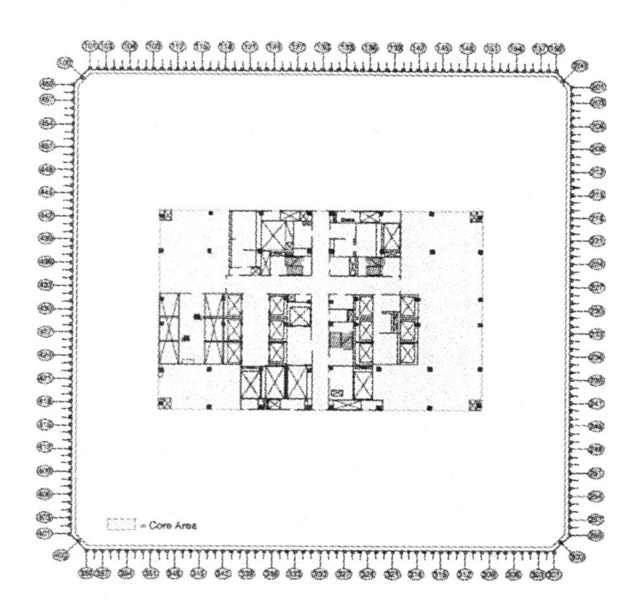

图 1.5.3　南塔、北塔平面布置图

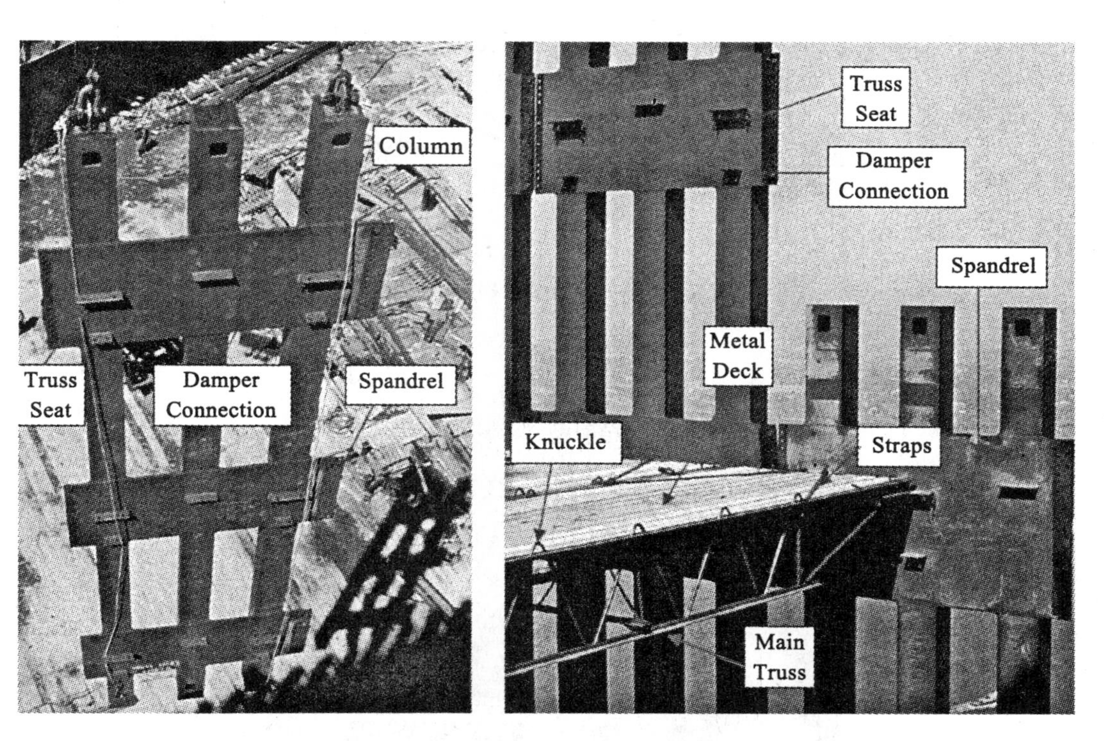

图中可见外柱、外柱连梁和楼板桁架梁，现场采用螺栓连接

图 1.5.4　钢结构施工

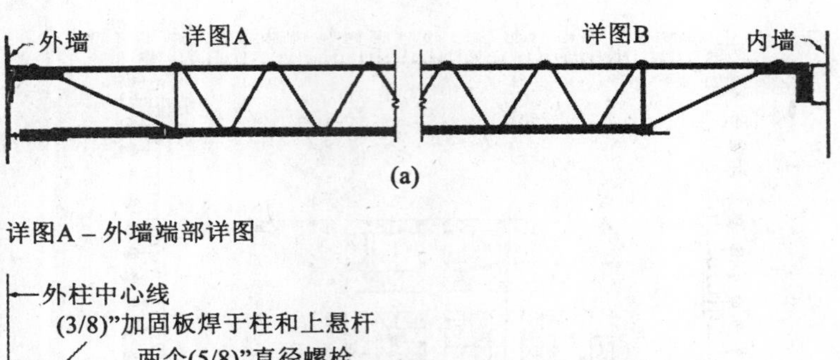

(a)

详图A－外墙端部详图

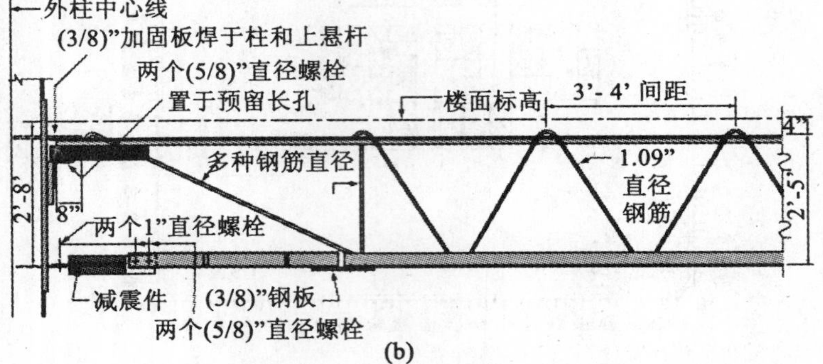

(b)

详图B－内墙端部详图

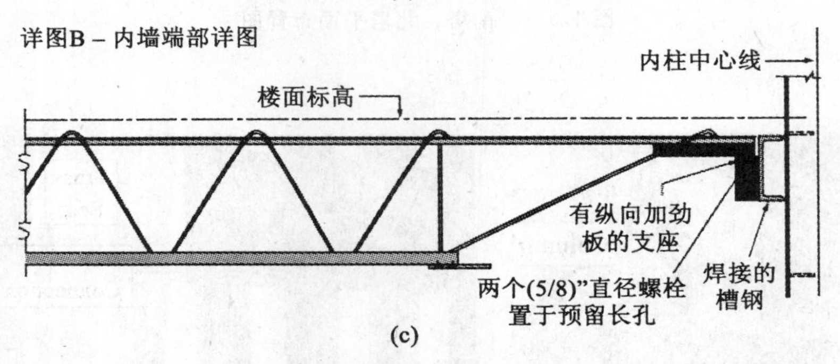

(c)

图 1.5.5　楼板桁架梁及其与内墙、外墙的连接

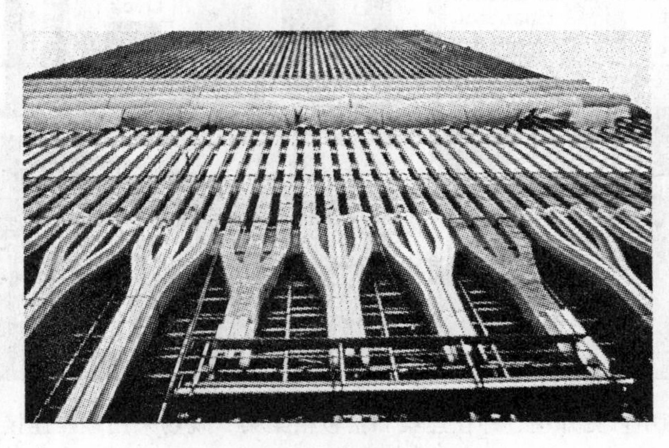

图 1.5.6　底部柱的合并

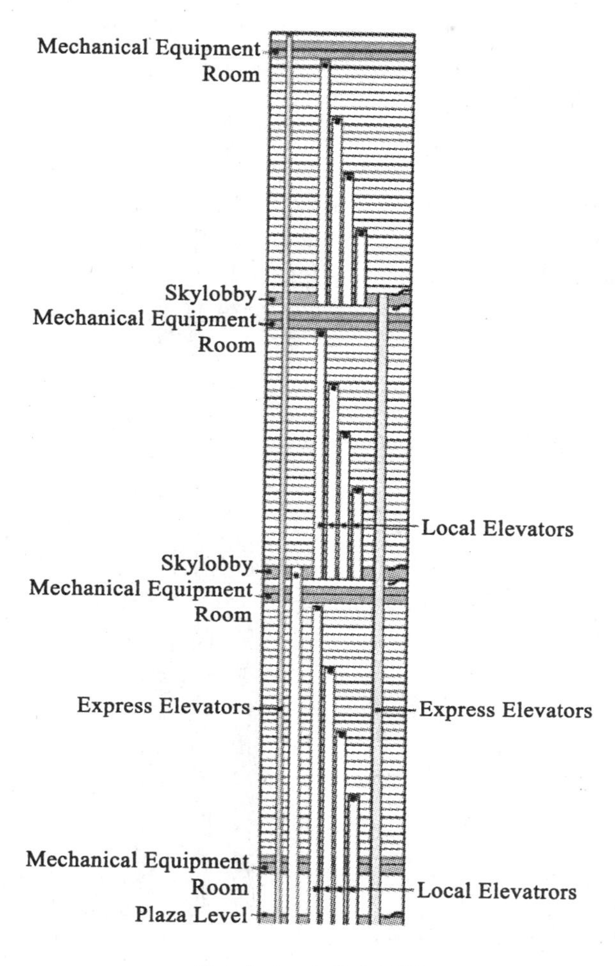

图1.5.7 电梯布置图

所有其他楼层均喷涂不含石棉的无机纤维涂料，涂层厚度为19mm（$\frac{3}{4}$英寸）。20世纪90年代中决定增加防火层厚度到38mm（1.5英寸），加厚涂层的施工是隔一层做一层。到“9·11”事件发生时总共只做了31层，包括北塔被撞所有楼层（94~98层），而南塔被撞楼层（78~84层）中只有第78层加过了。所有托梁和主梁涂层的设计耐火标准为3小时。竖向防火以自然楼层分区。1975年一场失火事故之后，所有竖向的电线和上下水管线的空洞都用防火材料封闭起来了。楼梯间和电梯井的防火面层贴的是16mm（0.63英寸）厚的石膏板，外面贴双层，里面贴单层。水平防火分区每一层可能都不一样，有些防火墙一直升到天花板，而有些只升到吊顶。

世贸中心建成时并没有自动喷水灭火系统，1990年装修时全部装上了这样的系统。此外，三个楼梯间均装有消防水管，每层每个楼梯间均配有一个消防箱，内有直径为38mm（1.5英寸）的消防水管和两个灭火器。消防用水由750加仑/min专用高压多级防火水泵供给。每座塔还有另外三台消防水泵给消防水管供水，一台在7楼，一台在41楼，

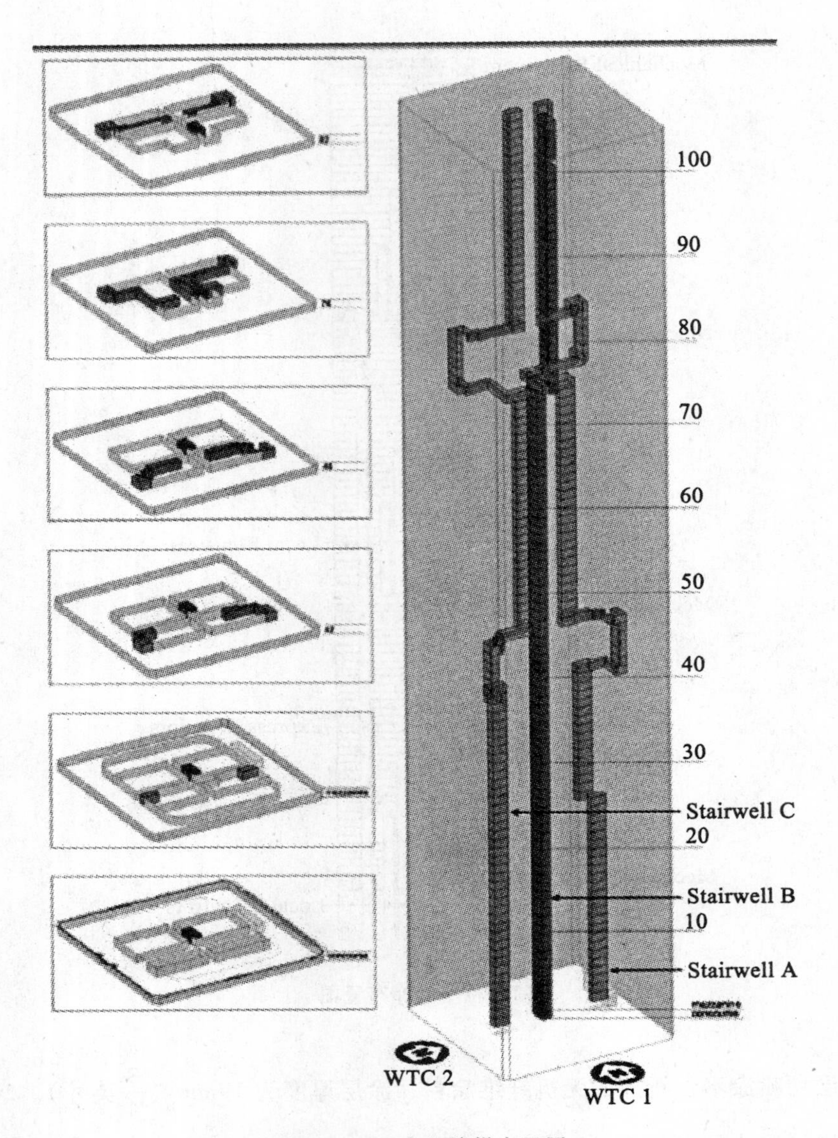

图 1.5.8 应急楼梯布置图

还有一台在 75 楼。每一台都能够在另外一台泵失效时提供足够的压力到失效水泵相应的楼层。塔内还有一些 5 000 加仑的水箱提供额外供水，41 层、75 层和 11 层的水箱直接给消防水管供水。20 楼的一个水箱直接给主消防水管供水。还有一些消防接口可以让消防队给大楼消防水加压。

大楼的分区排烟系统是与大楼的通风系统相连的，排烟系统受消防局消防反应系统的控制。排烟系统的设计是要减少楼面的烟扩散到建筑物核心部分，以让人员可以由核心部分的疏散通道撤离。

3. 世贸中心的疏散通道

每座塔在核心区布置有三个独立的疏散楼梯（见图 1.5.8)，1 号梯和 2 号梯为 1.1m

图 1.5.9　梁板防火涂层

（44 英寸）宽，从 1 楼通向 110 楼。3 号梯为 1.42m（56 英寸）宽，从 1 楼通向 108 楼。这些楼梯并不是直通的，在一些楼层人员需要穿过走道才能继续上、下。1 号梯和 2 号梯在 42 层、48 层、76 层和 82 层需要转换，1 号梯另外还在 26 层需要转换，3 号梯只需要在 76 层转换一次。1993 年炸弹事故之后所有的楼梯都安装了电池应急灯，梯级边沿都涂上了荧光漆。

每座楼设有 99 台电梯，其中 23 台是快速电梯。火警启动后，一个电梯自动系统会控制所有电梯，将它们开到底楼或空中转换层（44 楼和 78 楼），到那里之后，这些电梯就只能由消防人员手动使用。

4. 世贸中心的应急供电

大楼的主供电系统是楼下 13.8kV 的变电站，应急供电是底下 B-6 层的 6 台 1 200kW 发电机，备用发电系统定期维护。大楼电话由独立的备用电池供电，所有紧急照明由另一独立电池系统供电。

1.5.2　“9·11”事件经过

2001 年 9 月 11 日早 8 点 46 分美国航空公司第 11 次航班，一架波音 767-200ER，从波士顿飞往洛杉矶，载客 92 人，撞在了世贸中心的北塔的北面，如图 1.5.10 所示。早 9 点 03 分联合航空公司第 175 次航班，同一机型、同一航行路线，载客 65 人，撞在了世贸中心南塔的东南角上，如图 1.5.11 所示。南塔（WTC2）遭撞 56 分钟后于早 9 点 59 分倒塌，倒塌碎片砸向 3 号楼（WTC3）、4 号楼（WTC4）、130 Cedar Street、90 West Street 和 Bankers Trust，3 号楼部分损坏，4 号楼和 90 West Street 起火。北塔（WTC1）遭撞 102 分钟后于早 10 点 28 分倒塌，大量倒塌碎片砸向 3 号楼、5 号楼、6 号楼、7 号楼、Winter Garden、美国运通大楼（World Financial Center 2），3 号楼倒塌至三楼，5 号楼、6 号楼、7 号楼起火。下午 5 点 20 分，7 号楼倒塌。

根据距 WTC 现场以北 34km 的哥伦比亚大学 Lemont-Doherty 地球观测站的记录，事件发生的时间顺序如表 1.5.1 所示。

表 1.5.1

开始时间	持续时间	相当里氏地震级	事件
8：46：26	12 秒	0.9	美国航空 11 航班撞击北塔
9：02：54	6 秒	0.7	联合航空 175 航班撞击南塔
9：59：04	10 秒	2.1	南塔（WTC2）倒塌
10：28：31	8 秒	2.3	北塔（WTC1）倒塌
17：20：33	18 秒	0.6	7 号楼（WTC7）倒塌

图 1.5.10 WTC1（北塔）北面遭撞击后

这样一个当时世界第三高楼，具有象征意义的地标建筑在遭受恐怖袭击后倒塌，造成 2 830 人死亡，其中 403 人为救援人员，成为美国有史以来最为惨重的建筑灾难，有史以来第一次美国全国所有机场停止任何飞机起降。这场灾难是如此之大，全世界都为之震惊。

1.5.3 工程界的即时反应

事件刚发生时，纽约市急需结构工程人员和土木建筑人员的帮助，事件发生后几小时纽约市设计与建设局（New York City Department of Design and Construction，DDC）就向一些建设公司（Bovis/Lend-Lease，AMEC，Turner-Plaza and Tully）和工程公司（LZA Technology/ Thornton-Tomasertti，LZA）发出了求助要求。DDC 和 LZA 在 9 月 11 日下午即行动起来开始准备进行勘查。DDC、LZA 和纽约建筑局（New York City Department of Building，

图 1.5.11　WTC2（南塔）东南角遭撞击后

DoB）于 12 日进行了首次勘查。DDC 同纽约与新泽西州港务局（世贸中心的所有者）的工程师和建设经理们在接下来的几天展开了合作，从 9 月 13 日起，纽约结构工程师协会（Structural Engineering Association of New York，SEAoNY）、Mueser Rutledge Consulting Engineers，Leslie E. Robertson Associates，美国陆军工兵（US Army Corps of Engineers），FEMA 城市搜救队以及纽约市的各个部门都提供了各类的咨询帮助。工程人员的努力主要有两个目的，一是保障现场搜救人员的安全，二是查看周边建筑的状况，看用户能否安全返回。

袭击事件发生后，SEAoNY 董事会立即与 DCC，DoB 和纽约市应急管理办公室（New York City Office of Emergency Management，OEM）取得联系，到 12 日早，董事会已经同纽约市警察局（NYPD）、OEM 和 DDC 取得联系。9 月 13 日开始 SEAoNY 的工程师通过他们在 LZA 的公司留在现场帮助搜救，在那里一直工作到 2002 年 1 月 9 日。他们为搜救、拆除、临时建筑以及稳固和移除建筑残骸提供必要的指导和帮助。SEAoNY 的工程师分成四个组进行工作，在头一个月共提供了超过一万小时的服务。

9 月 14 日起 DDC 还负责对周边 400 多栋建筑物进行评估，以消除隐患，保障搜救人员的安全。DDC 和 LZA 将这个任务交给了 SEAoNY。

纽约当时没有指导事故现场勘查评估的机制，当时使用应用技术委员会（Applied Technology Council，ATC）关于地震后的现场手册，《ATC20-震后建筑安全评估程序》，编制了一些快速目测评估的表格。SEAoNY 的工程师在 17、18 日对周边的 400 栋建筑物作了第一轮评估。第一轮评估结束后，工程师建议对严重损坏的建筑物作更进一步的勘查评估。在同 DDC 讨论之后，10 月 4 日 ~10 日间又对周边建筑物作了第二轮评估，评估的主要结果可见相关参考文献。

事件发生之初，多数的 SEAoNY 和来自全国的其他工程师都是志愿工作的，在纽约的工程师们也纷纷拿出自己的办公场地和设备为现场服务。为了避免责任问题，所有的工程师都由 DDC 通过 LZA 进行组织。SEAoNY 的志愿者也为 BPS 提供了帮助，他们派 5 个工程师分队检察现场送到回收厂的钢铁，希望找到撞击区域的材料。他们也帮助收集了数百小时的视频和成千张的照片，希望帮助了解和记录事件发生的真相。

同许多突发事件一样，刚开始时工程师与地方政府机构之间存在许多的交流协调问题，大家都无章可循，所以现场的组织工作和反应方式每天都在改变。人员的身份认证、保密性、责任问题等都是需要特别注意的问题。事故现场属于犯罪现场，通向现场的道路都是由国民卫队、纽约市消防局、纽约市警察局把守的，并且当初几天也没有个人身份标识系统，SEAoNY 的志愿者刚开始用了 3 个小时才从外围到达不到 6 个街区之遥的现场指挥中心。

世贸中心的宝贵经验给世界上了很好的一课，SEAoNY 起草了一份计划《结构工程应急反应计划》(Structural Engineering Emergency Response Plan，SEERP)，希望能够改善今后可能在紧急灾难后的反应。

1.5.4 "9·11" 事故调查

"9·11" 事件本身并不是一个工程事故，然而，双塔遭撞击之后的倒塌，还有 7 号楼的彻底坍塌却出乎人们的意料。有人甚至怀疑整个事件是一场有计划的阴谋，在这里并不打算对阴谋论一说进行讨论，这也不是本书所关注的内容，有兴趣的读者可以自己去搜索一些相关资料。

关于世贸中心 "9·11" 事件美国出了三个与世贸大楼倒塌相关的调查文件，2004 年 5 月美国联邦应急管理署 (Federal Emergency Management Agency，FEMA) 发表了关于世贸中心的建筑群的事故报告，2004 年 7 月 "9·11" 事件调查委员会 (The National Commission on Terrorist Attacks Upon the United States) 发表了关于整个 "9·11" 事件的调查报告，2005 年 9 月美国国家标准与技术研究所 (National Institute of Standards and Technology，NIST) 发表了关于世贸中心大楼倒塌事件的调查报告。本章将主要讨论 FEMA 和 NIST 调查所采用的方案与方法，以及他们对建筑结构安全措施和规范所做的建议。

1. FEMA 的调查

2001 年 9 月 11 日事件刚发生，来自各地的工程师就汇集起来希望能提供帮助。所以，12 日开始 FEMA 就开始同美国土木工程师学会结构工程分会 (Structural Engineering Institute of the American Society of Civil Engineers，SEI/ASCE) 讨论组队进行现场勘探的事宜。FEMA 和 SEI/ASCE 资助成立了一个建筑性能研究团队 (Building Performance Study Team，BPS)，BPS 的研究得到了许多专业团体的帮助，包括美国混凝土学会 (American Concrete Institute，ACI)、美国钢结构学会 (American Institute of Steel Construction，AISC)、美国结构工程师理事会 (Council of American Structural Engineers，CASE)、国际规范理事会 (International Code Council，ICC)、高层建筑与城市居住理事会 (Council on Tall Building and Urban Habitat，CTBUH)、国家结构工程师协会理事会 (National Council of Structural Engineers Associations)、国家防火协会 (National Fire Protection Association，NFPA)、防火工程师学会 (Society of Fire Protection Engineers，SFPE) 和砖石学会 (Masonry Society，TMS) 等。

在 FEMA 现场紧急搜救人员离场后，BPS 人员从 2001 年 10 月 7 日开始进行了为期一周的现场勘察。在纽约期间 BPS 人员对现场进行观察、拍照，出席 WTC 设计人员的讲座，看设计图纸。之后，他们还收集了大量的照片、视频、紧急通讯等信息资料，检查送到回收场的钢材，访问目击证人和原始设计、施工和维护人员。通过这些调查获得了荷载随时间变化的情况，并能对结构表现最初步的评估。调查的焦点在于估计结构失效的可能原因，并找出需要进一步研究的地方，以改善结构抵御不可预见事件的能力。2004 年 5 月 FEMA 报告发表。

FEMA 报告包括总摘要、第一章（介绍）、第二章（南、北双塔）、第三章（3 号塔）、第四章（4、5、6 号塔）、第五章（7 号楼）、第六章（Bankers Trust）、第七章（周边建筑）、第八章（根据对每栋建筑的观察、发现和性能所作的建议）、附录 A（建筑防火回顾）、附录 B（钢结构与结点）、附录 C（金相检查）、附录 D（现场钢材数据）、附录 E（飞机数据）、附录 F（结构工程师应急反应计划）、附录 G（致谢）、附录 H（符号缩写）、附录 I（公英制单位换算）。具体可以参阅本书相关参考文献。本章仅讨论南、北双塔的倒塌机制。

（1）建筑结构的反应

南、北双塔经历了相似的作用、破坏和倒塌。两座塔均受到波音 767-200ER 的撞击，北塔先遭撞击，102 分钟之后倒塌。南塔遭撞 56 分钟后倒塌。波音 767-200ER 的最大起飞重量为 180 吨（395 000 磅），翼展 47.6m（156 英尺 1 英寸），巡航速度 850km/h（530 英里/小时），油箱满时可载油 91 000L（23 980 加仑），估计撞击时两架飞机的实际载油都在 38 000L（10000 加仑）左右。

北塔（WTC1）被撞击高度在 94 层到 98 层之间，撞击点几乎在背面的正中（见图 1.5.10）。至少 5 片三柱组装元件被撞飞，致使上、下柱不再连续。除了外柱遭撞击破坏外，建筑物内筒核心也遭受到未知的损坏。根据 91 楼的人员回忆，核心部分的损坏应该是越靠南和靠东就越严重，91 楼东面的楼梯已经无法使用了。所以，撞击后核心部分的结构可能也遭到了损毁。相关人员还在西面的楼梯间内发现有上面掉落的隔断，说明西北面的核心结构也有可能有些破坏。

南塔（WTC2）在南面墙靠近东南角上被撞击，影响楼层为 78 ~ 84 层（见图 1.5.11）。6 片三柱元件被撞飞。一些楼板遭部分损坏，核心内筒的东南角正好在飞机残骸飞行的路线上，所以可能也遭受了一定的损坏。

撞击北塔的 11 号航班撞击时的速度估计为 750km/h（470 英里/时），而撞击南塔的 175 号航班的速度估计为 950km/h（590 英里/时）；南塔的内筒离南墙是较短的方向（10.6m 方向），撞击物穿过外墙后对内筒的损坏较严重；最后，南塔的撞击点较北塔的撞击点低约 20 层楼，被撞击后未损坏的结构要承担更多楼层的荷载。这一切都解释了为什么南塔后遭撞击却先倒塌。

使用结构计算软件 SAP2000 对南塔顶上的 55 层作了一个简化分析，上 55 层包括了全部被撞击以上楼层和被撞击以下 20 层。相关分析表明，飞机撞击前，第 80 层外筒柱的应力约为设计强度的 20%，而内筒柱的应力约为设计强度的 60%。撞击之后的分析计算中，根据影像资料取消了受损的外柱，而内筒柱的受损状况不明，所以没有改变。相关分析表明，大部分受损柱所承担的荷载都被转移到了内筒柱，有的内筒柱的应力达到了钢材的设计强度。然而，结构并没有达到破坏，高应力状态仅在遭撞毁楼层的局部柱上。

(2) 火势发展

撞击时每架飞机带有约38 000L燃料，飞机刚刚撞入建筑物时出现了大大的火球，11号航班撞击北塔的录像资料不多，但是175号航班撞击南塔时的影像就比较多了。影像资料显示，撞击后约2秒钟火球达到最大，直径大于60m，超过了塔的宽度。相关模拟计算表明，产生这样的火球约要消耗4 000 ~ 12 000L（1000 ~ 3000加仑）燃油。可以假定北塔撞击初期也耗费了同样多的燃料在这样的火球上。需要指出的是，这样的火球并不是爆炸，爆炸的时间要短得多，造成的压力也要大得多。

假定12 000L燃油在初期的火球中消耗了，同样多的燃油在撞击过程中飞溅出去了，那么还有约14 000L（4 000加仑）燃油洒在楼内，引燃了楼内的大火。如果全部38 000L（10000加仑）燃油均匀的分布在一层楼板上，并且有足够的氧气供应，根据计算这些燃油大约会在5分钟内燃烧完。然而实际上这些燃油是分撒在好些楼层，有些已经在初期的火球中烧掉了，有些已经飞溅到楼外，所以，所剩余的燃油应该在撞击初数分钟内就烧完了。重要的是，这些飞溅的燃油引燃了楼内的可燃物。

根据大楼起火的烟云，结合大楼的面积、通风面积和当时的气象资料，NIST的防火专家应用计算流体动力学的火动模拟软件估算出每座大楼的峰值燃烧率大约为$(3 \sim 5) \times 10^{12}$BTU/h，或1 ~ 1.5GW。以这样的燃烧率模拟模型给出的楼内天花板温度可能高达1000℃ ±100°C。模拟的主要误差来自楼内的初始条件、撞击后的几何条件和燃料条件。对燃烧模拟的精确度取决于楼内的可燃物负荷和空气供应。在2800 ~ 4600m^2（30000 ~ 50000平方英尺）的楼面上有24.5kg/m^2（5磅/平方英尺）木材当量的可燃物可以维持$(3 \sim 5) \times 10^{12}$BTU/h的燃烧率大约1小时。而实际每层大楼的楼面面积约为2 800m^2（30 000平方英尺），一般办公楼的可燃物负荷为19.5 ~ 58.5kg/m^2（4 ~ 12磅/平方英尺）木材当量，平均在39kg/m^2（8磅/平方英尺）左右。因此，1 ~ 2层楼面的燃烧就可以产生这样的热量了。为了维持这样的燃烧，空气需要量约为17000 ~ 28000m^3/min（600000 ~ 1000000立方英尺/min），对于北塔，92 ~ 98层的墙面开口面积估算为1360m^2（14639平方英尺），应该可以提供维持燃烧的空气量。

飞机的撞击可能已经对楼内的自动喷水系统和消防栓造成了破坏，即使没有毁坏，刚开始的火球也应该引起所有喷水口打开，从而使得总压力下降。总之，自动灭火系统应该没有对之后楼内的大火起到抑制的作用。

南塔的火势发展应该大致与北塔相同，因为南塔是后来被撞击的，各个角度的视频资料较多。有视频显示，南塔倒塌前几分钟最强烈的火势发生在楼的北侧，在80层左右有一道金属熔化物从东北角窗口流出。尽管最后倒塌也开始于这一层，最初的倒塌却始于东南角而不是东北角。

(3) 人员撤离

在北塔遭飞机撞击后南、北二塔就有人自动外撤，完全撤出的通知是在南塔被飞机撞击之后发出的。双塔中撞击楼层以下的人99%都安全撤离了，当南塔倒塌时，北塔内被撞击楼层以下已基本上没有人了。两个因素可能对这些人的安全撤离起了作用，一是被撞击楼层以下的楼道基本上通畅，二是1993年爆炸事故后所有楼道都更新了应急照明，阶梯上涂了荧光漆，给人员的安全撤离创造了良好的条件。从北塔91楼撤下的人员反映，他们下了几楼之后楼梯间就变成了一条极其缓慢移动的人线，时常会让道给抬伤员的人和往楼上移动的救援人员。

尽管南塔遭撞击的楼层较低，南塔遭难的人数却比北塔少。可能是因为北塔被撞击后南塔的人员就自动开始从电梯外撤。当时楼内广播说南楼安全，要求大家不要离开，多数后来活下来的人都没有理会这个广播。有人听从广播又回到办公室，结果南塔遭撞击后没能撤出，还有人往楼顶跑，指望那里会有直升机来救助。

（4）大火作用下的结构反应

飞机的撞击造成了世贸中心双塔结构的部分损毁，但整体结构仍然没有倒塌。然而，撞击至少在三个主要方面对结构在后续的火灾中的表现有重要的影响：

①撞击造成结构内部分喷涂的防火层脱落，致使脱落部分更易遭受火灾升温；

②部分受损的结构退出工作，致使一部分结构处于高应力状态；

③被撞毁楼层下的楼面可能堆积了大量的残骸，给楼面带来超出设计能力的额外荷载。

可能引发整体破坏的机制也有三个方面：

①在大火作用下，温度膨胀导致部分关键部件或连接破坏。

②在大火作用下，楼面丧失抗弯能力，从而使楼板变成了下垂的膜。原来梁柱结点是按抵抗竖向剪力设计的，楼面丧失抗弯能力之后结点受到斜向拉力作用。当这个斜向拉力高于结点的承受能力时，整个楼面会丧失柱的支撑而掉到下层楼面上。这样，对整体结构造成了两个主要的破坏：一是上层楼面砸向下层楼面，会导致下层楼面又被压毁；二是当柱子失去楼面的横向支撑作用时，柱的计算长度成平方关系增加，支撑全部上部结构重量的柱子失稳导致整个上部结构垮塌，砸向下部结构而引起连锁破坏。

③柱子升温后弹性模量下降。从而导致抗失稳能力下降，在外围柱损毁、部分竖向荷载被转移到内筒核心部分的柱上。内筒柱的温升更高，更易产生这类失稳破坏。

（5）结构倒塌

北塔倒塌之前可以看到楼顶的电视塔先下沉，说明破坏是由内筒的核心部位开始的。这与刚撞击后生还者在 91 楼楼梯间所发现的掉落的隔断柱以及计算机分析较高的内筒柱应力一致，即整体破坏始于结构内筒柱的破坏。倒塌一旦开始，整个破坏区上部的结构一起砸向下层，导致连锁破坏。尽管看上去像是整个结构向内倒塌，实际上倒塌碎片砸向了 3 号楼、5 号楼、6 号楼、7 号楼以及美国运通大楼和西街对面的 Winter Garden Buildings。

南塔的破坏可能始于 80 层东南角楼板的部分倒塌，然后是沿东边的楼层坍塌，当时在这一面可见一条灰尘喷射出来。在楼板坍塌后沿东面的柱失稳，由南往北逐柱失稳，使得上部结构向东、南扭转然后向下坍塌。东南角的内筒柱可能是最先发生破坏的。倒塌一旦开始，就形成了连锁破坏。从事后的照片和找到的构件来看，顶部倒向了东南，砸向自由大街（Liberty Street）和 Bankers Trust Buildings，而下部倒向西北，砸到了 3 号楼。

（6）调查的发现与建议

双塔的结构具备高度的冗余性，能够在局部破坏时将荷载从另外途径传递下去。双塔结构的设计和施工都满足当时的建筑结构规范的要求。两个塔都在承受了飞机的撞击之后仍然保持了整体结构的完整，如果不再受到显著的超荷载作用，双塔应该还能保持下去。然而，不幸的是双塔又立即受到了随后而来的火灾的作用。飞机洒下了大量的燃油，这些燃油在撞击后的几分钟之内就应该燃烧完了，因此，燃油本身并不能将大楼烧垮。燃油的最大害处是大面积的引燃了楼内的可燃物。建筑物防火有三道防线，第一道是自动灭火和排烟系统，加上防火分区系统，其目的在于将火势扑灭或局限在一定的区域内。第二道是消防灭火系统，由消防人员使用消防栓人工灭火。第三道是被动防火系统，即防火隔热层，其目的在于延迟关键结构构件的升温，保持结构的稳定性，等待灭火并提供人员撤离的时间。世贸中心双塔的防火设计和施工也是满足当时所有的规范要求的，这些防火设计和施工也是有效的。1975 年楼内曾经发生过一场大火，那场火势被有效地扑灭了。然而，在“9·11”事件引发的火灾中，第一道防线似乎没有起到作用。原因之一可能是供水系统在撞击中被损坏了，原因之二可能是由于大面积的起火，所有喷水系统都被打开后水压变得不足了。也许实际上是这两个因素的共同作用。第二道防线因为消防通道受阻，消防人员无法上到受灾区域灭火而失效。第三道防线很有可能由于飞机撞击导致部分喷涂的防火涂层遭损坏而部分失效，从废墟中找到的材料证明这些防火涂层有可能遭撞击后脱落。

相关调查表明，对于任何一栋大楼，以下三个方面是人员安全撤离最重要的保障：

①结构的鲁棒性或系统的冗余性；

②足够的疏散楼道，并有明显的指示标识和照明；

③楼内人员的安全训练和演习。

对于世贸中心双塔来说，以下这些可能是值得今后更加注意的教：

①相对于其他楼面系统，桁架式楼板系统的鲁棒性和冗余性不是很好；

②疏散通道应该能够抵抗一定的撞击；

③防火涂层应该能够抵抗一定的爆炸和冲击；

④疏散通道可能应该更加集中而不是分散于结构中。

在整个调查过程中，一直都有讨论建筑规范是否应该规定能够抵抗类似的攻击。建筑规范是一个时代社会的物质技术基础和人类综合承受能力相平衡的产物。至少在现在，所有的建筑物都受到类似攻击的可能性是很低的。并且，将所有建筑物都建成可以抵御如此攻击将会使得造价高到不可接受的地步。

尽管调查的主要目的之一是希望通过对“9·11”事件这次事故的调查取得经验，指导今后的建筑结构的设计与施工。然而，相关调查对许多问题并没有进行深入的分析，因此，暂时不能对相关规范的修订提出具体的建议。FEMA 调查组觉得有必要对以下问题作更深入的调查与分析：

①本调查无法得知双塔内筒核心部位的受损情况，有必要对飞机的撞击进行可靠的模拟，以便更深入地了解撞击造成的损坏；

②初步分析有利于了解楼内火势的发展情况。然而，现在的分析并不足以了解在不同阶段楼内温度的分布情况。有必要进行更详细的模拟分析；

③有必要对双塔的楼面结构和连接进行更详细的模拟，了解局部超载效应和局部破坏的形态。也应对其他形式的楼面结构作类似的分析、比较；

④楼面桁架梁在温度荷载作用下的破坏很有可能是结构破坏的关键，有必要对这种结构喷涂防火层后在类似世贸中心双塔的连接和条件下的性能作更深入的研究；

⑤从废墟材料中看到，这种喷涂防火涂料可能会在爆炸和撞击中受损脱落，现在对这种脱落的理解还不够。有必要进行一些实验研究，并探索如何改善抵抗脱落；

⑥过去，摩天大楼都能够将地震等造成的破坏局限于有限部位而保持结构的整体安全

性。世贸中心双塔也成功地承受住了飞机的撞击，然而，却没能抵抗随之而来的火灾。有必要研究是否可能让类似的大楼能够成功地抵抗类似的双重攻击，并且将破坏局限在有限范围内。

2. NIST 的调查

美国国家标准与技术研究所（National Institute of Standards and Technology，NIST）是美国商务部（Department of Commerce）的一个机构。NIST 的前身是1901年建立的美国联邦政府第一个物理科学实验室。主要从事物理、生物和工程方面的基础研究和应用研究，测量技术和测试方法方面的研究，提供标准、标准参考数据以及相关服务。2002年8月21日 NIST 通过 FEMA 取得美国国会拨款，对世贸中心大楼的建筑和火灾安全进行调查，2002年10月1日《国家建筑安全调查团法案》（National Construction Safety Team Act，Public Law 107-231）通过，对世贸中心大楼的倒塌正式进入立法调查。NIST 调查的总体目标是：

（1）调查世贸中心大楼的建筑、材料和使得这场灾难得以发生的技术条件；

（2）同时，为以下工作提供基础；

①改善建筑的设计、施工、维护和使用；

②为工业和安全官员提供更好的工具和指引；

③为相关规范和标准的修订提供基础；

④改善公共安全。

具体目标为：

（1）确定为什么世贸中心的1号楼、2号楼（北塔和南塔）在遭受撞击之后会倒塌，它们是怎样破坏的？确定为什么7号楼会倒塌，它是怎样破坏的？

（2）确定不同位置的死亡率相差为什么这么大，这种现象同防火技术、人员行为、疏散情况和应急反应之间的关系；

（3）确定1号楼、2号楼、7号楼的设计、施工、运行和维护情况；

（4）制定尽可能详细的现行规范、规定以及明确实践中需要修订改进的地方。

NIST 调查的目的是改善建筑结构的安全，专注于发现事实，无权确定任何问题的责任和责任人。NIST 的报告也不能被用做任何法律赔偿的证据。

为了达到上述这些目的，NIST 规划了8个项目，从各个不同方面对事件进行调查。如图1.5.12所示，调查从技术资料（公共、行业、技术）和现场证据（记录、材料、口述）两个方面出发，对一些技术问题作出一些基本假定，然后对钢结构进行分析（项目1），对规范和施工进行分析（项目2）；在此基础上分析双塔结构的整体性能和飞机撞击下的损坏（项目3）；在此之后分别进行火势发展（项目4）、结构倒塌（项目5）和主动防火系统（项目6）的分析调查；由火势发展和主动防火系统的调查分析火势状况下人员设备的应急反应（项目7）；最后调查人员疏散情况（项目8）。

NIST 从单个构件到子结构再到系统三个不同层次逐级进行分析。

（1）对 WTC 的桁架梁板采用40 000单元、166 000自由度模型分析；

（2）对 WTC 的梁板结构采用12 000单元、35 000自由度模型分析；

（3）对 WTC1 的整体结构采用80 000单元、218 000自由度模型分析；

（4）对 WTC2 的整体结构采用78 000单元、200 000自由度模型分析；

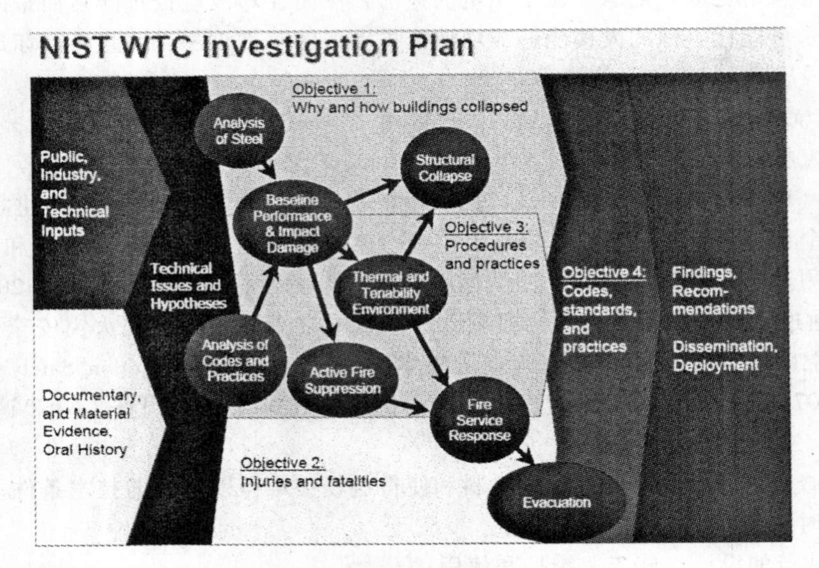

图 1.5.12　NIST 的 8 个项目和调查计划

（5）对波音 767－200ER 飞机典型的涡扇引擎采用 60 000 单元、100 000 结点分析；

（6）对波音 767－200ER 飞机机身采用 700 000 单元、740 000 结点分析；

（7）对大楼在撞击下的过程采用 1 200 000 单元、1300 000 结点分析；

（8）对燃烧状态下的大楼温度发展采用计算流体动力学模型进行分析，对北塔（WTC1）的 8 层楼采用 1 200 000 个单元分析，对南塔（WTC2）的 6 层楼采用 900 000 个单元分析；

（9）对结构—温度交互作用的分析时每层楼用 500 000 个板单元和 300 000 个柱结点进行分析。

图 1.5.13 为进行这些分析的流程图。首先采用结构分析软件 SAP2000 对世贸中心大楼的基本结构性能进行初始分析；然后将 SAP2000 模型转换成 LS-DYNA 进行飞机撞击损坏分析，由此得到大楼内部分区破坏及碎片和燃油分布、防火设施破坏和结构受损情况；在此基础上采用（FDS）热动模拟并结合燃烧进行实验分析，得到气体温度随时间变化曲线；然后采用 ANSYS 对结构升温进行分析，得到结构温度随时间变化曲线；在得知结构受损情况和结构升温情况的条件下采用 ANSYS 对结构反应和破坏机制进行分析，并根据调查所得的实际情况对模型进行修正；在所有以上分析和实验的基础上最后得到破坏过程。

调查精力首先集中在重建建筑的基本结构性能上，即尽可能地了解原始的设计、施工、材料等，以此为出发点才能知道结构对各类荷载和温度作用的反应。第二步是模拟重现“9·11”当天结构的反应，包括飞机撞击时对结构、隔断、防火和建筑内部的破坏影响、火势的发展、结构元件的升温以及受损后结构对荷载和升温的反应直到结构的破坏。这是一个极其复杂的过程，这个过程需要最先进的计算软件、硬件和实验测试设备。在最终的分析中，用了 4 种不同的假设，假设 A、B 用于北塔，假设 C、D 用于南塔。假设 B 比假设 A 的破坏和火势都要严重一些。对于南塔，假设 D 的破坏和火势比假设 C 的要严

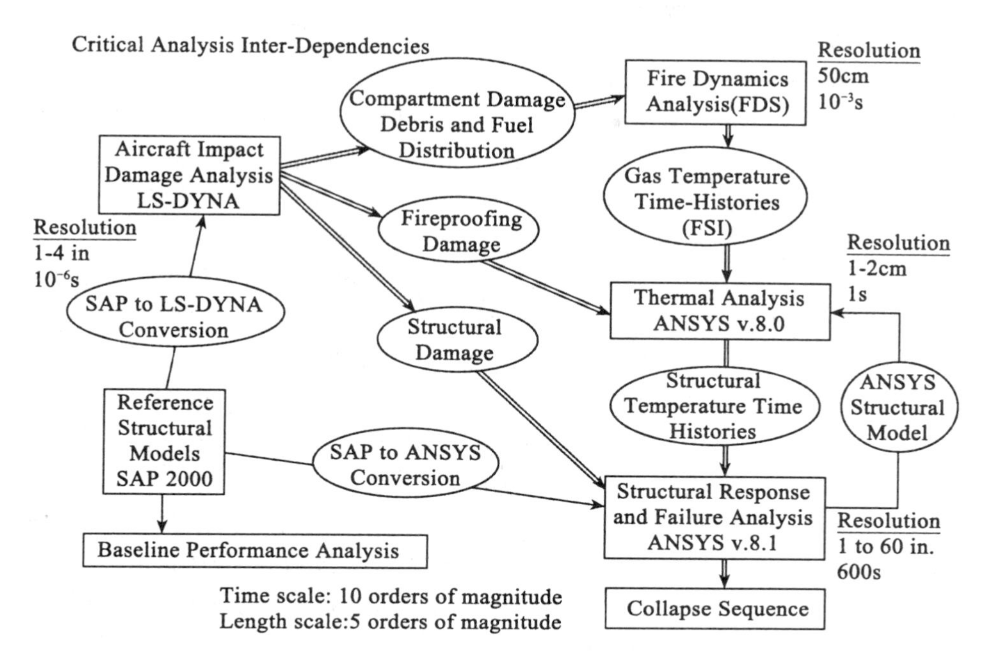

图 1.5.13 NIST 分析流程图

重一些。不同假设分析结构的比较有利于更加准确的理解实际发生的情况。

有许多未知的条件，比如建筑物内部布置、家具和摆设、飞机撞击的情况、飞机撞击带来的破坏（尤其是对防火层的破坏）、可燃物的分布以及结构构件对火势的反应等。为了提高模拟的可靠性，NIST 采用大量的照片、视频、目击报告以及大型燃烧实验等对模拟参数进行修正。此外，NIST 采用了标准统计方法确定最可能的参数值。NIST 结合模拟分析和现场证据重建每栋楼最可能的坍塌过程，找出导致这些坍塌的因素，并据此列出改进建议。

飞机撞击模拟分为三个步骤，第一步先以飞机的一部分（引擎或一段机翼等）撞击外墙柱，理解不同撞击造成的不同结果。第二步以同样的部件撞击一些子结构（一片外墙柱加几层楼板），以理解材料等对撞击结果的影响。第三步则为整体撞击模拟，输入参数包括撞击速度、垂直角度、水平侧面角度、飞机总重量、机身材料破坏应变、塔身材料破坏应变和建筑物内物体的重量和强度等。模拟等结果同现场的各种记录（照片、视频、人证等）相比对。由于实际情况的复杂性，并非所有模拟结果都与现场证据相吻合，然而，模拟结果与可观察的证据的吻合的程度让调查人员相信模拟是可靠的。

相关实验证明一颗直径为 7mm（0.3 英寸）的珠子以 560km/h（350 英里/h）的速度射向结构能够将桁架梁上的防火涂层除掉。防火涂层除了能被直接撞脱外，高速震动也有可能震脱，据相关估计，当震动加速度达到 20 ~ 530 倍重力加速度时，防火涂层会被震脱，NIST 估计撞击产生的加速度约为 100 倍重力加速度。为可靠起见，NIST 仅假定被飞机残骸直接撞击到的区域的防火层脱落。

布法罗大学（University of Buffalo）振动台实验证明，当震动的加速度达到 5 倍重力加速度时世贸中心大楼内的吊顶就会发生极大的变形。由于撞击时的加速度高达100倍重力加速度，NIST模拟时假定所有的吊顶全部脱落。

NIST采用Fire Dynamics Simulator（FDS）进行燃烧模拟，FDS是NIST自1978年开始研发，2000年正式发布的一套商业软件。为了验证FDS的可靠性，NIST按世贸中心典型的办公室布置进行了两个不同系列的燃烧试验，用FDS的结果与实际燃烧实验的结果相比照。结果证明FDS得到的时间—温度曲线与试验较好的吻合；燃烧释放能量达到一半的时间差小于3分钟；此时的热量释放率的差小于9%；燃烧时间差小于6分钟；顶部最高温度差少于10%。所以，FDS能较好地模拟大楼内的温度发展。根据可燃物荷载、可燃物分布、可燃物条件和核心内筒墙体是否破坏等四个变量组合作了四种不同的假设（每栋楼两个假设），据此来考察楼内火势和空气温度的发展变化。

以FDS模拟出的气体温度NIST采用一个模拟软件Fire Structure Interface（FSI）来估计任意时刻钢结构构件的温度，每30秒为间隔，FSI估计出每个具体位置、具体构件的温度，然后将此温度输出给软件ANSYS作结构分析。为了验证FSI的可靠性，NIST设计了6个试验比较FSI的估计和实测值。试验结果证实，FSI对无防火涂料的钢材的升温估计平均误差在7%以内，对有防火涂料钢材的升温估计平均误差在17%以内。

结构的模拟分析分为三个阶段，第一阶段为构件和细部子结构分析，第二阶段为主要子结构分析，第三阶段为整体结构分析。

第一阶段分析了楼板和外墙结构。在对楼板结构进行分析之前，首先单个分析了梁柱连接支座板、梁上弦焊接连接件（由钢筋斜撑延伸到上弦上部的小环状部，起到连接桁架梁与混凝土板的作用）和单桁架梁、板结构在荷载和温度作用下的性能，以此作为梁板分析的基础。采用软件SAP2000进行分析。外墙结构采用软件ANSYS进行分析，模拟各种荷载作用下的破坏模式，荷载情况包括横向变形、丧失楼板支撑后的失稳、上下柱螺栓连接板破坏、柱间板梁连接螺栓破坏、板梁连接板撕裂等。

第二阶段的主要子结构分析包括核心内筒结构、组合楼板结构和外墙结构。核心内筒的模拟包括柱、楼梁和板。北塔的模拟包括从第89~106楼的内筒结构。南塔的模拟包括73~106楼。组合楼板的分析模拟整个楼面结构在不同假设（A、B、C、D）下对温度荷载的反应。北塔的外墙分析包括89~106楼，南塔包括73~90楼。输入参数包括去除受损元件、下部柱采用弹簧支撑、钢材性能随温度变化、重力荷载、撞击后由106楼传过来的荷载以及以10分钟为间隔的温度变化曲线等。

第三阶段整体结构分析采用前两个阶段分析的结果根据不同的结构破坏和火荷假设进行模拟。北塔采用假设A和假设B分析从91楼到塔顶的结构。南塔采用假设C和假设D分析从77楼到塔顶的结构。为了增加模拟精度，考虑了结构的徐变变形，因此，极大地增加了模拟计算量。北塔计算使用高端工作站计算了22天，南塔计算了14天。

参考文献是一份关于1号楼和2号楼（南、北双塔）的报告，报告分为9章加3个附录，分别为：第1章介绍世贸中心；第2章描述1号楼从9月11日早8点46分到10点28分的整个过程和破坏；第3章描述2号楼从9月11日早8点46分到9点58分的整个破坏过程；第4章介绍具体伤亡情况；第5章介绍双塔的设计与施工；第6章重建双塔倒塌过程；第7章重建人员反应；第8章介绍主要发现；第9章给出具体建议；附录A为《国家建筑安全调查团法案》原文；附录B为有关世贸中心的调查报告；附录C为调查报告索引。调查和破坏过程的分析、重建、验证、认定是一项复杂、细致、严密的工作，仅第 6 章就用了 73 页的篇幅介绍关于结构倒塌的取证、分析、模拟、试验、验证等过程。限于篇幅以下以第 2 章和第 3 章为基础介绍双塔的破坏过程，其中会用到后面调查模拟的结论。有兴趣的读者可以自己下载参考文献［19］阅读。

（1）北塔（1 号楼）的破坏过程

2001 年 9 月 11 日，星期二，晴，早 9 点前在北塔工作的 20 000 人中 8 900 人已到楼内。早 8 点 46 分 30 秒 5 名恐怖份子劫持了美航 11 号航班撞向北塔，机上有 11 名机组人员和 76 名乘客。出事的波音 767-200ER 是一架双引擎宽体客机，长 48.5m（159 英尺 2 英寸），翼展宽 47.6m（156 英尺 1 英寸），空机重 62.8 吨（183 500 磅），最大载客量 181 人，巡航速度 850km/h（530 英里/小时）。飞机几乎正对着北塔的北面，机翼右高左低与水平呈约 25°角，俯冲与水平约 10°角，速度 710km/h（440 英里/小时），机头撞在第 96 楼，整个撞击宽度为建筑墙面的一半，从第 93 楼直到 99 楼。

93 楼基本上没有受损，仅左翼翼尖的影响，被外墙柱截断的翼尖仅对柱子或支撑 94 楼楼面的桁架梁的防火涂层有所损坏。

94 楼的损坏就要严重得多，左翼中段带有航油，左引擎撞断了 17 根、严重损坏了 4 根外墙柱。碎片继续向内飞，撞断、重创核心内筒的柱，撞落桁架梁和柱上的防火涂层。破坏面呈楔形，北面外墙约 30m（100 英尺），核心内筒的南面约 15m（50 英尺）。

95 楼和 96 楼受损最严重，带有大量航油的左翼根部撞在 95 楼的楼板上，将整个 18m（60 英尺）的楼面撞开还深入核心内筒达 6m（20 英尺）。机身以 96 楼的楼板为中心，充满了 95 楼到 96 楼的整个空间。左侧的一个起落轮穿过北墙、核心内筒卡到了南墙的柱间，并将连接柱和窗板的螺栓撞飞，窗板和轮胎飞到南面 200m 以外的 Cedar Street。另一个机轮飞到更南面 200m 以外。在这两层中，15 ~ 18 根外墙柱、5 ~ 6 根内筒柱被撞断，还有 1 ~ 3 根内筒柱严重受损。96 层楼板被撞开 12m（40 英尺）宽的口子深入楼内达 24m（80 英尺）。几乎所有核心内筒柱和 12m 宽内的所有防火涂料被撞落。

右翼被 97 楼的外墙柱断开，12 根外墙柱被撞断，碎片在西面和北面的桁架梁和柱上开出一条 30m（90 英尺）宽的道，道上所有的防火涂料都被撞飞。在南面，被撞飞防火涂层的楼面宽达 15m（50 英尺）。

98 ~ 99 楼被飞机右翼最外的 15m 撞击，5 根外墙柱被撞断，碎片在中间和西面桁架上开出一条道，撞飞道上的防火涂层，损坏内筒北墙的防火涂层。

整个过程经历了 0.7 秒。北塔遭飞机撞击后的受损状况如图 1.5.14 所示

相关分析表明，在总共约 38 000L（10000 加仑）航油中，约 15% 在刚撞击时的火球中被消耗了，大约同样多的航油喷射到楼外烧了，还有一半以上的航油留在楼内被洒到各处。有些甚至由电梯井洒到地下室。大厅内的火球震落了许多玻璃窗。

航油的燃烧很快用尽了 94 ~ 96 楼的氧气，火势渐弱了，但并没有熄灭。撞后 2 分钟 93 ~ 97 楼的北面、96 楼的南面和 94 楼的东面窗外都可以看到火苗。当新鲜空气进入之后火势又开始稳定燃烧。8 点 52 分有黑烟从 104 楼冒出，但没有发现火苗。

火势无法阻挡，自动喷水系统的供水管被撞毁。即使自动喷水系统没被撞毁也没有用，供水系统设计为给 8 个喷水头供水，8 个喷水头可以控制约 $140m^2$（1 500 平方英尺）的楼面，供水能力大概为 3 倍于这个面积，然而，现在实际火势面积远远超过了自动喷水

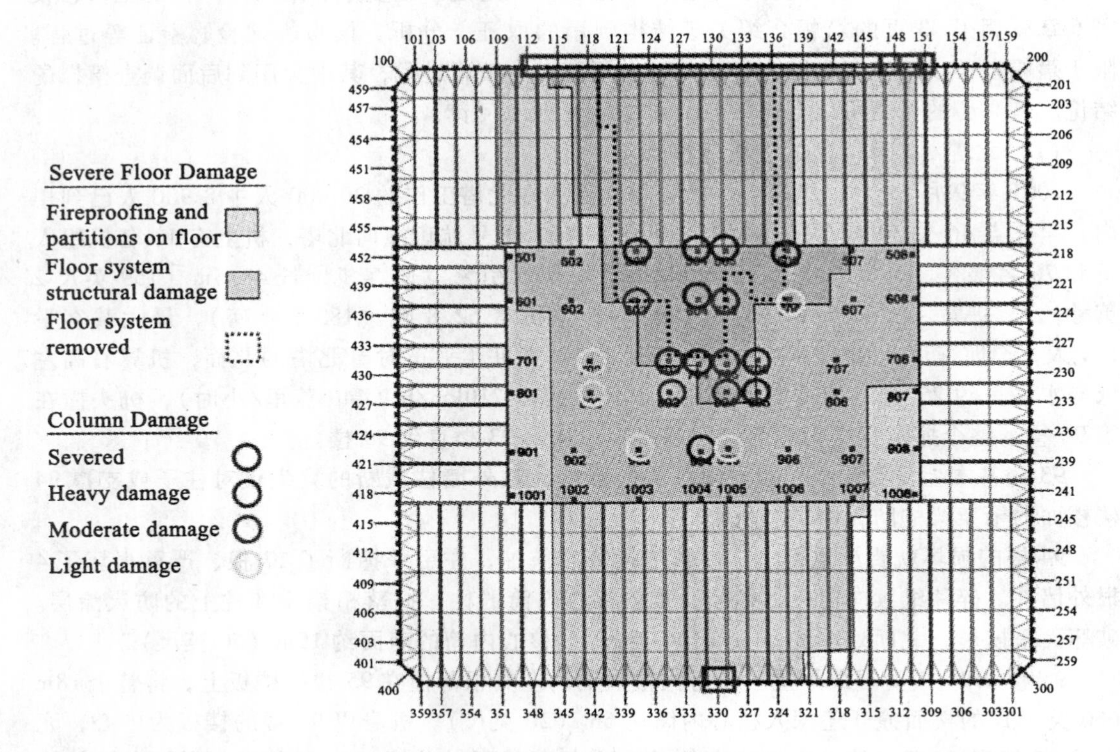

图 1.5.14 北塔遭飞机撞击后受损状况

系统的能力。

排烟系统也没有工作，排烟系统需要消防员知道起火区域后开启相应的进气和出气通道。现在既不可能知道具体火点的位置，也不会知道气道是否还能工作。总之，整个 102 分钟内，排烟系统没有工作。

楼内 7 545 人中多数人知道发生了严重的事件，撞击发生 5 ~ 8 分钟之后多数人开始疏散。楼道上有水和碎片，空气中弥漫着航油、石膏、防火涂料和混凝土粉尘的味道。也许因为 1993 年炸弹事件的经验，撞后 15 分钟内几乎所有被撞楼层以下的人都下降了至少 10 层。楼内人员随时间疏散的情况，如表 1.5.2 所示。

表 1.5.2

时　间	走出大楼	大厅到 91 楼	92 ~ 110 楼
8 点 46 分	0	7 545	1 355
9 点 03 分	1 250	6 300	1 355
9 点 59 分	6 700	850	1 355
10 点 28 分	7 450	107	1 355

92 ~ 99 楼无人能走出大楼，因为所有的通道都被堵死了。到 9 点 02 分有 26 人从92 ~

110 楼打出的求救电话，9 点 03 分到 9 点 10 分只有 7 个求救电话，9 点 43 分到 9 点 57 分从 104 楼和 105 楼打出最后 3 个求救电话。有人试图往楼顶走，但是楼顶通道被锁住了。8 点 52 分开始有人从楼上往下跳，至少有 111 人从楼上跳下。

事发当天纽约市消防队的人员在距离世贸中心大楼几个街区外检查煤气外漏的问题，他们目击了整个事件的发生并及时报告了消防指挥中心。世贸中心警察部门也向警察局报告了有爆炸事故发生。8 点 50 分第一辆消防车赶到，事件指挥中心就设在北塔的大厅内。紧急医疗服务指挥站也在 3 分钟后就绪。随着越来越多的损坏、伤亡像潮水般地涌来，灾难性事态的严重性逐渐显露出来。8 点 55 分消防队员开始沿楼梯上爬，他们的目标是营救被撞楼层以下的人员并设法打通向上的通道。8 点 59 分世贸中心警察局的一位高级官员要求整个世贸中心的人员外撤。然而，这个命令既未被听到也没被执行。到 9 点，66 个消防单位被派到现场，现场消防指挥中心第五次要求增加消防人员和器材。

飞机撞击也对大楼的通讯系统产生了破坏，大楼的消防广播系统不能工作了。开始 20 分钟内消防队员的无线通讯系统达到了平时五倍的通讯量，然后逐渐下降，但仍然有平时三倍的通讯量。这些通讯设备不合适这样大量的通讯，因为许多人同时使用同一频道，使许多信息根本听不清。

9 点 15 分，已有 30 个消防单位表示已到达现场，到 9 点 59 分有 74 个消防单位到达现场。他们被告知不要进入现场因为现场已经有大量的救护车，并且一直有碎片落下。许多消防队员进入大楼，他们发现只有一台通向 16 楼的电梯还能工作。多数消防队员即由楼梯上行。他们带有沉重的消防器材，加上源源不断的疏散人流，他们上行的速度很慢，有人报告到达 40～50 层。南塔倒塌之后，消防指挥中心向所有消防队员下达了撤出的命令。从无线通讯里听到命令的消防队员开始往下走，并告知没有听到的消防队员一道下行。还有些消防队员可能没有听到，或因为上得太高来不及撤出，最终被埋在大楼内。因为通讯设备被埋，不知道有多少消防队员被埋在南塔，多少被埋在北塔，也不知道他们上到了哪些层。

到 9 点左右，早先的可燃物和空气都基本燃尽，火势开始变小。然而，由于热浪的炙烤，更多的可燃物被烤得产生可燃气体，这些热气产生的压力将已经变形松脱的铝窗推开，新鲜空气进入，火势得以继续向南蔓延。到 9 点 15 分，97 楼的火势增大，蔓延到整个楼层。大火也在 92 楼和 96 楼的东部燃烧。

到 10 点钟，97 楼基本烧完，而 94 楼火势却增大了，将北面的半个楼层都充满了。从 9 点 30 分开始，大火充满了 98 楼的整个楼层。到此时为止 98 楼以上还没有起火燃烧。热空气充满了受损楼层的上部。除了受到石膏板保护的局部区域外，大部分空间最低温度也在 500°C 以上，火焰处的上部空气温度可达 1 000°C。飞机碎片击穿了核心内筒的墙体，那里的上层空气也有同样的温度。

9 点 59 分南塔倒塌了，巨大的震动能被远在 100 英里之外的地震仪测得。这时有近 800 人还在北塔的楼道上，南塔的倒塌减慢了他们的移动，倒塌激起新的灰尘、烟雾和碎片掉落，楼道的灯灭了，91 楼以上再也没有新的求救电话打出。10 点，纽约市消防局和警察局命令所有搜救人员撤离北塔。

南塔倒塌引起的压力使北塔的火势又加大了，南塔倒塌后 4 秒钟 1 号楼的 98 楼火苗串出窗外，92 楼、94 楼、96 楼的北侧火势明亮可见，92 楼和 96 楼东面的南侧可见火苗，

98楼东侧和南侧的火苗已经串出窗外。在楼道上逃生的人能够听到空气的流动声。10点01分104楼开始串出火苗，大火一直燃烧到大楼倒塌。

10点18分一股强大的气流将浓烟从92楼、94楼和98楼北面、94楼和98楼的西面喷出，96~99楼南面大火燃烧。

楼面的挠曲增加了，尽管北面是先燃烧起来并先开始挠曲的，但北面已经烧完并开始冷却。由于南侧楼板向下挠曲使得南面外柱向内弯曲，到10点23分，南面的柱已经向里弯曲了1.4m（55英寸）。

因为温度升高钢材变软，局部开始出现塑性变形，这些构件的荷载转给其他构件承担。这时整个大楼可以分为三段，大楼被撞部分的下端和上端基本保持原有的强度和刚性，而受损受热的中段则已经开始软化。106~110层的空间斜撑系统保持上部结构为一个整体，并将受损部位的荷载通过变形协调的方式传递给相对刚性的构件。然而由于南面的外柱丧失稳定而将荷载全部传递给已经受损的核心内筒，整个上部先是向南倾斜然后整个上部结构压向下部楼层，12秒之内整个北塔变为废墟。

（2）南塔（2号楼）的破坏过程

南塔的破坏过程同1号楼有几点重要的差别，这些差别导致南塔上大部分人员及时撤离了，尽管南塔比北塔先倒。早在8点46分北塔遭撞击时南塔内的8 600人就知道严重的事件发生了，5分钟之内有一半的人已经离开了他们的楼层，$\frac{1}{6}$的人使用电梯下来，其余的人均匀地使用三个应急楼梯。NIST估计北塔被撞之后有3 000人撤离了。早9点，楼内广播告知大家北塔起火，南塔仍然安全，要求大家回办公室。然而，9点02分却又广播说要求大家有秩序地撤离。

9点02分59秒联合航空的175号机以870km/h（540英里/小时）的速度撞向南塔，比11号航班的速度高了160km（100英里）。175号航班同样是波音767－200ER，这次机上有5名劫机者、9名机组人员、51名乘客。飞机带有约3 500L（91加仑）航油。飞机在$\frac{1}{5}$秒内完全消失在楼内，飞机在大楼的南面中心偏东7m（23英尺）的地方撞上南塔，楼顶在2.6秒内向北侧移达0.7m（27英寸），并产生逆时针方向的扭转振动。

机头撞在81楼的楼板上，飞机的机翼右高左低与水平呈38°角，以与水平方向6°的角度俯冲，撞击了从77楼至85楼的9层楼。然而，主要破坏还是集中在78~83楼内。图1.5.15显示计算机模拟的78~83层被飞机撞击后的破坏情况。

飞机左翼的中段撞击78楼，撞断南面9根外柱、撞开19扇窗，与核心内筒等宽部位的桁架梁的防火涂层被撞落，撞落区域一直延伸到$\frac{2}{3}$的核心内筒以内。这一层没有核心内筒柱受损。然而，核心内筒东南角的角柱与77楼和83楼的连接板被破坏。

79楼遭受了较为严重的破坏，飞机左引擎和左内翼在楼板上砸开了一条8m（25英尺）宽的裂口，一直延伸到核心内筒，砸断了15根外墙柱，9根内筒柱，严重损坏另一根柱，将直到内筒北墙的所有梁柱的防火涂层撞飞。

最严重的破坏发生在80楼和81楼，这两层楼遭受了机身的直接撞击，80楼的楼板被撞开，一道21m深的裂口一直延伸到内筒东边的楼板，北面的楼板沿东面下垂，79楼

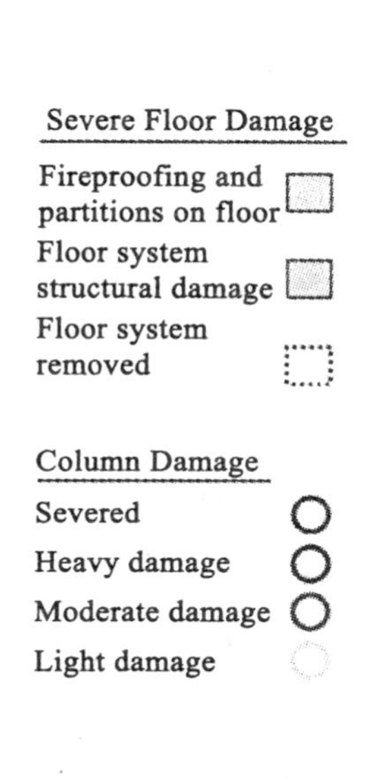

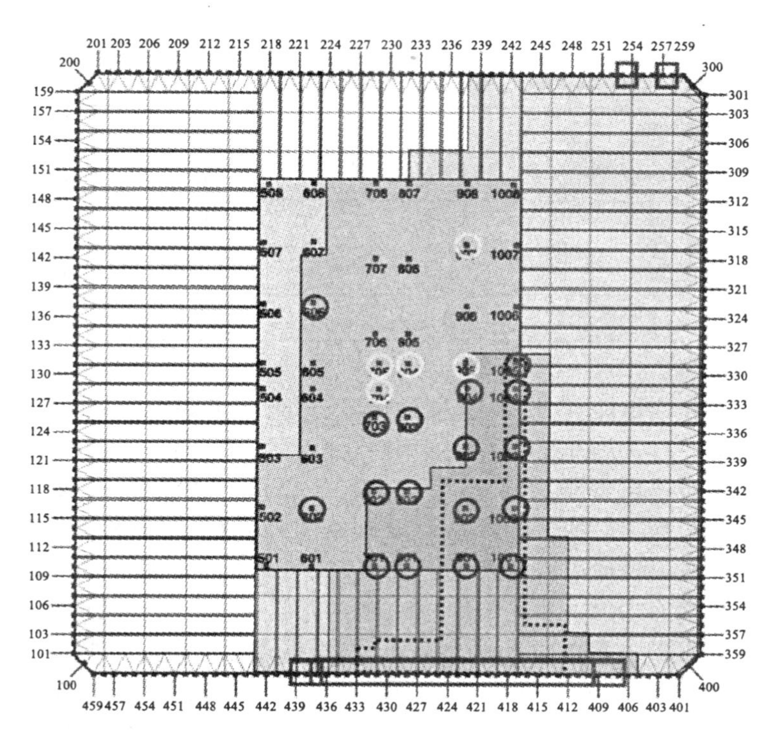

图 1.5.15　南塔遭飞机撞击后受损状况

被撞断的 9 根柱在这一层楼也被撞歪，防火层从内筒东$\frac{2}{3}$开始一直到北墙处的涂层被撞落。

在 81 楼，机身将 12m（40 英尺）宽的楼板撞得粉碎，一直延伸到内筒的东南角。整个内筒东侧和整个楼面东侧的防火涂层被撞飞。内筒结构破坏仅限于东南角的柱。飞机右引擎穿过 81 楼后从东北角飞出落到 450m（1 500 英尺）外 2 号楼的东北角。右起落架穿过 81 楼和北墙的东面后落到右引擎附近。右引擎击穿 82 楼横梁，击毁部分 82 楼楼板，撞断 8 ~ 9 根外墙柱。右翼损坏了直到核心内筒东南角的桁架梁，击断 5 根内筒柱。与 81 楼一样，东侧的防火涂层全部撞落。

核心内筒柱被撞击后导致被撞部位以上的内筒向东南微弯。然而，楼顶部的斜撑和楼板、内外筒共同组成的空间桁架系统仍保证整个结构的整体性。

0.6 秒的撞击过程造成了 33 根外柱被撞断，1 根外柱严重损坏，10 根内柱被撞断，1 根内柱严重损坏，47 根内柱中的 39 根柱在一层或多层内防火涂层被撞落，多达 7 500m^2（80 000 平方英尺）的楼板的防火层被撞飞。

9 点 03 分南塔大部分人员都已经离开他们平常工作的地点，近 40% 人员已经离开大楼，开始撤离的人员中 90% 都逃过一死。许多在被撞楼层东侧的人可能当场死亡或重伤。78 楼是电梯转换层，部分人员在那里等待直达电梯下楼或上楼回到办公室。这些楼层西侧的人员要幸运一些，可能只受些轻伤。还有人能打求救电话报告天花板掉落、墙体倒塌、航油、热、烟和火等。各时段楼内人数如表1.5.3所示。

表1.5.3

时 间	逃 出	大厅到76层	77~110层
8点46分	0	5 700	2 900
9点03分	3 200	4 800	637
9点36分	6 950	1 050	619
9点59分	8 000	11	619

飞机撞击世贸中心大楼同样损坏了自动喷水系统的水管和所有电梯。然而，北面的一个楼道尽管炙热并充满了浓烟和碎片但还可以通过。被撞楼层以上有18个人幸运地找到这个通道逃出来了。

飞机撞击后的火球燃烧了10秒钟，从北面、东面和南面喷出近60m（200英尺），烧完气态的燃油后火球熄灭了。在以后的半小时内，在南面撞击口内有小火燃烧，80~83楼的东面有大火，尤其是81~82楼东北侧火势更大，飞机撞击将所有办公桌椅等可燃物和飞机上的可燃物都推到了那里，那里也有足够的氧气供应。9点30分至9点34分之间79~80楼内有好几次烟雾从北面喷出，可能是成窝的航油被点燃或别处的楼板塌下。

火势对结构破坏的方式与北塔不一样。首先，内筒东南角柱被撞断导致内筒与顶部空间桁架的一些连接被破坏，然而，顶部空间桁架仍然将荷载分布到了外墙柱上。其次，内力重分布增加了东面墙柱的负担。第三，温度升高导致79~83楼东面长跨的楼板产生大幅垂降，给东面墙柱向内拉力。第四，撞击18分钟后，东面墙柱在楼板的拉力下向内弯曲，随着燃烧时间的增加，弯曲变得越来越大。

纽约市消防队和警察局的指挥中心当时被这两栋楼内传来的通讯弄混了，有些救援人员讲话时也并没有通报他们在哪栋楼内。9点12分，港口警察局得知南塔消防通讯电话不通，9点18分，纽约警察局得知还有一台通向40楼的电梯可以工作，同时，消防队得到通知要将指挥站移到对面的西街（West Street），9点30分现场急救人员在南塔大厅设立急救站。

9点58分被飞机撞击楼层以下除11个人外全部安全离开南塔到达街对面。火势仍旧继续。9点55分有消防人员报告他们已到55楼。南塔倒塌之前，已经有消防人员到达78楼。

大楼的结构状况继续恶化，整个东面墙柱都发生了内弯，东面的柱已失去承载能力，顶部的空间桁架将荷载传递给已经被削弱的核心内筒柱。但是内筒柱已经不能承担额外的荷载了，整个上部结构呈刚体向东、向南倾斜，外墙柱破坏从东向角部，又向北面和南面扩散。到9点58分59秒，整个大楼开始倒塌。

7个因素造成了南塔的倒塌：飞机撞击造成的破坏，包括核心内筒的一根角柱；航油四溅点燃了几层楼的大火；防火涂层被撞落，使得这些部位温度快速升高；东面持续大火和大量的可燃物；核心内筒柱受损，承载力下降，导致外墙柱的荷载上升；东侧楼板下垂，将外墙柱拉弯；被拉弯的外墙柱丧失承载能力。

(3) NIST 的建议

根据对事件过程、结果和原因的调查分析，NIST 提出了 7 组 30 条建议，供今后制定规范和实践中参考。

第一组，增加结构的整体性。

建议 1　制定全国范围的防止连锁倒塌的标准和规范，同时制定规范使用时的工具和指南。制定具有分析设计工具和设计实例的标准方法用于估计土木建筑结构在多重打击下综合破坏的可能性。

建议 2　制定基于可靠理论的风洞试验方法，使得全国范围内的试验结果具有一致性和可重复性。根据风洞试验结果估计设计用的风荷载以及风荷载对高层结构的效应。

建议 3　制定高层建筑物在横向荷载（风、地震等）作用下的最大水平位移标准。

第二组，延长结构的抗火时间。

建议 4　评估现有结构，尤其是高层结构的防火设计所依据的结构和防火等级的理论，必要时要作修改。尤其要考虑以下问题：有足够时间让救援人员赶到、楼内人员能够安全撤出；主动防火设施（自动喷水系统、消防栓、排烟系统）要确实能保障人员的安全；对关键结构部位的防火系统要有必要的冗余措施；即使在自动喷水系统失灵或没有的情况下结构和局部楼面在最大可能火势下不发生坍塌；利用防火门、自动封闭装置和限制空气供应（如防火窗）等设立防火分区，保护结构；特别注意含有大量可燃物的区域；考察防火系统，包括自动灭火和人工灭火系统，在多大程度上可以可靠地阻止火势蔓延。

建议 5　集全国的力量对已有一个世纪的单个构件、构件组和系统的防火试验方法和标准的技术基础进行改善。制定必要的指导原则说明构件或构件组的试验能够如何被外插到建筑系统上去。实现这一目标的一个关键步骤是进行真实的构件、子结构和结构系统的燃烧试验。

建议 6　制定标准对现存的防火涂层进行测量、试验和评估，保证防火涂层达到防火标准。

建议 7　建议采用“结构框架”作为防火评级的标准。

第三组，结构防火设计新方法。

建议 8　建议将防火标准修改为不受控制的火势完全燃尽也不会造成部分倒塌或整体倒塌。

建议 9　研究制定以真实的防火性能为基础的设计方法，取代现行的名义抗火时间的方法，并制定相应的工具、指南和整体结构试验方法。

建议 10　评估并研发新的防火保护材料、体系和技术，保证防火保护材料的耐久性，在重要事件中不至于失效。

建议 11　评估结构钢、混凝土和预应力混凝土，以及其他高性能建筑材料在可能的温度荷载作用下的性能。

第四组，改善主动防火系统。

建议 12　加强主动防火系统（自动喷水系统、消防栓、火警报警系统、排烟系统）的冗余性，保证在日益增加的建筑高度、人口密度、大空间、高风险活动、消防反应时间限制、转换燃料和更频繁的威胁等条件下主动防火系统的有效性。

建议 13　楼内的火警和通讯系统要能保证连续地、可靠地、准确地和及时地人员安全详细信息，以保证紧急疏散管理过程的有效性。各类通讯、路线标识系统的可靠性要求高于现有的标准。

建议 14　大楼内的消防/应急控制板应包含更详细的功能和信息以帮助地面消防指挥，比如消防水流速度、标准等。

建议 15　研发：

(1) 实时、场外安全信息传输系统，将火警和其他安全信息传给消防安全单位，以便他们及时知道详细的位置、情形并作出准确的反应。

(2) 将这些信息在场外保存或场内以黑匣子的形式储存下来，以便事故发生后可以用于调查分析，应制定这样的设备的标准并强制使用。

建议 16　公共机构、非盈利机构与建筑物所有者和管理者开展全国范围的公共教育活动，提高大楼使用者的意识和紧急疏散准备。

建议 17　所有高层建筑设计要能满足在没有事先警告的情况下能在给定时间内全员疏散要求。大楼的规模、功能和标志要求都要列入通道的设计之列。楼梯和楼梯门的宽度要能满足救援人员逆流而行的要求。

建议 18　疏散通道的设计应该做到：

(1) 将各种通道（楼梯、电梯、出口等）尽可能分开，然而又不增加移动距离。

(2) 在可以预见的紧急状态下保持各种通道的整体性和可用性。

(3) 有统一的、标准的标识和指引系统，疏散人群可以凭直觉和明显的标志疏散。

建议 19　大楼所有者、管理者和紧急救援单位一起改善各种紧急救援机构间的信息协调共享机制，及时有效地将信息传达给楼内人员，更加可靠的紧急广播系统，改善救援人员的通讯系统，采用紧急事件公共广播系统和社区应急报警网络。保证紧急状态时所有信息准确、及时地传达给大楼的使用者和救援人员。

建议 20　全面研发新的疏散技术，包括强化的电梯、楼外逃生设备和楼梯垂降设备等，让楼内所有人员有平等的逃生机会和通道。

第五组，改善紧急救援。

建议 21　安装结构上强化并受保护的电梯，改善高楼内紧急救援反应，使救援人员能及时到达救援楼层并能让受伤人员快速撤离大楼。

建议 22　安装调试紧急通讯系统和无线电通讯系统，使这类系统达到：

(1) 能应付大型事故时密集的无线电通讯；

(2) 可以被用来确定救援人员的身份和位置。

建议 23　推行设立详细的救援时汇集、处理和散发重要的声音、图像和文字信息的程序和方法，保证所有救援人员能得到相同信息。每次事件中都要设立一个信息情报中心来协调信息的收集发放。

建议 24　设立并实施救援规范和协议，保证在大型建筑事故救援中命令和控制系统能够有效地、不间断地运行。

第六组，改善从设计、施工到运行的程序和实践方法。

建议 25　当前非政府组织和准政府组织拥有或长期租用的建筑物不受任何建筑和防火条例管制，NIST 建议这些组织能够自觉达到条例要求的标准。为了增加公众的信心，应聘用独立机构对建筑物的防火安全检验授证。

建议 26 国家和地方司法机构采取严厉措施保证现有建筑物的疏散通道和喷水系统能满足规范要求。此外，现有规范关于建筑物使用功能的条款有些地方需要修改，比如，在一个办公室内如果有集会场所，这里就应该满足集会场所的要求。

建议 27 建筑规范应增加条款，要求建筑物的所有者保留所有设计、计算、建设、维护和改造的资料，这些资料不能存放在楼内。并且，当发生紧急状况时救援单位要能及时获取并使用这些资料。

建议 28 对责任设计人员应清楚地界定：在进行创新性建筑设计或非传统防火设计时所有专业作为一个团队对建筑物的结构标准负责。

第七组，教育与训练。

建议 29 设立专业继续教育：

（1）向防火工程师和建筑师传授结构工程原理和设计；

（2）向结构工程师、建筑师、防火工程师和规范执法人员传授现代防火原理和技术，包括结构的防火设计；

（3）提升建筑管理机构和防火维护人员进行审查、检查和审批的技能。

建议 30 开发短期课程、网络训练，进行计算防火动力学、温度—结构相互作用分析等课程的教学，加强这方面的技术能力、培养这方面的技术人才。

1.5.5 事故的经验教训

"9·11"事件凸显了进行工程设计所必须面对的非确定性。一项土木工程项目建成之后将会受到什么样的内、外因素的作用是非常不确定的。正常工作环境下的作用因素因为重复率高，以统计学的方法可以得到可信度比较高的估计。而极端环境下建筑结构的表现不是随便可以遇见的，更谈不上重复了。任何一项工程都是功能、安全性和技术、经济能力平衡的结果，按照规范条文作设计的方式往往掩盖了这一点。不可能把每栋建筑都建得像个核电厂似的，但在有限的成本控制下的设计必须保证建筑物的风险在可接受的范围内。那么什么样的作用会出现？这些风险会以什么样的组合形式出现？组合的可能性是无限的，而设计时能考虑到的问题是有限的。用有限的考虑来保证对无限可能性的抵御本来就是一件不可能任务。因此，对这类事故的全面调查学习，总结经验的机会就显得非常宝贵。从"9·11"事件中我们首先需要学习的是美国工程学界对事件反应的敏感性和积极主动的从事故中总结经验的态度。

世贸中心大楼设计能够抵御当时最大的飞机波音 767 以 960km/h（600 英里/小时）的速度撞击。实际上也做到了这一点，"9·11"时的撞击本身并没有使大楼倒塌。建筑物具有三道防火防线。有自动喷水、消防栓等主动灭火；有防火分区、排烟等限制火势；还有防火涂层保护结构。大楼实际经历了 1975 年的火灾和 1993 年的炸弹爆炸后产生的大火。但是在飞机撞击、碎片敲击和大火的共同作用下大楼却出乎所有人意料外倒塌了。那么今后应该把大楼做得更结实些，还是用其他办法减低损失，尤其是生命的损失，就值得所有相关人员仔细研究了。因此，调查后的建议就是人类交了昂贵的学费之后所必须要学习的宝贵经验。

具体地讲，对灾难性事故可能的组合，如何综合性地应对组合性的灾难是需要认真研究的重要课题。此外，各方面、各专业、各行业及所有用户的密切配合，有效协调，及时准确的信息交流不论是在设计施工阶段还是在紧急救援时刻都是至关重要的，危急时刻甚至是生命攸关的。

FEMA 和 NIST 的调查给我们规划、组织和实施事故调查提供了宝贵的经验，现代分析模拟技术使我们可以比较有把握地估计比表面现象详细得多的内部表现，模拟重建事故现场，总结事故中的经验教训。

思考题

1. 结合本节内容，搜索、阅读更多关于世贸中心大楼倒塌的资料。在此基础上讨论、评价 FEMA 和 NIST 进行的事故调查所采用的程序、规划和方法，提出可能的改进。

2. 除了 FEMA 和 NIST 所列出的建议外，你觉得还有什么建议可供今后参考的？

§1.6 豪晶酒店行人天桥倒塌

1.6.1 悲剧的发生

美国密苏里州堪萨斯市的豪晶酒店（Hyatt Regency Hotel）是一座40层楼、拥有750个房间的豪华大酒店。这座1980年7月建成开业的酒店位于一系列商业中心、会展中心、体育中心之中。在酒店与会展中心之间有一个四层的有盖廊厅，廊厅的二、三、四层有天桥连接酒店和会展中心。天桥由屋盖上下垂的钢杆悬吊起来，二、四层天桥垂直重叠，三层天桥与二、四层平行错开。

1981年7月17日，廊厅底层正在进行一场跳舞比赛，2 000多人聚集在廊厅底层以及天桥上观看比赛。傍晚7点05分，四层天桥突然垮塌，连同二层天桥一起砸向底层，造成一宗114人死亡、超过200人受伤、极其惨烈的特大伤亡事故。如图1.6.1所示。

图1.6.1 二、四层天桥垮塌后的廊厅，未塌的是三层天桥

1.6.2 事故的种子

酒店的业主为皇冠中心重建公司（Crown Center Redevelopment Corporation）。PBNDML Architects, Planners, Inc. Architect 为酒店的建筑设计公司。1978 年 4 月 PBNDML 与得克萨斯州的结构咨询公司 Gillum – Colaco, Inc. 签约，由 Gillum-Colaco 公司为酒店设计提供所有的结构设计服务。而 Gillum-Colaco 公司又将工程转包给 1980 年 8 月 26 日在密苏里州注册的结构咨询公司 Jack D. Gillum & Associates, Ltd.（该公司于 1983 年 5 月 5 日更名为 G. C. E. International, Inc.，此处起称为 G. C. E. 国际）。杰克·吉拉姆（Jack D. Gillum）既是 Gillum-Colaco 公司的法人代表之一，也是 G. C. E. 国际的总裁，他于 1968 年成为密苏里州注册工程师（Professional Engineer）。丹尼尔·邓肯（Daniel M. Duncan）1979 年获密苏里州注册工程师资格，是 G. C. E. 国际的合伙人和负责豪晶酒店结构设计的项目工程师。酒店的总包商为 Eldridge Construction Co.，Eldridge Constructionca 将钢结构的制作和安装分包给哈文斯（Havens Steel Co.）钢铁公司。

事故调查结果清楚显示，破坏始于四层天桥吊杆和天桥纵梁的连接结点，如图 1.6.2 所示，而这个结点的设计在施工过程中被修改过，并且未经适当的计算检查。事故调查过程中的试验表明，即使设计不被修改，原设计的强度也不满足相关规范的要求。更有甚者，施工过程中的一次事故本来提供了对发现这个设计问题的机会。然而，这个设计缺陷却没有被发现。这一系列的错误和疏忽最终导致了惨案的发生。

图 1.6.2 破坏的四层天桥吊杆—吊梁结点

由 G. C. E. 国际的邓肯设计的天桥为由从屋盖垂吊下来的 6 根（一边三根）直径为 32mm（1.25 英寸）的钢吊杆悬吊两根钢梁，然后由这两根钢梁支撑由钢横梁支撑的走道板。其中，二、四层有同样 6 根钢吊杆呈垂直叠交悬吊，三层天桥由另 6 根吊杆在二、四层天桥东面平行悬吊。每根纵向钢梁由两根 8 × 8.5cm 槽钢焊接成箱形截面。邓肯的设计要求吊杆的屈服强度为 414N/mm^2（60 千磅/平方英寸），而每个杆—梁连接结点的设计荷载为 98 000N（22 千磅）。

根据邓肯的设计，钢结构分包商哈文斯钢铁公司负责绘制施工图和实际制造、安装。

而哈文斯钢铁公司当时的工作量很满，所以又将准备施工详图的工作分包给另外一个叫WRW的公司。WRW公司仅按照哈文斯公司提供的由邓肯的设计制作详图，没有任何规定要求WRW公司进行任何设计计算或参照建筑图纸进行检查。

邓肯的设计未对二槽钢的焊接提出任何要求，WRW公司根据自己的理解合理地加上了安装焊缝要求。邓肯的设计表明二、四层天桥的吊杆为一根单杆从屋盖连续延伸到二层天桥，在二层和四层处由1.25英寸标准螺母加一标准垫圈在槽钢箱梁下面支撑箱梁，如图1.6.3（a）所示。尽管如此，邓肯的设计图中并没有任何地方对连续单吊杆有任何要求。此外，邓肯的设计图中在二层和四层的连接详图上，吊杆均在梁底部螺母下截止。WRW公司在制作详图时发现这一问题。同时他们认为单杆连续方案在实际中是无法做到的。所以，WRW公司向哈文斯公司的工程师反映这个问题，并提议将吊杆在四楼截断，另从四楼梁上吊下一杆悬吊二楼天桥。哈文斯公司不能决定，故将此议反馈给邓肯，邓肯同意此议。自此，原设计连续吊杆被修改成二段，在四楼箱梁处错开连接，如图1.6.3（b）所示。邓肯作证时说讨论后他曾对钢梁做了腹板抗剪验算，然而存档资料未发现这一验算。

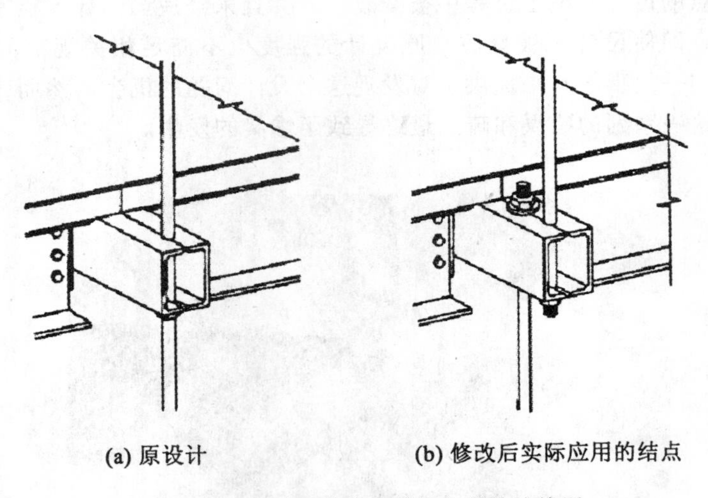

(a) 原设计 (b) 修改后实际应用的结点

图1.6.3 天桥悬吊处悬吊杆与梁的连接图

WRW公司完成施工图后于1979年2月9日将整套图纸移交给哈文斯公司，哈文斯公司未对图纸进行审核，直接将图纸交给总包公司，总包公司又将图纸交给建筑设计公司，再转给结构设计公司进行审核、审批。1979年2月16日结构设计公司G. C. E. 国际收到42张廊厅设计图纸。廊厅属于“边设计边施工”工程，受工期压力，实际施工往往早于最终施工图。G. C. E. 国际只有10天的时间对施工图进行审核。G. C. E. 国际审核了这些图纸，于2月26日将盖上Gillum-Colaco签章的图纸返回。审核过程中G. C. E. 国际的工程师向邓肯反映了吊杆由连续变为截断的事。邓肯解释道施工单位无法做到单杆连续，而双杆方案基本上同单杆方案是一样的。邓肯在审核过程中未对修改后的方案进行重新验算检查。

廊厅的屋盖、天桥连接北面的酒店大楼和南面的会展中心。1979年10月14日尚在施工中的廊厅有超过 $250m^2$（2 700 平方英尺）的屋盖垮塌。业主聘请另外一个结构公司 Seiden & Page 对屋盖垮塌的原因进行独立调查，并对设计进行审核。同时，G. C. E. 国际自己也对事件原因进行调查。调查过程中，业主要求 G. C. E. 国际列出一些安全关键部位，以便他们能够对这些关键部位进行定期检测。G. C. E. 国际列出的关键部位中没有包括天桥的吊杆—纵梁结点。

Seiden & Page 公司和 G. C. E. 国际调查的结果均表明，屋盖的垮塌是由于屋盖梁连接南北建筑的结点未考虑梁的温度变形，刚性结点在梁的温度变形中被削弱，从而导致屋盖的垮塌（建筑设计中有设温度变形缝要求）。除此之外，二公司的调查还找出了诸多设计和施工中的问题。如 G. C. E. 国际发现四层天桥的两端支撑长度只有 50mm（2 英寸）而不是设计要求的 100mm（4 英寸），他们及时进行了加固。然而，Seiden & Page 公司和 G. C. E. 国际均未对吊杆—纵梁结点提出异议。日后 Seiden & Page 公司解释他们仅对楼盖的倒塌原因进行调查，不检查整个结构的设计。

鉴于廊厅屋盖结构发生了设计问题，业主和建筑设计公司均要求 G. C. E. 国际对他们的设计进行检查。邓肯于 1979 年 11 月 6 日交给建筑设计公司的一份报告称，他们不仅对原设计而且对实际采用的结构进行了重新检查。他们对天桥的设计也进行了检查，证明天桥满足设计要求。而实际上他们并没有进行彻底的检查，也没有证据显示他们对天桥设计进行了检查。最后一个发现问题的机会就这样失去了。

1.6.3　事件结论与后续发展

无疑，天桥垮塌始于四层天桥连接结点。而连接结点从原设计到修改的设计均有重大错误。按单杆延伸设计，每个结点只承担本层传来的荷载。修改后的设计更使四层箱梁与屋盖垂下的吊杆结点不仅承担本层的荷载，而且还要承担由二层传来的荷载。荷载增加了一倍，直接导致了天桥的破坏。

箱梁是由两根槽钢焊接而成的，焊接仅满足构造要求，槽钢翼缘未设加劲肋。这不是一个典型结点，不可以查设计手册确定其承载能力。G. C. E. 国际的工程师在设计中未对这个结点设计进行适当的强度验算。每个杆—梁连接结点的荷载为 90kN（20.3 千磅）。按照 AISC（American Institute of Steel Construction）规范要求，每个结点的设计荷载应为 $1.67 \times 90 = 151$kN（33.9 千磅）。而试验得到这样结点的平均承载能力为 91kN（20.5 千磅）。因此，即使按照原单杆延伸设计，结点的实际承载能力也只有规范设计荷载的 60%。

对这一事件行政法律诉讼进行了 26 周，仲裁委员会认定 G. C. E. 国际在设计天桥的结点过程中以及之后屋盖垮塌后的调查过程中均未能遵从可以接受的工程惯例，发生了一系列的错漏和不当工作。对由单杆设计到双杆设计的改变负有责任。即使哈文斯公司未对设计进行检查，G. C. E. 国际的工程师仍对设计负有最终检查的责任。然而，G. C. E. 国际无论在设计过程中还是屋盖垮塌后的调查过程中均未对结点进行应有的验算。

1984 年 11 月，邓肯、吉拉姆和 G. C. E. 国际被认定在这项工程中疏忽、玩忽职守和违反专业行为准则，邓肯和吉拉姆被吊销密苏里州注册工程师执照，之后又被吊销得克萨斯州注册工程师执照。G. C. E. 国际执照被吊销。

豪晶酒店天桥垮塌事故也使得美国工程师协会发出报告，要求结构工程师对设计项目负全责。

1.6.4 事故的经验与教训

很简单的一个吊桥设计却酿成了一起惨祸，其中的多个细节值得我们认真思考总结。首先，单杆延伸设计显然是一个未经仔细推敲的方案。要想使这样的方案实现，吊杆需要以螺杆的形式从二层延伸到四层，才能让螺母由二层一直旋升到四层。这无疑是一个昂贵低效的办法。其次，这个设计一个重大的错误是未对这个梁结点的承载能力进行设计计算。只要正确计算了设计荷载，采用加劲肋或增加垫板的办法对这个结点并不难处理。第三，结构的冗余性很差。越来越多的工程事故表明增加结构的冗余性对保证人身生命安全是极端重要的。结构的冗余性要求局部破坏之后结构能提供替代传力路径。更重要的是，即使结构发生破坏，也还要能保证相关人员的安全撤离而不发生无预警的完全坍塌。这个设计显然没有做到这一点。第四，这个项目的进行过程有许多缺陷，边设计边施工使得许多正常过程被压缩或省略。然而，最不可接受的是在屋盖垮塌后的调查、检查中，在结点问题被提出来之后这个隐患仍然没有被发现。那么，什么样的机制才能够真正保证不出问题，或能够发现问题？值得人们深思。

思考题

1. 根据本节所给的条件，采用任何合理的假设和理论对该梁—杆结点的极限承载能力进行估算。比较估算的承载能力值和试验平均值（91kN），分析误差产生的可能原因。假如你处在邓肯的位置上，在没有作试验的情况下你会怎样设计这个结点？你有多大的把握？

2. 一个大型工程总需要许多个不同专业、不同部门的共同合作。而这种合作中必然会有各种文件、设计等重要资料的来往交换。并且，这种交换往往是动态的。某个信息发出后另一部门的反馈尚未发出之前可能原信息发出人或其他人又会发出新的信息。如此，将会造成整个信息的混乱。

（1）试以小组为单位设计一种文件交换系统，保证所有发出的信息都是经审查合格的信息。并且所有部门都能得到同样的信息。

（2）各小组设计完成后向另一小组说明、演示本组设计，并请其提出意见。

（3）根据本练习，每组交一份报告说明严格的文件管理、审批和收发制度的必要性。

第 2 章　地基基础事故案例

§2.1　地基软弱下卧层的问题

2.1.1　某九层框架建筑物墙体开裂与处理

1. 基本案情

某九层框架建筑物，建成不久后即发现墙体开裂，建筑物沉降最大达 58cm，沉降呈中间大，两端小，产生这一问题的原因是什么？目前情况如何处理？这是大家关心的问题。

进一步调查发现，该建筑物是一箱基基础上的框架结构，原场地中有厚达 9.5 ~ 18.4m 厚的软土层、软土层表面为 3 ~ 8m 的细砂层，地质剖面如图 2.1.1 所示。设计者在细砂层面上回填砂石碾压密实，然后把碾压层作为箱基的持力层。在开始基础施工到装饰竣工完成的一年半中，基础最大沉降达 58cm，由于沉降差较大，造成了上部结构产生裂缝，如图 2.1.2 所示。

2. 原因分析

该案例产生过大沉降并影响上部结构安全，其关键原因是对地基承载力的认识不够完整。地基承载力是取决于基础应力影响所涉及的受力范围，不仅仅是基础底部附近的土体承载力。同时，地基承载力应包含两层内容，一是地基强度稳定，二是地基变形。该工程基础长 × 宽为 60m × 20m，其应力影响到地基下部的软土层，在上部结构荷载作用下软土产生固结沉降，随着时间的延续，沉降逐步发展，预计总沉降量将达 100cm，目前沉降量约为总沉降量的 60%。由于沉降量过大，沉降不均匀，同时上部结构刚度也不均匀，从而在结构刚度突变处产生了裂缝。

3. 事故处理

该工程必须要对地基进行加固处理，加固采用静压预制混凝土桩方案。但设计时应考虑桩土的共同作用，同时充分考虑目前地基已承担了部分荷载，加固桩只需承担部分荷载即可，而不必设计成由加固桩承担全部荷载，从而达到节省材料的目的。

4. 经验与教训

（1）地基的承载力应考虑下卧软土层的承载力，地基设计应进行沉降验算，尤其是场地存在软弱土层的地基，必须要进行沉降验算。

（2）这种地基的加固设计应考虑已有土体先发挥作用，已承担了部分荷载的特点，设计的加固桩与地基共同作用承担部分荷载，从而达到更经济合理的设计。

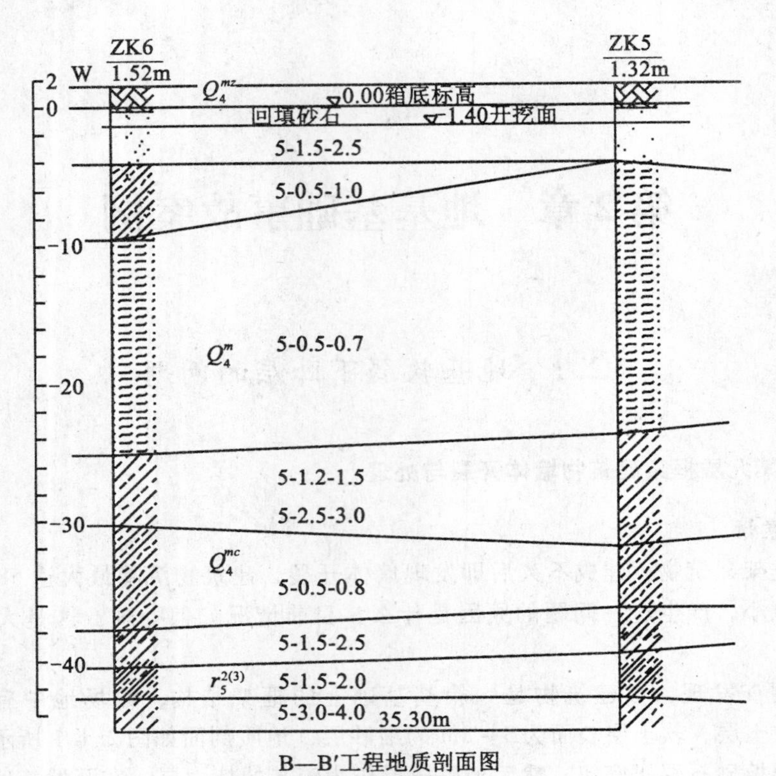

图 2.1.1 工程地质剖面图

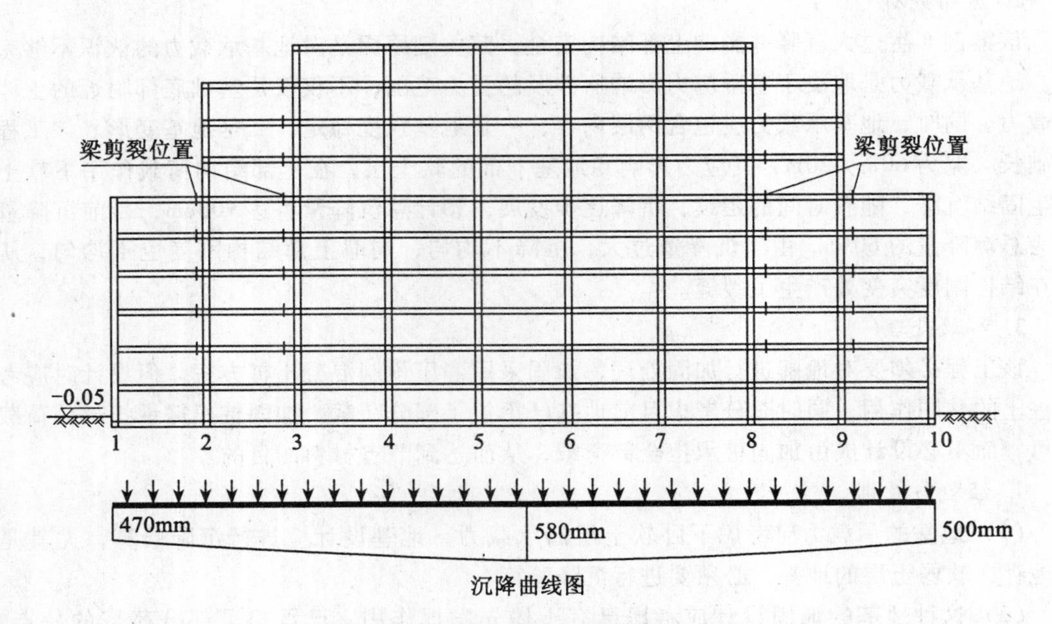

图 2.1.2 建筑物沉降与裂缝分布示意图

2.1.2　某水厂水池群地基不均匀沉降与处理

1. 工程概况

某水厂各水池平面布置如图 2.1.3 所示，水池建成后进行充水使用，当充水一段时间后，发现水池产生较大沉降，其累计沉降量如表 2.1.1 所示，典型沉降如图 2.1.4、图 2.1.5 所示。由于沉降较大，且沉降存在不均匀性，因此，马上进行放水。查找和分析沉降和不均匀沉降的原因，研制处理方案。

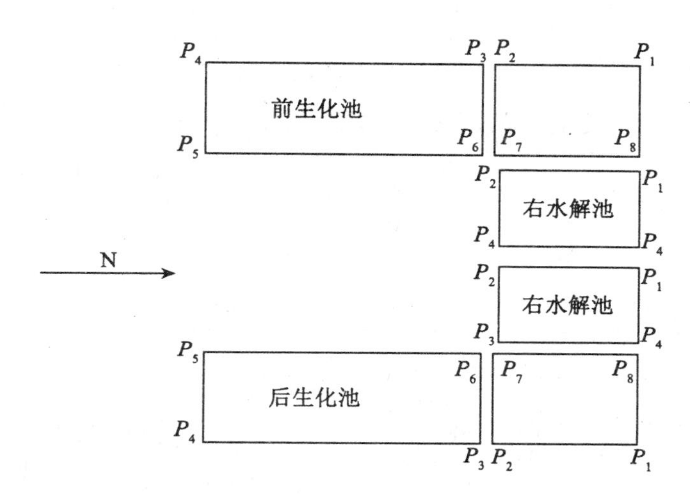

图 2.1.3　水池平面布置和沉降观测布置图

表 2.1.1　　**实测累计沉降量**　　（单位：mm）

	观测点	P_1	P_2	P_3	P_4				
水解池	右　侧	88	104	81	75				
	左　侧	148	189	108	90				
生化池	观测点	P_1	P_2	P_3	P_4	P_5	P_6	P_7	P_8
	右　侧	178	189	187	41	48	192	185	140
	左　侧	100	176	179	60	81	248	248	146

2. 场地地质与处理情况调查

经勘查，其场地中典型的地质剖面如图 2.1.6 所示。场地表层有厚为 3.5m 左右的填土层，填土层以下为深厚的淤泥质土层。

该工程原地基处理方案为深层搅拌桩复合地基，搅拌桩直径为 600mm，矩形布置，间距 1.0m，桩长 6m，地基承载力应经现场压板试验检测，要求地基承载力特征值大于 150kPa。在实施过程中，地基处理方案修改为强夯处理填土层并经现场原位压板试验检测，检测承载力满足要求后进行水池的施工。

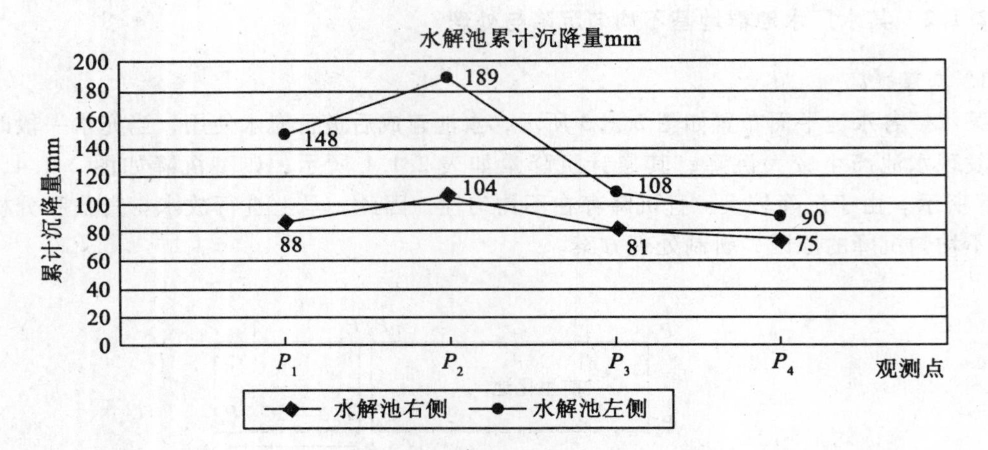

图 2.1.4 实测水解池累计沉降

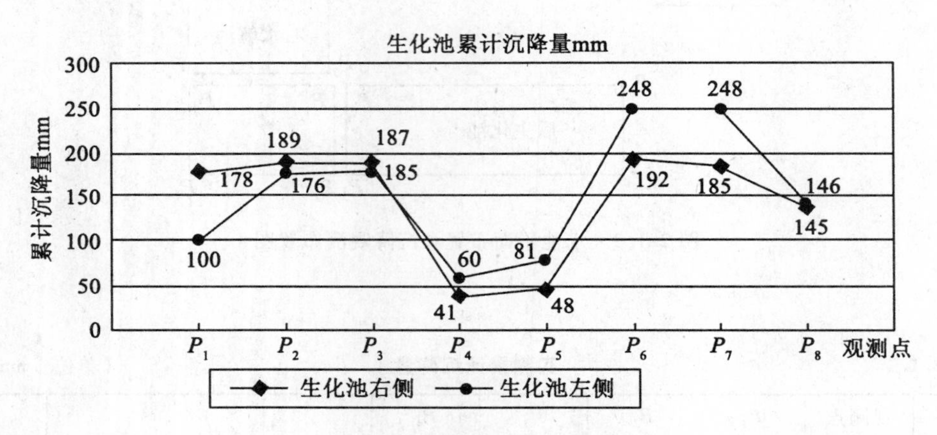

图 2.1.5 实测生化池累计沉降

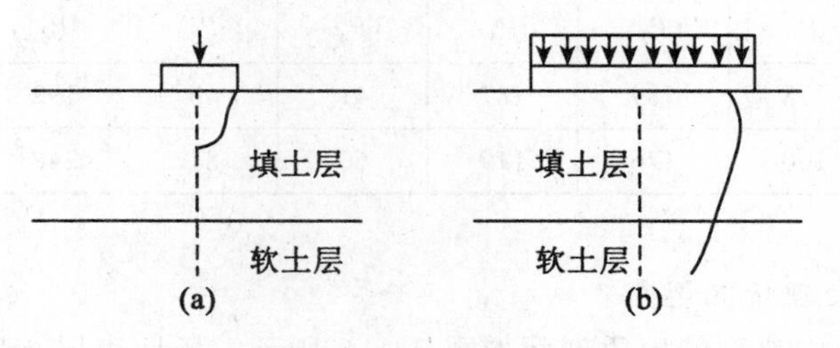

图 2.1.6 尺寸效应下卧软层

3. 沉降及不均匀沉降原因分析

原地基经强夯压实并经现场原位压板试验后是合格的，而实际建筑物完成后却产生这样大的沉降和不均匀沉降，其原因何在呢？

据观测到的部分沉降情况分析，水池产生沉降的主要原因是由于下卧软土层的固结沉降，目前沉降还未完成，在两个水池紧靠的地方沉降量是最大的。这主要是由于应力叠加相互影响，使该处沉降最大，如图 2.1.4、图 2.1.5 所示。

压板静载检测试验时，地基承载力是足够的，且沉降较小，但为什么水池施工后沉降远大于试验时的沉降呢？这主要是由于压板试验的尺寸较小，常规地基压板荷载试验时压板直径为 0.79m，其应力影响的深度有限，当应力影响在 3 倍尺寸范围时，压板试验检测到的主要是经强夯后压实的填土层的承载力，而反映不到其软弱下卧层，但当实际水池受荷时，其尺寸远大于压板试验时的尺寸，这样水池荷载的应力将扩散到软弱下卧层，从而使软弱下卧层产生变形。因此，水池荷载作用下的沉降主要是由于下卧软土层产生的沉降，且在应力叠加最严重区沉降最大。

4. 经验与教训

设计人员应有明确的力学概念，不要被原位试验结果所蒙蔽，应清楚试验条件与实际建筑物边界条件的异同，用好试验结果，明确试验的局限性，尤其是尺寸效应，这是工程中遇到软弱下卧层时应注意的问题。像这种有软弱下卧层的情况直接用压板试验结果是错误的，也是不安全的。

另一方面，若下卧层是硬层，则直接应用这样的试验结果则又是偏于保守的，因这时压板试验主要反映的是上部软层的承载力，而对下部硬层的承载特性未能反映。

思考题

假设一基础下有土层及参数如图 2.1.7 所示，作用荷载为 P，假定基础为正方形，设其边长分别为 0.5m，3m，10m，20m，分别计算基础的沉降，比较下卧软土层对不同边长基础沉降的影响。

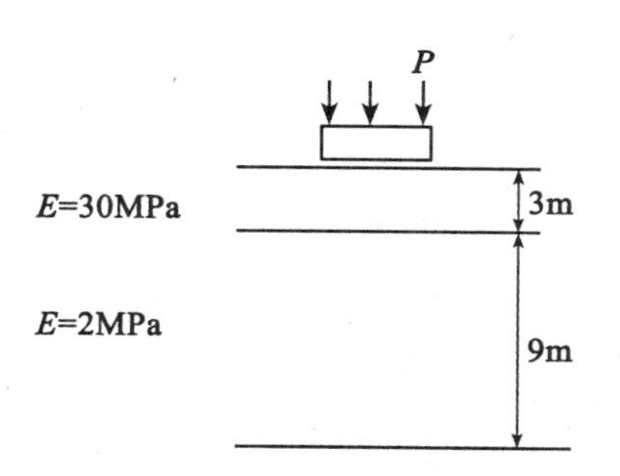

图 2.1.7 具有下软卧层的正方形基础地质剖面图

§2.2 施工顺序的影响

2.2.1 某城市防洪景观护岸结构纠偏处理

1. 工程概况

某城市防洪挡土结构示意图如图 2.2.1 所示，该场地原为一斜坡，为美化城市，现要建一挡土结构。靠岸一侧为墙，用于挡土和挡水。靠河一侧为框架柱子，顶部作为一个街景平台。由于场地存在软土层，因而采用桩基进行处理。

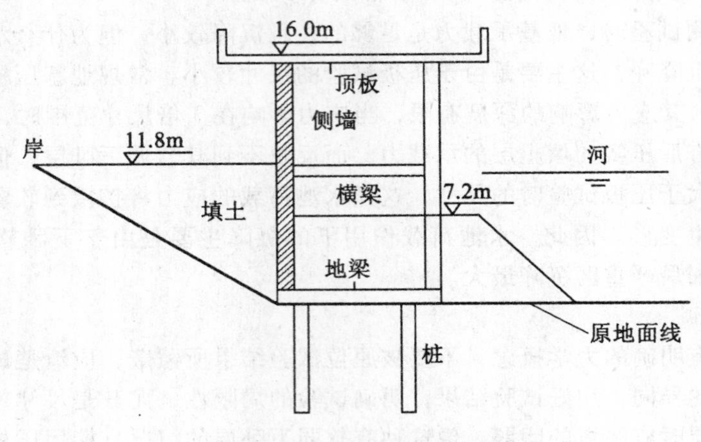

图 2.2.1 挡土结构剖面图

施工顺序为先打桩，完成地梁施工以及 11.8m 高程以下的侧墙及梁柱，然后在墙后岸上的斜坡进行填土至 11.8m，再继续施工 11.8m 高程以上的结构和回填靠河一侧 7.2m 高程处的反压土坡。

当施工完成后，发现柱子倾斜，11.8m 高程处的横梁产生裂缝，后进一步开挖，发现地梁也有断裂破坏。

现场调查发现，靠河一侧的柱子有明显的倾斜和弯曲，在 11.8m 高程横梁处为分界点，下部向外倾斜而上部则向内倾斜，示意图如图 2.2.2 所示，现场照片如图 2.2.3 和图 2.2.4 所示。

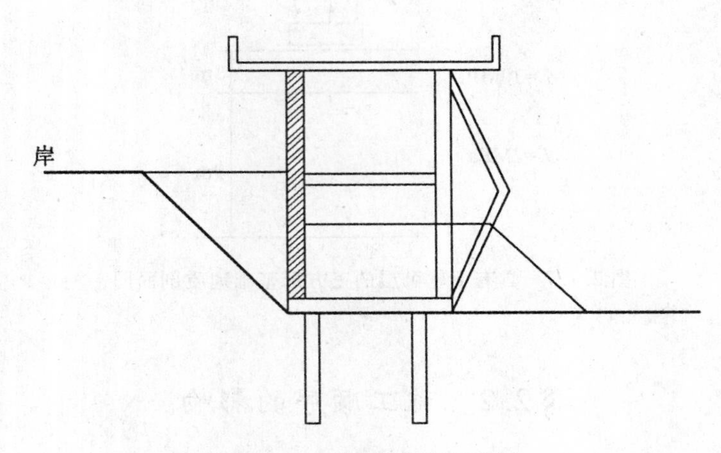

图 2.2.2 结构柱倾斜示意图

2. 事故原因分析与处理

据相关分析，上述问题主要是施工顺序不合理所导致的。该工程中两侧填土是不平衡

图 2.2.3　景观护岸结构

图 2.2.4　柱子倾斜情况

的，再加上靠河一侧反压土体未填之前，靠岸一侧土体先填筑至 11.8m 高程，造成两侧土压更大的不平衡。由于场地为软土地质，在两侧不平衡土压力作用下，软土体产生侧移，将其下的桩向河一侧推移，使桩顶向河一侧产生水平位移，而桩顶以上的结构体则整体向河一侧产生水平侧移，因而 11.8m 高程以下的柱子是向外倾斜的。当在 11.8m 高程再往上施工时，如果顺着柱子的倾斜方向向上，则结构更倾斜，为减少倾斜，控制柱顶与柱脚在同一垂线上，则 11.8m 高程以上的柱子必须向内倾斜，由此施工后，则得到现场所看到的情况。

由于地梁已开裂，同时还担心结构进一步变形，后来的处理措施是开挖并重做地梁，同时在地梁下新增加微形钢管桩，以帮助承担荷载。工程处理后试用多年，未见新的变形产生。

3. 经验与教训

由上述原因分析可见，在软土地基中，施工顺序会对结构受力产生重要影响。软土在不平衡的土压力下会产生明显的侧向移动，带动其中的结构体侧移。按该工程情况，结构体两侧的填土应均衡，同时填筑，以保证结构体两侧土压力的平衡，从而使结构体两侧受力均衡，避免软土侧移的产生。对同类情况，实际工程中应充分重视不平衡土压力对软土地基的影响。

2.2.2 某引桥挡土墙侧向变形问题

1. 工程事故概况

某城市大桥引桥的挡土墙剖面如图 2.2.5 所示，引桥两侧采用衡重式混凝土挡土墙结构，如图 2.2.6 所示，墙体外侧分别要施工两条地下水管。由于场地中存在软土层，设计时地基处理采用了搅拌桩复合地基。

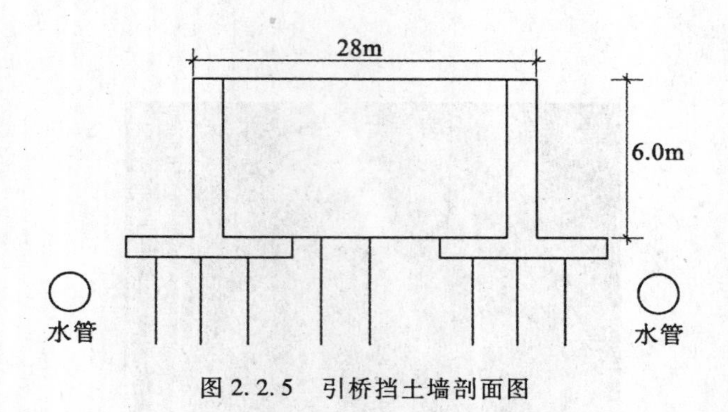

图 2.2.5 引桥挡土墙剖面图

当两挡土墙之间的路基填土完成后，发现挡土墙下沉了 11cm，墙体一侧顶部向路基内倾斜，如图 2.2.7 所示，另一侧墙脚则向路外移动，如图 2.2.8 所示。究竟什么原因导致两侧挡土墙产生不同的位移？

2. 原因分析

经现场了解，墙体沉降、侧移的主要原因是填土作用下的地基下沉和挡土墙外侧水管埋设时基坑开挖顺序和变形的影响所致。

挡土墙顶部向填土的路内一侧位移，主要是由于路基填土使地基沉降变形所产生。据观测，路基下软土层经搅拌桩处理，但在填土荷载作用下仍产生了 12cm 的沉降，这种沉降会引起挡土墙在填土区一侧基础的沉降，从而带动墙体向填土侧内移。如图 2.2.9 所示。

至于挡土墙墙脚向填土外侧移动，主要是该侧在填土后在墙脚外侧埋设水管时进行基坑开挖，而基坑开挖采用的是刚度较小的钢板桩支护，此时路基填土已基本完成，在强大的路基填土荷载作用下，钢板桩变形大，土体侧移，从而引起挡土墙根部向外侧移，如图 2.2.10 所示。另一侧不产生墙脚侧移的原因是因为该侧的水沟开挖是在路基填土之前完

图 2.2.6　引桥情况图

图 2.2.7　一侧墙顶向路内侧移

成的。因此，施工顺序的不同会产生不同的变形。

图 2.2.8　一侧墙脚向路外侧移

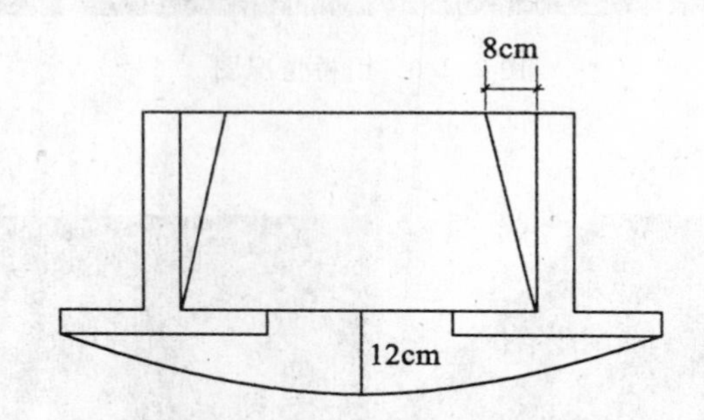

图 2.2.9　路基填土导致挡土墙顶部向道路内侧倾斜

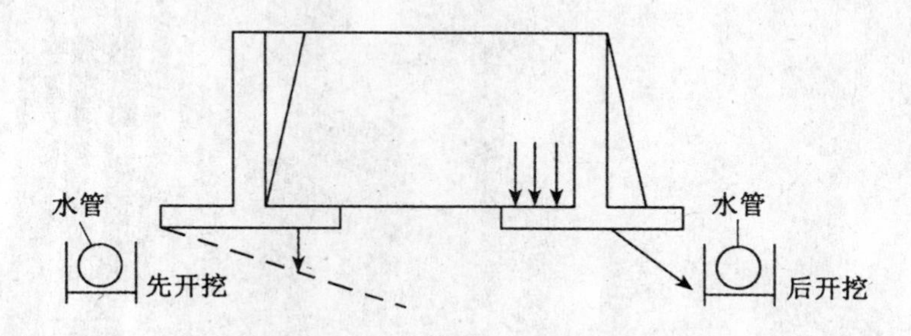

图 2.2.10　水管基坑开挖导致挡土墙根部侧移

3. 经验与教训

（1）挡土墙的位移不都是向非填土侧的，当地基土软弱时，在填土荷载作用下，填土一侧地基沉降较大，此时挡土墙会向填土一侧倾斜，这是软土地基上挡土墙变形的一种特点。

（2）软土地基施工采用不同的施工顺序对受力是有影响的，实际工程中应充分考虑施工顺序不同可能会产生的影响，合理安排施工顺序。

思考题

查阅土体压板荷载试验曲线和压缩试验曲线的加载和卸载时的变形曲线有什么不同？讨论弹性变形和塑性变形有什么不同？施工顺序的不同结构受力是否不同？

§2.3　地基的变形协调问题

2.3.1　常见案例介绍

在许多水利工程的堤防中，往往有许多穿堤的涵洞，由于变形的不均匀而存在安全隐患。如图 2.3.1、图 2.3.2 所示，由于河岸附近一般都是软弱地基，而堤防中填土作用在涵洞上的荷载相应较大，因此，一般涵洞下软土地基承载力不满足相关要求，因而通常会在涵洞下采用混凝土桩基处理，以保证涵洞的安全。而一般混凝土桩基的底部均会置于可靠的持力层上，这样，涵洞处的沉降一般都较小，但涵洞两侧填土较大，在填土荷载作用下其沉降远大于涵洞结构的沉降，从而会存在以下问题，

（1）会在堤顶产生裂缝，如图 2.3.3 所示，从图 2.3.4 则明显可以看出涵洞两侧的沉降要大于涵洞位置处的沉降。

（2）会在涵底边角处产生底板脱空，而形成集中渗流通道，当洪水来临时发生管涌则会影响堤身的安全而形成灾害，图 2.3.5 是某水闸两侧堤防被冲垮后而造成重大灾害的情况。

（3）会对侧边的桩产生负摩阻力，由于涵侧边土沉降较大，其沉降较大于桩的沉降，从而会对桩产生负摩阻力。

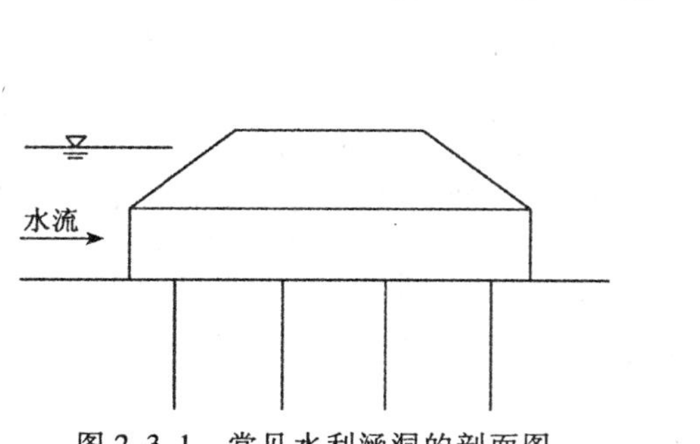

图 2.3.1　常见水利涵洞的剖面图

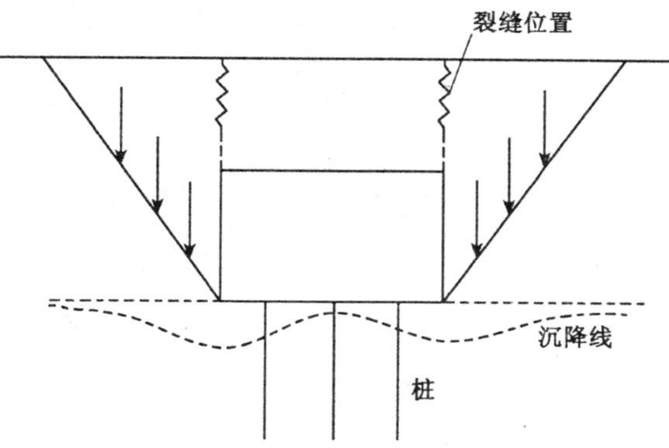

图 2.3.2　水利涵洞沉降和裂缝

图 2.3.3　水利涵洞顶部的裂缝

图 2.3.4　涵洞两侧的沉降大于涵洞位置处的沉降

图 2.3.5　水闸两侧堤坝被冲垮

同样，对于软土地基上的一些高速公路涵洞，当对涵洞基础采用过于刚性的地基处理时，如图 2.3.6 所示，则会使涵洞沉降较少，而其两侧路基沉降过大，形成过大的不均匀沉降而影响行车安全，如图 2.3.7 所示。

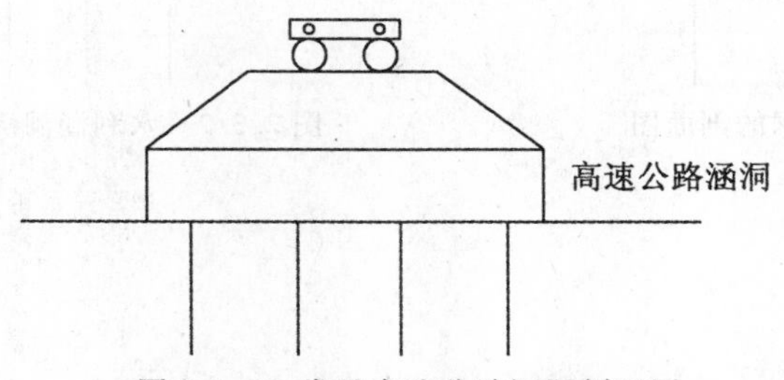

图 2.3.6　常见高速公路涵洞剖面图

这种变形不协调的问题在建筑工程中同样存在，因人们一般较重视建筑物的安全，对建筑物常采取较强的地基处理，而对建筑物周边场地则一般不作处理，这样当周边有填土荷载时，会随着时间的增长，软土地基沉降，则会造成地面较大的沉降，造成室内外较大的沉降差，破坏室内外管道的连接，如图 2.3.8 所示。

图 2.3.7　涵洞两侧路基沉降导致公路涵洞处隆起

图 2.3.8　室内外地面不均匀沉降

2.3.2　经验与教训

地基处理除保证主体结构的安全及变形在安全范围外，还应注意其与周边介质的沉降变形协调，这是许多软土地基结构物设计中容易出现的问题，要树立正确的地基基础设计理念，采用变形控制设计，是今后较好解决这类问题的重要技术措施。

思考题

1. 讨论地基承载力的定义，地基承载力是如何确定的？
2. 讨论什么条件下会发生地基不均匀沉降？

§2.4 软土地基中的侧向土压力问题

2.4.1 案例介绍

某工程挡土墙，墙高8m，墙体为浆砌石，墙后场地填土用做建筑用地，墙底下约有3m厚的软土层未清除，由于挡土墙较重，软土的承载力不能满足其要求，因此要进行基础处理，基础处理采用长为4m的松木桩基础。挡土墙施工时边砌筑边填筑墙后的填土。当挡土墙砌筑到4m高且填土也填筑到4m时，墙体发生了明显的侧移，测量表明墙体平面的中部已产生了20cm的水平位移，位移后挡土墙的照片如图2.4.1所示。由于挡土墙高度完成一半，还有一半未完成，若继续施工，可能会产生更大的变形。所以，发现问题后，工程暂时停工，等待原因分析和确定进一步的处理方案。

图2.4.1 墙体侧移的情况

2.4.2 原因分析

显然，墙体产生侧向移动主要是侧向土压力所致，原设计挡土墙高8m，但现在仅施工4m就产生了明显的变形，何来如此大的水平推力？据相关分析，主要是填土在软土层所产生的侧向压力推动木桩产生侧移。一般设计仅计算挡土墙基础面以上填土对挡土墙的侧压力，而不计算由于填土对挡土墙基础下软土的侧压力。实际上，由于软土的侧压力较大，而填土的侧压力较小，且软土在底部，填土荷载大，填土荷载作用下软土层的侧向土压力要比填土层的侧压力大，而木桩基础承受垂直荷载性能好，承受水平荷载能力低，因此在软土的侧压力作用下墙体发生了侧移。

2.4.3　处理方案

由于挡土墙还有 4m 未施工，确定产生侧移的原因后，则要消除产生侧移的原因。挡土墙后填土也已经填土至 4m 高，对软土的垂直处理较难彻底。由于侧移主要是软土侧压力所致，为此，在挡土墙外侧设置一排混凝土钻孔桩来承担水平力，桩顶加一混凝土连系梁，连系梁与挡土墙基础接触，以便承担墙后进一步填土所产生的侧压力。挡土桩直径 0.8m，间距 0.9m，桩长 8m。实施完成后的照片如图 2.4.2 所示。如此处理后进一步施工至原设计高程，墙体未发生新的明显变形，说明前面分析的原因正确，处理的方案合理。

图 2.4.2　处理后完建的挡土墙

2.4.4　经验与教训

采用木桩进行挡土墙基础地基处理施工方便、造价低廉，在软土层厚度不是很大的工程中较常用。但当墙后有新填土荷载时，其在软土层产生的侧压力是很大的，其值甚至要大于填土层的压力，从而使挡土墙产生侧移。所以设计时不能只计算填土层对挡土墙产生的侧压力，还要计算填土在软土层中产生的侧压力的作用。

思考题

讨论产生主动土压力和被动土压力的条件，土压力的大小与哪些因素有关？

§2.5　桩基的负摩阻力问题

2.5.1　案例介绍

20 世纪 80 年代末，在我国南方某市，一座七层房屋，结构已封顶，第一层、第二层墙体已砌完，此时，人们突然发现楼梯间出现严重的裂缝，裂缝从一层贯穿到顶层，把建筑物分成两块，两块沉降差明显。后经测量，发现房屋一块沉降达 35cm，一块沉降达 15cm，不但沉降量大，沉降差也大。图 2.5.1 标出了建筑各测点实测沉降值。房屋荷载还远未达到设计荷载，是什么原因产生这么大的沉降呢？

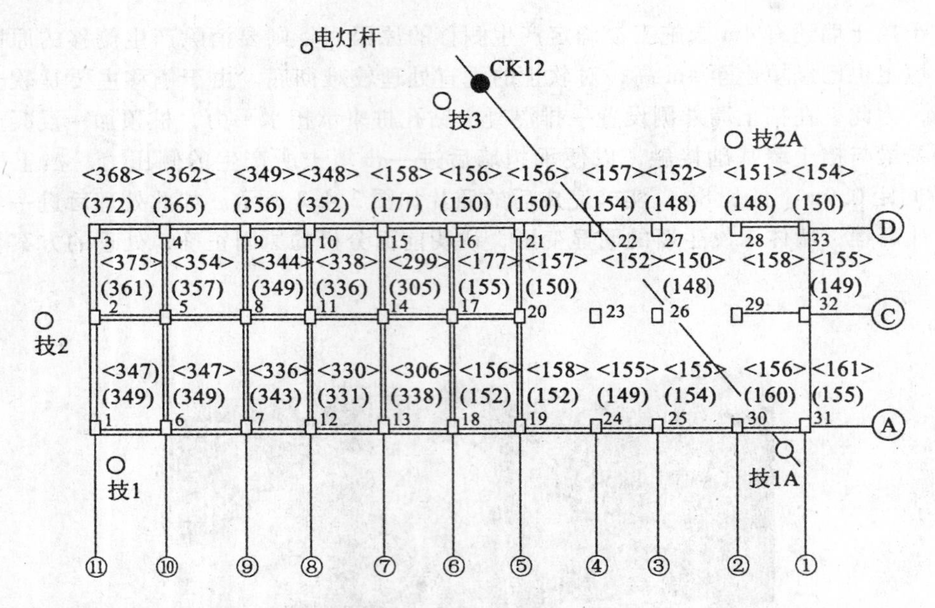

注:括号 < >中的数值为江门郊建一分公司1989年11月24日所测,(单位:mm)
括号 ( )中的数值为1990年1月16日所测的绝对下沉值,(单位:mm)

图 2.5.1 实测建筑基础沉降分布图

首先怀疑的可能是基础出了问题。所以，调查从了解基础情况开始。该工程采用的是直径为450mm的沉管灌注桩基础，设计单桩承载力为400kN，桩基础施工完成后，对桩质量及承载力的检测分别进行了水电效应法和PDA动力测桩法以及静载试验进行检测。按PDA方法检测后提供的单桩最小承载力为530kN，最大承载力约达900kN；静载试验了2根桩，荷载达设计承载力400kN的2倍时，两根桩的沉降分别为11.61mm和8.91mm，显然，桩基检测时桩的承载力是合格的。而当事故发生时，由于结构上部荷载及使用荷载还没有加上，当时上部荷载作用于桩基上每桩也只有200kN，远小于检测时的桩基承载力，但为何建筑物会发生如此大的沉降？一时间这成为一个不解和各方争论的问题，震动了南方建筑界。

2.5.2 原因分析

人们不解的主要原因是为什么上部结构施工前对桩基检测时其承载力是足够的，甚至静载试验时在800kN荷载作用下，其沉降也不过是1cm左右，而当上部结构施工后，上部结构荷载下桩所承担的荷载仅约200kN时，沉降却达到15cm和35cm如此之大？当时有观点认为是桩基质量有问题，但若桩基质量有问题又如何解释检测试验的结果呢？

为了揭开这个谜，有必要考察一下场地的地质情况。由图2.5.2所示场地地质剖面图可见，场地中有较厚的淤泥软土层。软土层面上有约4m厚的填土层。据相关调查，该填土层是新近填土。显然在填土下的软土层是欠固结土层，在填土荷载作用下固结沉降还未完成。由于固结沉降的时间较长，可以是数月，甚至数年，其沉降是一个缓慢的过程，而桩基在检测时其检测荷载如动载是瞬时完成的，静载也是短暂完成的，如 24 小时。因此，当桩基在检测荷载作用下，桩的沉降大于桩周土的沉降，桩周土对桩起正摩擦作用，此时桩基具有较大的承载力，如图 2.5.3 所示。所以检测桩的承载力是合格的。

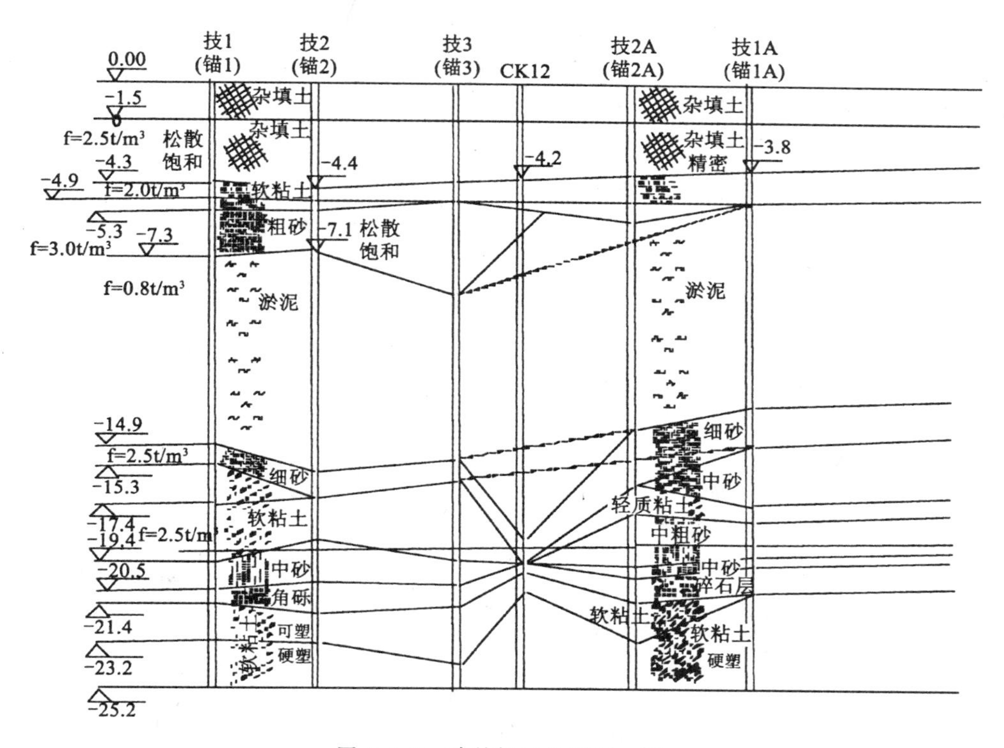

图 2.5.2　建筑场地地质剖面图

但当施工上部结构时，由于上部结构作用的荷载是逐步、缓慢施加的，一般要数月甚至一年，此时软土层在填土层荷载下产生固结沉降，填土层及上部软土沉降大于桩的沉降，沿深部某点土的位移与桩的位移相等的点，称为中性点。此时，中性点以上的土对桩产生负摩阻力，如图2.5.3（a）、（b）所示，而桩的沉降主要取决于桩底的应力情况。比较图 2.5.3（b）和图 2.5.4（b）可见，当桩受到较大的检测荷载作用时，由于桩周土对桩产生正的摩阻力，则实际在桩底的应力并不大。而当桩在上部结构荷载作用时，由于作用时间较长，土体产生固结沉降，在中性点以上，桩周土对桩产生负摩阻力，此时，桩顶荷载量不大，但叠加上中性点以上的负摩阻力后，作用于桩底的应力则远大于检测时桩底的应力，如图 2.5.3（c）和图 2.5.4（c）所示，因而此时桩产生了较大的沉降，导致建筑物产生较大的沉降。

建筑物分为两块沉降，主要是两块建筑物的桩底进入的土层软硬不同而造成了两块建筑物的沉降不同。图 2.5.5 显示承台底下原地面与承台底已脱开，表明地面有较大的沉降，而承台受桩的支撑，沉降较小，这也是产生负摩阻力的一个证明。

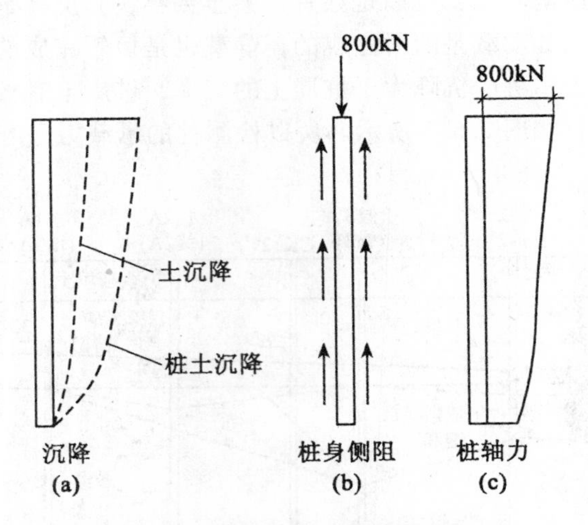

图 2.5.3 试桩时土对桩产生正摩阻力

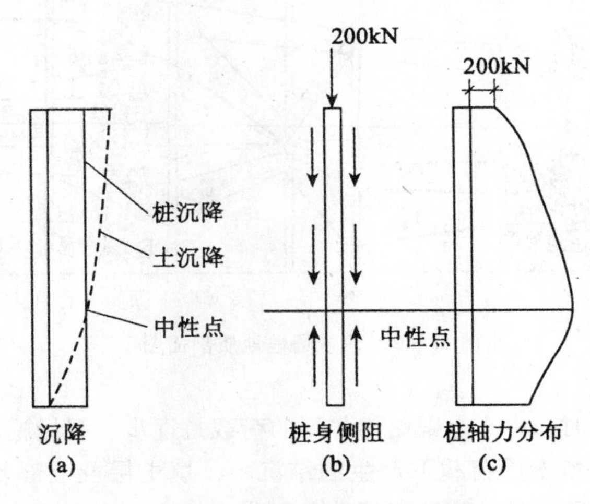

图 2.5.4 中性点以上土对桩产生负摩阻力

2.5.3 经验与教训

在软土地基中设计桩基，一定要考虑可能存在的负摩阻力的影响。负摩阻力很难在检测中被发现，因而不要过于相信检测结果，要分析检测时的边界条件与实际建筑物受荷载过程时的边界条件是否一致。若要通过检测发现摩阻力，也许应对同一根桩在相隔一定的时间后进行检测，同时观测地面沉降。桩的负摩阻力的准确计算是一个较难的问题，值得深入研究。

思考题

讨论产生负摩阻力的条件和易于产生负摩阻力的情况。

图 2.5.5　现场照片显示原地面与承台底已脱开

§2.6　软土地基中基坑开挖对工程桩的影响

2.6.1　案例介绍

如图 2.6.1 所示为某一工程基础开挖后工程桩倾斜的情况。由图 2.6.1 可见，工程桩产生了较严重的倾斜，已严重影响其垂直受力的能力。必须对斜桩产生的原因进行分析，评估斜桩的可用性，采取处理措施，避免进一步开挖使工程桩进一步倾斜，并对工程桩采取补强措施。

图 2.6.1　基础开挖后工程桩倾斜的情况

2.6.2 桩倾斜的原因分析

桩产生倾斜的主要原因是场地中为软土地基，而工程桩是在未开挖前施工完成的，在基础土体开挖时形成的坡面太陡，或临空面太高，使土压力不平衡，软土侧产生了侧向移动，带动桩基而侧移，如图 2.6.2（a）、（b）所示。这是在软土地基中进行土方开挖时普遍遇到的问题，尤其是软土地基的基坑开挖是经常遇到的问题。

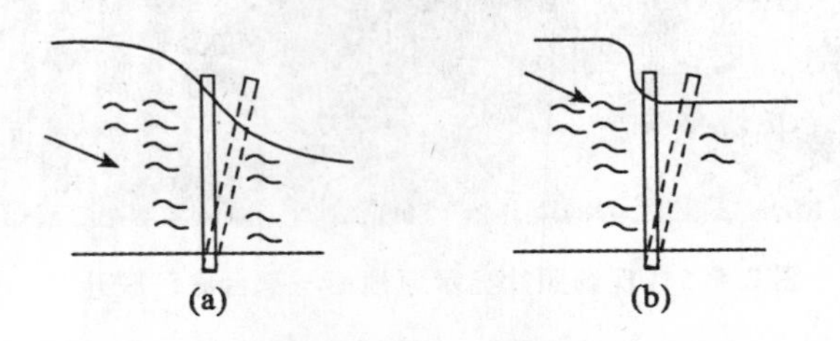

图 2.6.2 软土地基开挖引起工程桩的倾斜

2.6.3 预防对策

要预防这种情况，通常有以下几种方法，一是先开挖土方后施工工程桩，但这种方法会对工程桩的施工带来困难。二是采取分层土方开挖，不让开挖面形成较高陡的土坡或临空面。这就是一些地基规范中规定的开挖分层厚度不宜大于 1m 的规定来源。三是可以在工程桩的四周采取格构式的搅拌桩围封，对工程桩形成保护。

2.6.4 研究课题

软土地基中基坑开挖对工程桩的影响是一个新的研究课题，即由于土的移动而带动工程桩的侧向移动，人们定义这种处于被动受力的桩为被动桩，以区别于通常土体不动而桩顶受集中水平力作用的主动桩。对被动桩的计算分析模型目前还较缺乏，最主要的有 Poulous 方法、杨光华的简化分析方法等。这是一个很有研究价值的课题，在边坡处理、高桩码头、桥头桩基等工程中经常遇到，但较缺乏公认且为工程师所方便应用的分析方法。

思考题

查阅桩基受侧向荷载作用时的计算方法，了解什么是主动桩，什么是被动桩，举例说明实际工程中哪些是主动桩，哪些是被动桩。

§2.7 万亨大厦基坑的倒塌

2.7.1 事故回放

2003 年 4 月北京，正是“非典”最紧张严峻的日子，在北京东直门十字坡西里万亨大厦基坑也在紧张地施工。4月23日晚，基本开挖到设计基底（17.72m），部分地区已经开始准备浇筑底板，但是基坑地东南侧还有部分只开挖到14m深左右，侧壁土钉墙下部发生局部失稳：墙面翘起，土不断地从墙体后面流出，堆积在坑底。调来的挖土机不是从坑底往外挖土，而是往墙底堆土，以期防止坑壁土的坍落，但是其效果不大。

到4月24日上午，基坑侧壁明显位移、开裂，很快，土钉墙护壁的墙壁局部坍落，再过大约1分钟，附近墙面也开裂，侧移，随着一声沉闷的巨响，东南一侧的基坑护壁整体倒塌，致使3号居民楼西北角基础露出，基础局部悬空约2m，严重影响了十字坡西里两栋楼居民的正常生活，好在楼内居民已经被紧急疏散，没有发生人员伤亡。如图2.7.1所示。

(a) 土钉墙护壁下局部土体失稳　　(b) 基坑侧壁局部倒塌

(c) 坑壁整体开裂、侧移

(d) 基坑倒塌，楼房基础外露

图2.7.1　万亨大厦基坑的倒塌

2.7.2　工程简介

这项工程临近北京地铁二号线（环线）东侧，该工程的西侧坑壁就紧邻地铁线路。这是一座主楼为22层的框架结构的商业办公楼，建筑面积为5.3万m^2。附属用房为6层框架结构，设有地下车库，基础埋深17.72m。其平面位置及建筑红线如图2.7.2所示。可见，基坑附近的建筑物较多：东北部有两栋小高层塔楼，东南侧和南部各有一栋多层居民楼，最近处距红线只有6m。

图2.7.3所示的是基坑平面图。在西侧由于紧邻地铁线路，采用护坡桩与土层锚杆支

护，其余部分采用复合土钉墙支护。土钉墙的标准断面如图 2.7.4 所示。场地的地质情况如图 2.7.5 所示：地面标高约为 41.10m。厚 2m 左右的人工填土，以下 2m 粉土，4m 粉质粘土，2m 左右粘质粉土，1～2m 砾石层，其下为 2～4m 中细砂，在地面以下 16～18m 为厚度不大的砾石。

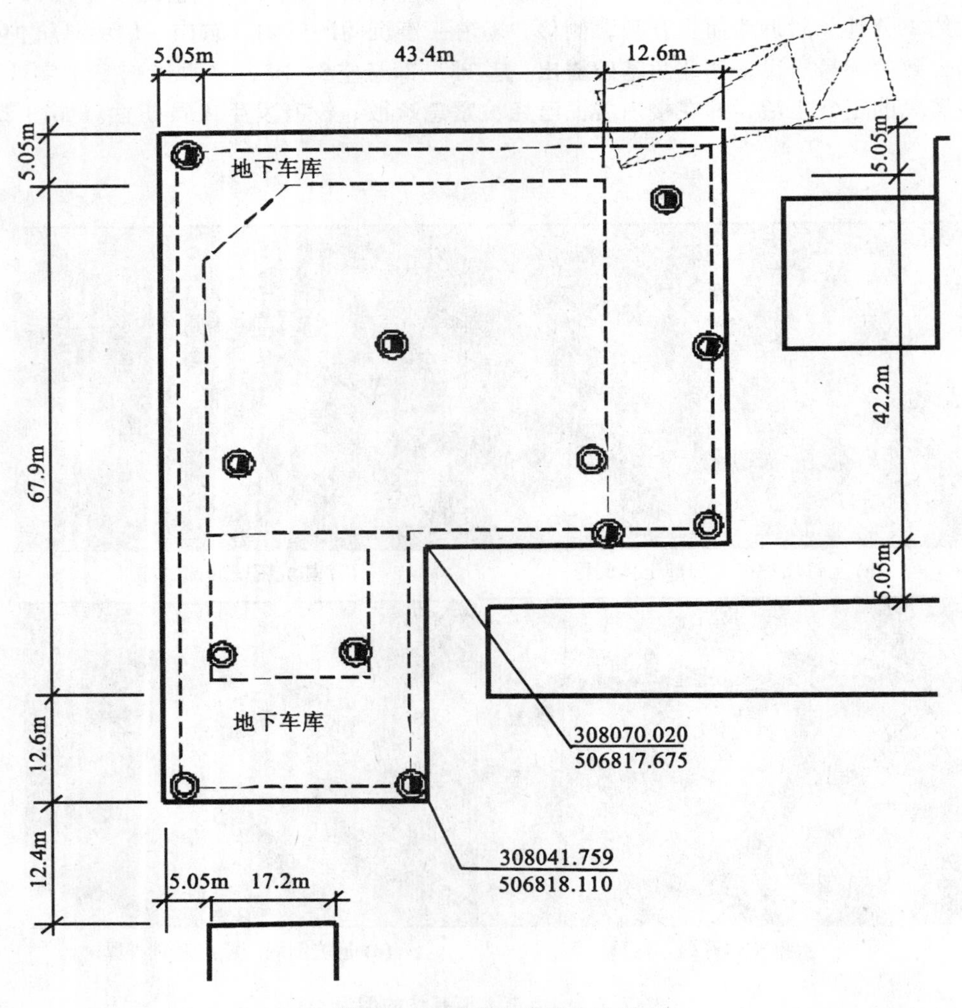

图 2.7.2 建筑红线及位置图

工程所在地存在三层地下水，如表 2.7.1 所示。可见，第二层潜水水位在开挖基底以上 1m 左右，需要降水，工程中采用了管井井点降水。这种井点降水对于上层滞水的作用不大。

2.7.3 事故原因

这次基坑倒塌的事故正值“非典”时期，受到了北京市政府的高度重视，事故发生以后要求工地立即停工，将基坑全部回填；临近建筑物人员清空，受到影响的建筑物（包括两个塔楼和居民楼）全部拆除，不许纠偏加固。同时也邀请相关专家进行事故原因

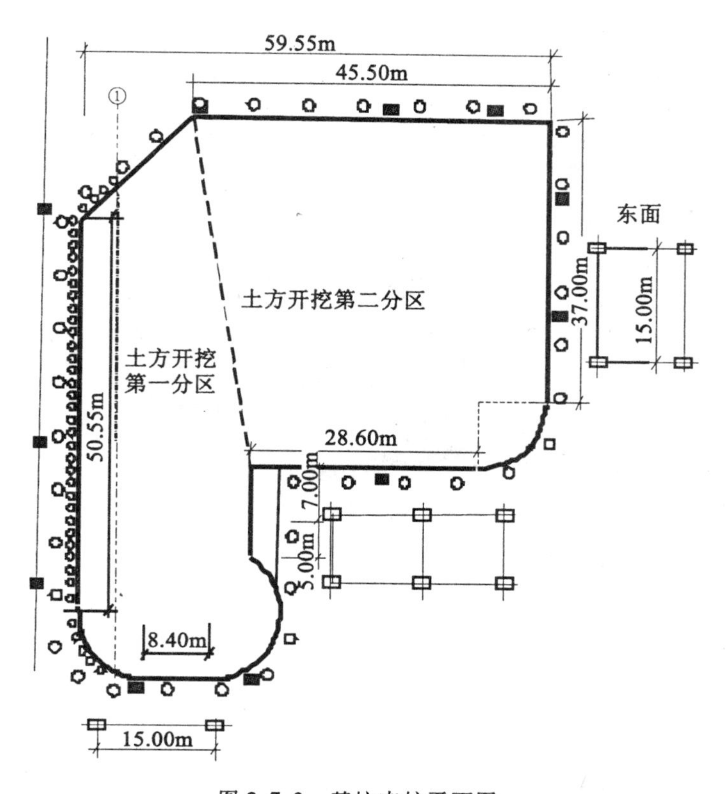

图 2.7.3　基坑支护平面图

分析。可以总结出如下几个方面的原因。

1. 支护方案失当

根据《建筑基坑支护技术规程》（JGJ 120－99）中的规定，土钉墙适用于侧壁安全等级为二、三级的情况，基坑深度不宜大于 12m。这个基坑的东南部居民楼距坑壁最近距离只有 6m，基坑深度 17.72m，采用完全竖直的土钉墙支护是偏于危险的。

表 2.7.1　　地下水分布

地下水序号	地下水类型	地下水静止水位			
		1995 年 10 月（已有资料）		2002 年 2 月（施工前勘察）	
		埋深/（m）	标高/（m）	埋深/（m）	标高/（m）
1	上层滞水	5.10～8.05	33.30～36.06	5.90～8.90	31.89～35.51
2	潜水	16.30～17.00	24.35～25.08	15.40～16.10	24.94～25.39
3	潜水	20.80～21.40	19.66～19.99	20.80	20.35

一个时期以来复合土钉墙（或称加强土钉墙）使用较多，即将土钉与锚杆一起使用，据说可以用于较深的基坑，减少变形。成功的例子不少，失事的案例也时有发生。

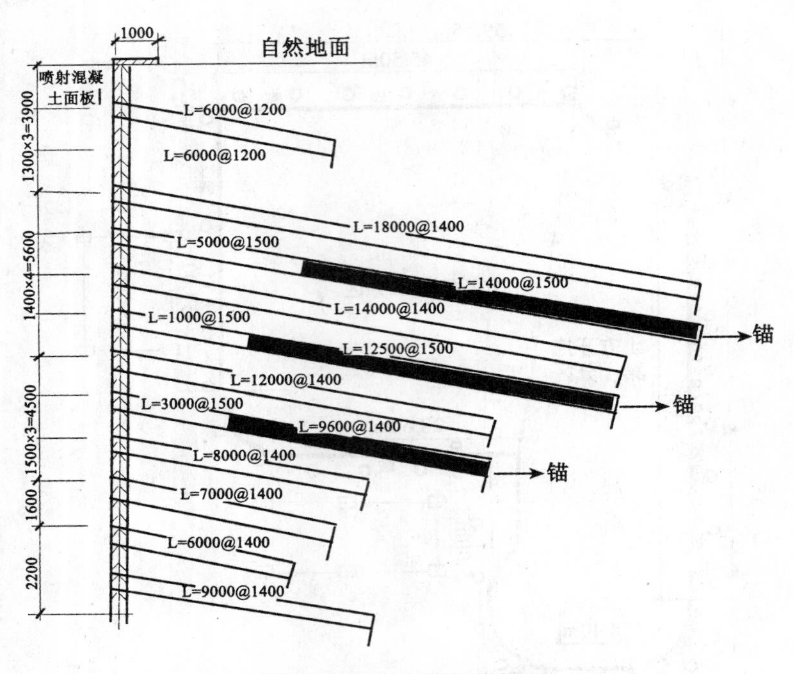

图 2.7.4　土钉墙设计断面

在国内外相关学术会议中土钉是被列入加筋（reinforcement）专题的，而锚杆则一般不包括在加筋之内。加筋实际上是土与筋材共同作用，性能互补，形成一种新的复合材料或复合结构。土钉全长注浆，通过土与筋材在微分尺度上的摩阻力约束土体，提高土的抗剪强度，使二者合而为一。而土层锚杆则严格区分自由段与锚固段、主动区与被动区，力的传递和作用十分清晰：锚杆对于主动区的土体施加外部的拉力，增加其稳定性，亦即是一分为二的。在复合土钉墙中，土钉与土形成一个加筋的整体，类似编织成一个鸟巢，锚杆则是将这个整体与其外部土体连起来，类似于将鸟巢挂在树上的拉带。亦即土钉是加强加筋土体的内部稳定；锚杆是增加其外部稳定。

但是在一些设计计算中，常见一个圆弧滑裂面同时通过土钉与锚杆，这些工程中的设计拉力都用以计算滑动土体的抗滑力矩，如图 2.7.6 所示。可是锚杆是施加预应力张拉的，充分发挥其设计拉拔力的位移很小，而土钉没有自由段，不施加预应力，其产生设计拉力时需要的位移较大。那么会不会锚杆充分发挥拉力时，土钉尚没有发挥作用？土钉发挥设计拉力时，锚杆已经失效呢？也就是可能发生类似于多米诺骨牌效应的渐进破坏。

在该基坑的破坏过程中可以发现，锚杆固定在墙面上只是靠断面不大的槽钢，一方面，这类结构如果要承担较大的预拉力，就要深陷入土钉墙面，另一方面，这类结构不能形成足够强度和刚度的纵向体系，在基坑倾覆过程中，像稻草一样被拉开和拉断（见图 2.7.1（c）、（d））。

2. 水的因素

北京市基坑失事的工程案例几乎全部与地下水有关。在这个基坑工程事后的处理过程

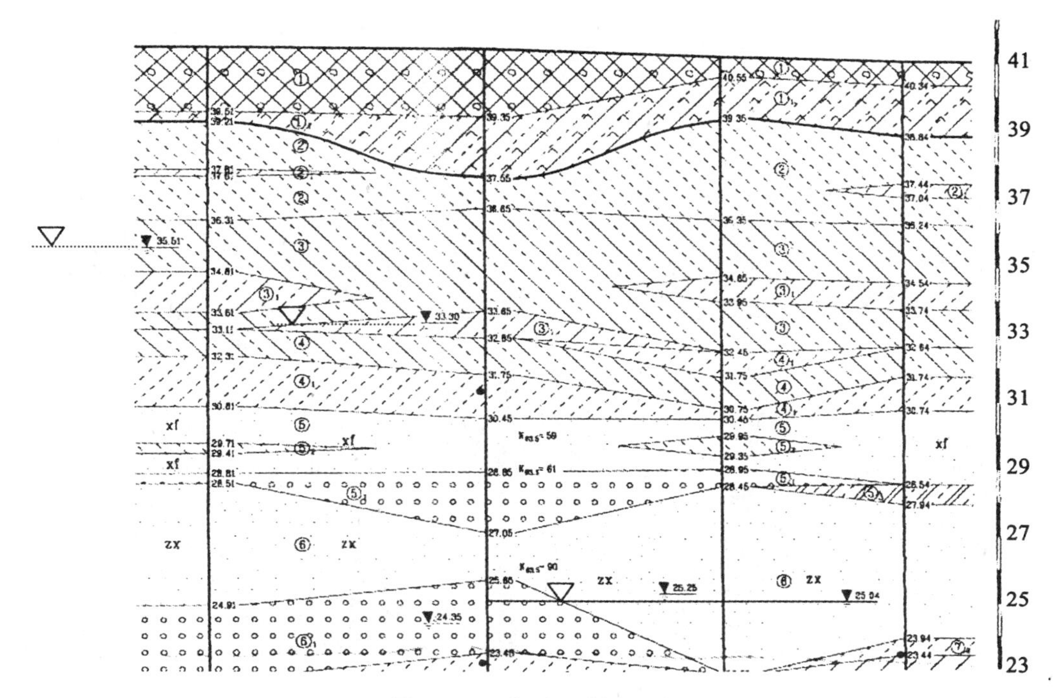

图 2.7.5　典型地质剖面图

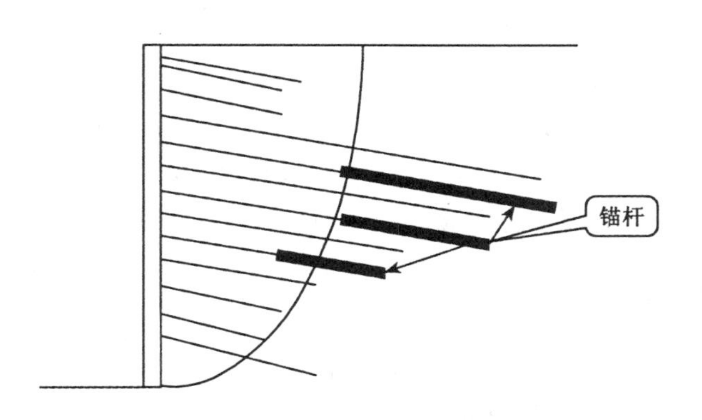

图 2.7.6　复合土钉墙的稳定计算

中发现，附近居民楼上下水管路漏水十分严重，上部土层饱和。饱和度提高使非饱和土的基质吸力 $s=u_a-u_w$ 明显降低，土体软化，土的强度急剧减弱，土的结构破坏，土与土钉间的摩阻力也减少，土体自重增加，造成浸水部位土钉墙的坍塌。另外可能产生的局部的水压力或渗透力的作用也是引发事故的原因之一。这个基坑最先发生底部土体局部失稳的地方和最先坍塌的地方都是土体饱和的区域，从墙面上看就是颜色最深的区域。如图 2.7.7 所示。

(a) 东南角侧壁土体的饱和区

(b) 侧壁地下水浸润墙面

(c) 坍塌从饱和区开始

(d) 基坑局部坍塌

图 2.7.7 地下水饱和区与基坑的坍塌

3. 土钉墙的二次施工

在这个基坑中，原设计基坑在平面上有一段局部突出部分如图 2.7.8 所示，已经使用土钉墙支护开挖到 10m 以下，后又决定将其挖去。这样就从上而下一段段拆除，一段段开挖，同时一段段修建新的土钉墙支护。结果在开挖到 14m 左右时，下部开挖的已暴露部分土体无法直立，土不断流出，墙体后土松动外流，最后造成基坑坍塌。

由于土钉是全长注浆，没有预应力张拉，土钉发挥作用需要一定的土体变形，使土体达到接近主动土压力状态。这就会使墙体后土体发生一定程度的松弛及土体结构性扰动。在拆除旧的土钉墙时对土体的扰动进一步加大，这时，土钉墙壁后的土已非原状土，土体的开挖暴露段不能自稳，对已建成的土钉不能提供足够的锚固力。图 2.7.9 是二次施工以后的墙面，由于采用已经拆除的槽钢作为锚杆的锚头部分，间断破碎的槽钢更不能提供纵向的整体性和共同作用。

4. 基坑的三维效应

基坑侧壁的计算通常按照平面应变设计，这样有限长度和宽度的基坑的三维效应总是会在两端产生约束和拱效应，有利于基坑稳定。但是如果基坑有如图 2.7.10 所示的外凸的“阳角”时，由于两个面各有向外位移的趋势，在沿着墙面的纵向产生拉力。如果一个方向的墙体局部失稳，与其垂直的另一个墙体将失去依托，接着发生更大的坍塌。

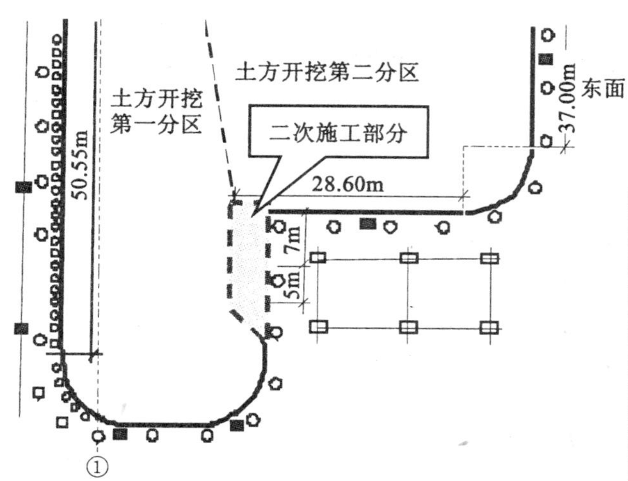

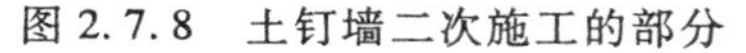
图 2.7.8　土钉墙二次施工的部分

图 2.7.9　二次施工后的墙面破碎间断的槽钢腰梁

图 2.7.10　东南阳角处的三维破坏过程

2.7.4　事故的启示

1. 地下水成为土钉墙的灾星

近年来，土钉墙支护在我国基坑工程中广泛和迅速地推广，创造了很大的经济效益。相关设计和施工的经验越来越多，“艺高人胆大”，相应的事故也就不少见。总结事故的原因，十有八九是土中水引起的。所以称土中水是土钉墙的灾星似不为过。因为一般使用土钉墙支护的基坑或位于稳定的潜水位以上，或采用人工降低地下水。所以由于水引起的土钉墙失事主要由于降雨、局部滞水、地下管线漏水和局部水源等。

2. 二次施工的翻旧成灾

土钉墙中土钉的受力，使土达到接近主动土压力状态，墙后土体发生一定程度的松弛及土的结构性扰动。在拆除旧的土钉墙时对土体的扰动进一步加大，再次施工侧壁土体已经不是原状土了。常常无法保证其稳定性。

近来也常遇到下述的情况：在拟开挖的基坑水平距离 10m 之内存在已建的地下结构物。如果原结构物的基坑施工是采用护坡桩和地下连续墙加锚杆支护的，新基坑在这一段土体使用土钉墙较为可行（但要拆除锚杆）；如果旧基坑也是土钉墙支护，这一部分土体实际已经扰动，新建的土钉墙可能会有上述类似的隐患。

3. 关于复合土钉墙

关于复合土钉墙的受力机理和设计计算方法是需要进一步探讨的。土钉和锚杆二者的共同作用问题是值得研究的。

思考题

查阅了解并讨论基坑工程事故案例中水是如何影响基坑安全的。

§2.8 地下结构的浮起

2.8.1 事故回放

2008年8月9日北京奥运会开幕的第二天，北京顺义区突降暴雨，两小时降雨60mm以上，该区尚未竣工的某住宅小区内迅速积水，东部积水最深达到80cm。而位于小区东南部尚未竣工的生活污水处理的生化池突然浮起，北部浮起2.3m，南部浮起1.6m。数小时以后，积水逐渐排除和下渗，该池逐渐下沉，5天以后基本稳定，但北高南低，北部高于设计标高1.3m，南部高于设计标高0.7m；同时西部比东部高20cm。时值奥运期间，不许动土，而小区必须年末交付，如何处理这个事故成为一个棘手的问题。

2.8.2 事故分析

该小区是一个高档别墅区，其生活污水就地处理再利用。在小区东部设计了污水处理设施，其中生化池面积600m^2，为带顶盖的钢筋混凝土箱形结构，其中又分割成几个相互隔离的水池，有管路相通。

相关勘查报告指出，该场地在20m范围内没有发现地下水。那么生化池为什么会浮起呢？据勘查报告描述，场地地面高程约为34.5m，地面以下分别为：①人工填土2~3m；②砂质粉土2~3m；③细砂5~6m；④粉质粘土1m左右；⑤卵砾石，很厚。

生化池深度为6m，局部为7.2m，设计上覆土1.3m。这样，基坑开挖深度约7m，局部超过8m。基坑采用排桩支护，开挖时，桩间土表面用喷射混凝土保护，在支护与池的外壁之间留有80cm宽的肥槽。由于奥运会要求6月份以后不准动土，所以在浇筑完水池外壁以后就匆匆用弃土回填，没有夯压，并且西部回填距地面1m左右，东部回填很少。如图2.8.1所示。

由于排桩直达隔水层④（粉质粘土），桩间土被喷射混凝土所覆盖，这就形成了侧壁，隔水层④形成了盆底。在突降大雨，地面水汇流到基坑内时，基坑灌满雨水，短时间外渗量极少，形成了一个封闭底局部水体，浮力大于生化池自重，就使生化池整体浮起。生化池浮起以后，底下悬空，肥槽没有压实的填土呈淤泥状流入基底与地基之间，如图2.8.2所示。由于两侧肥槽填土高度不等，使基底以下充填土的厚度不均匀，造成回落以后西高东低。同时由于生化池池体南重北轻，回落后北高南低。

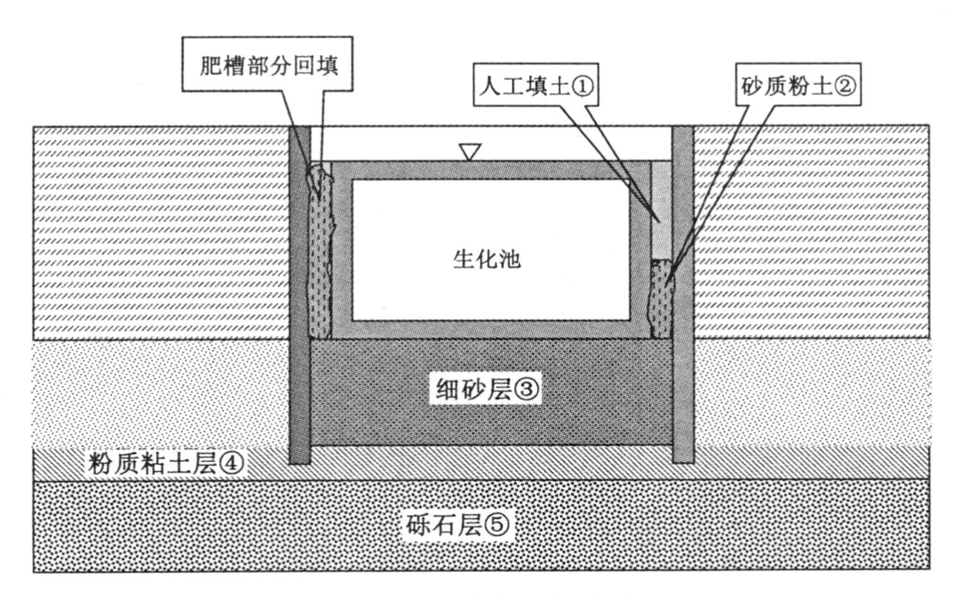

图 2.8.1　生化池上浮示意图

图 2.8.2　肥槽填土消失

2.8.3　事故处理

由于生化池池体为箱形结构，整体强度和刚度较大，上浮以后没有发现结构有明显损坏和开裂。同时由于进出口的接头尚未连接，有较大适应能力。但是生化池已经不易回复到原来的高程，由于整体上浮和倾斜，会影响处理污水的能力。

计划在池内分区分期灌水压实池底以下的淤泥，待沉积稳定以后，分层回填夯实肥槽，然后可以向池底以下灌浆加固。同时为避免发生类似事故，肥槽用粘性土仔细回填夯实，并且设置排水井，打通粉质粘土层④，以便局部积水尽快排入砾石层 ⑤。

2.8.4　应吸取的教训

有时勘察中没有见到地下水，或设计结构自重加上覆土足以抵抗浮力，就认为没有抗浮的问题，然而施工期的抗浮往往被忽视。由于这种强降雨造成的基坑灌水，或过早停止基坑人工降水，都有发生浮起的事故案例。就该事故来讲有如下几点教训。

1. 施工期应当注意地面的截水和排水，不应让大量地表水灌入基坑；

2. 基坑或不回填，或分层夯实回填，不应随便将浮土推进肥槽了事，造成填土变成淤泥流入池底以下，很难掏出和加固。

如果采用地下连续墙支护基坑，同时将其作为生化池的侧壁，采用逆作法施工，则既不会形成肥槽，也会充分利用侧壁和基底以下部分的墙体摩阻力抗浮。

思考题

讨论抗浮设计中地下水位如何确定合理，抗浮最危险的工况是什么时候？

§2.9 杭州地铁1号线湘湖站基坑事故

2.9.1 事故回放

2008年11月15日15时20分左右，浙江杭州市萧山区地铁1号线湘湖站基坑施工现场西侧的风情大道，前面街口的交通号正值红灯，南行的十余辆车停在路面待行。突然司机们觉得人车整体下沉，前门的红绿灯突然不见，紧接着车内进水。好在14辆车的车内人员都紧急逃离，被埋的K327公交车上的乘客也全部脱险。如图2.9.1所示。

图2.9.1 基坑西侧风情大道坍塌的路面及车辆

杭州地铁1号线湘湖站北二基坑西侧坑壁倒塌，使风情大道塌陷范围长近百米，宽40m，路面塌陷深度7m，路面没入水下。百余地铁基坑施工人员被困在坍塌的坑中，现场组建了抢险指挥部，但由于塌陷区积水较深，抢险指挥部调用了多台大功率水泵抽水，并派遣5名蛙人进行潜水作业。在基坑内积水被抽干之后，整个基坑被淤泥覆盖，指挥部派出了搜救犬帮助确定失踪者方位。但由于淤泥太厚，搜救犬未能有所发现。救援人员只得采取每隔50cm分区挖沟的方式下探。经紧急抢救，最后仍有17人遇难，4人失踪，10余人受伤。这起死亡人数最多的地铁工程事故惊动了全国，温家宝总理亲自批示，一时舆论热评，众说纷纭。围绕事故责任，施工方和业主方各执一词，互不相让。

据现场相关人员介绍，早在一个多月前，这里就出现了沉降裂缝、路面存在下沉的问题，曾多次采取架钢筋、浇灌混凝土、对路面的裂缝进行了勾缝等措施来补救。所以实际上地基土和结构的承载能力已经达到了极限状态，路面上由于等红灯而停在坑壁大道上的14 辆车也许就成了压倒骆驼的“最后一根稻草”。

基坑的四层钢管支撑像一盒被打翻的火柴棒一样散乱地堆积在坑内；深厚的淤泥灌满了基坑，淤泥下还埋藏着 4 名施工人员；倒塌的混凝土连续墙支离破碎；现场景象惨不忍睹。如图 2. 9. 2 ~ 图 2. 9. 4 所示。

(a) 失事基坑内散乱的钢管支撑

(b) 基坑西侧塌陷的风情大道

图 2. 9. 2　失事基坑现场

(a)

(b)

图 2. 9. 3　清理基坑内的淤泥

(a) 基坑外测

(b) 基坑内测

图 2. 9. 4　基坑西南端破碎的钢筋混凝土连续墙

2.9.2 工程简介

湘湖站为杭州地铁1号线的起点站，位于萧山湘湖杭州乐园西侧，风情大道东侧。车站东侧为奥兰多小镇、东南方向为杭州乐园，西侧为在建的苏黎世小区，建筑物主要为小高层。

车站总长932m，宽21m。根据结构分段施工需要，并与分片围挡与交通组织相适应，该车站主体基坑依照从北向南分段封堵施工顺序，分为北一、北二、南一、南二等多期，如图2.9.5所示。

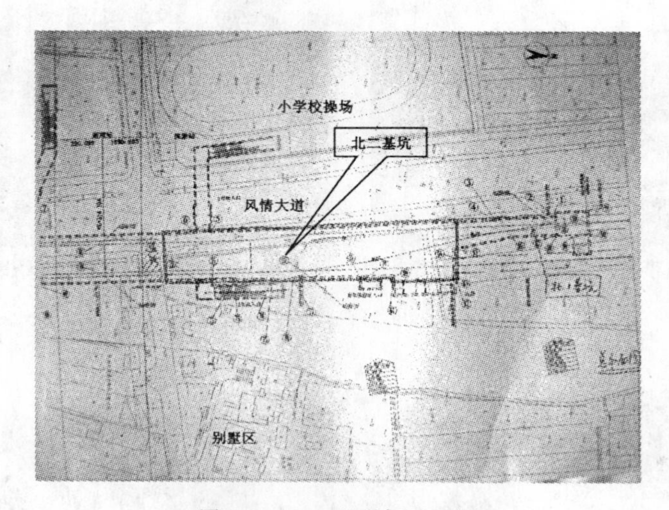

图2.9.5 工程现场平面图

主体开挖深度为15.7～16.2m，围护结构采用800mm厚地下钢筋混凝土连续墙，连续墙入土深度约17.28m，竖向设置4道φ609钢管支撑，支撑中部设置中间立柱。车站场地位于杭州市钱塘江南岸的萧绍冲积平原，地势较为平坦，北一、北二基坑处地面标高一般在6.0m左右。地貌形态主要为丘陵地貌、钱塘江河口冲海积地貌。车站主体为地下两层三跨钢筋混凝土矩形框架结构。北二基坑长度为106m，宽度为20.5m。车站主体结构顶板覆土1.8m，底板埋深16m，结构底板主要坐落在$④_2$层淤泥质粉质粘土、局部$⑥_1$淤泥质粉质粘土上。潜水水位在地面以下0.5m左右，无承压水。基坑的设计标准断面及土层分布如图2.9.6所示。

各地基土层的工程特性，按地层次序，由上至下情况如下：

$①_2$ 填土层（ml Q43）：松散，稍湿，以粘质粉土为主，含少量碎砖瓦砾、碎石块植物根系等，在暗塘处以淤泥质填土为主。该层局部缺失，层厚0.30～15.10m。

$②_2$ 粘质粉土，钱塘江冲积沉积层，河口相（al Q43）：稍密，很湿，平均粘粒含量10.4%，含云母碎屑。为新近沉积经脱水氧化形成，普遍分布，层厚0.50～7.25m。天然含水量30.9%，孔隙比0.868，平均锥尖阻力2.27MPa，标准贯入平均锤击数8.3击。

$④_2$ 淤泥质粘土，滨海、海湾相（m Q42）：饱和，流塑，含少量有机质，夹薄层粉土。物理力学性质较差，具高压缩性。全场分布，层厚2.10～23.60m。天然含水量50.6%，孔隙比1.430，平均锥尖阻力0.57MPa。

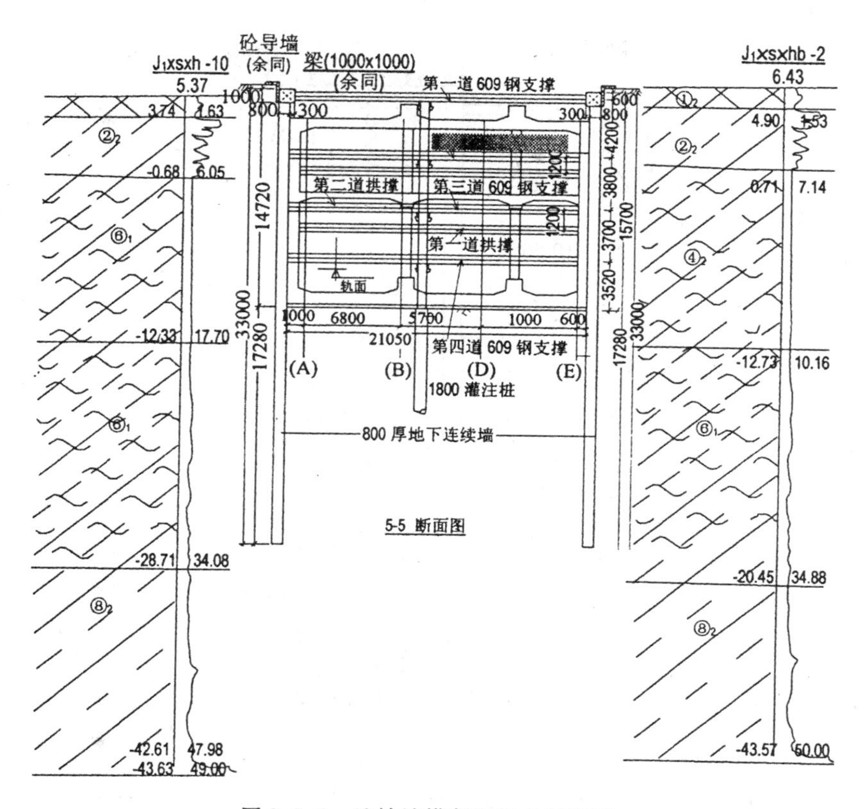

图 2.9.6　地铁站横断面及土层情况

$⑥_1$ 淤泥质粉质粘土，浅海、溺谷相（m Q41）：饱和，流塑，含少量有机质，夹薄层粉土。物理力学性质较差，具高压缩性。普遍分布，层厚 2.00 ~ 17.07m。天然含水量 46.7%，孔隙比 1.353，平均锥尖阻力 0.85MPa，标准贯入平均锤击数 5.6 击。

$⑧_2$ 粉质粘土夹粉砂，湖沼相沉积（l －hQ32）：饱和，软塑，薄层状，含有机质、腐殖质。局部以粉细砂为主，含少量贝壳碎屑。局部分布，层厚 0.70 ~ 20.10m。天然含水量 33.9%，孔隙比 1.040，平均锥尖阻力 1.46MPa，标准贯入平均锤击数 6.8 击。

40 ~ 50m 以下为强风化到中等风化的粉砂岩。

标准断面的基坑开挖深度为 16.28m，采用厚度为 800mm 的地下钢筋混凝土连续墙围护结构，墙长度为 32.06m，墙顶标高为 6.5m。计算时考虑地面超载 20kPa。如图 2.9.7 所示。其中在开挖过程中设置 4 道支撑：地面以下 1.56m，5.26m，9.06m，12.76m。在封底以后结构施工时，拆除最下一层（12.76m）时在 10.56m 处加一支撑；在拆除 9.06m 支撑后加一 6.46m 支撑。各道支撑的设计值如表 2.9.1 所示。

表 2.9.1　　各道钢管支撑参数表

地面以下/m	刚度/（MN/m^2）	预加轴力/（kN/m）
1.56	120.03	50
5.26	158.97	150

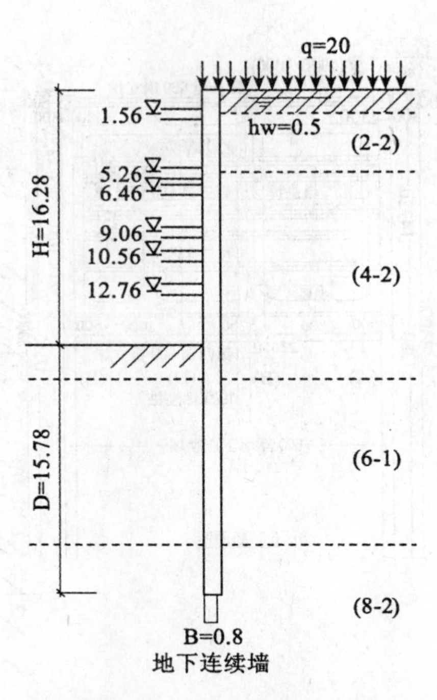

图 2.9.7 基坑支护标准断面

续表

地面以下/m	刚度/（MN/m²）	预加轴力/（kN/m）
9.06	158.97	150
12.76	158.97	200
10.56	169.03	50
6.46	169.03	50

另外，原设计从基坑底部高程到底部以下 3m 用水泥搅拌桩加固，形成格构，如图 2.9.8 所示。但是在施工前经论证取消了这一部分，认为在基坑内用井点降水可以达到加固基底土的目的。

2.9.3 事故分析

1. 勘探调查

图 2.9.9 显示西侧连续墙的破坏形式。初看西侧墙顶部的位移（见图 2.9.9（a）），似乎是下部向坑内倾斜，墙体后仰，很容易认为是“踢脚”形式的整体失稳。后来委托相关勘察部门进行钻探，摸清淤泥以下的墙体的位置，结果如图 2.9.10、图 2.9.11 所示，可见西侧大部分墙体是在第二道支撑附近折断或剪断，然后失去支撑的下半部类似于悬臂梁一样被推向前倾。这种破坏的原因很可能是超挖。

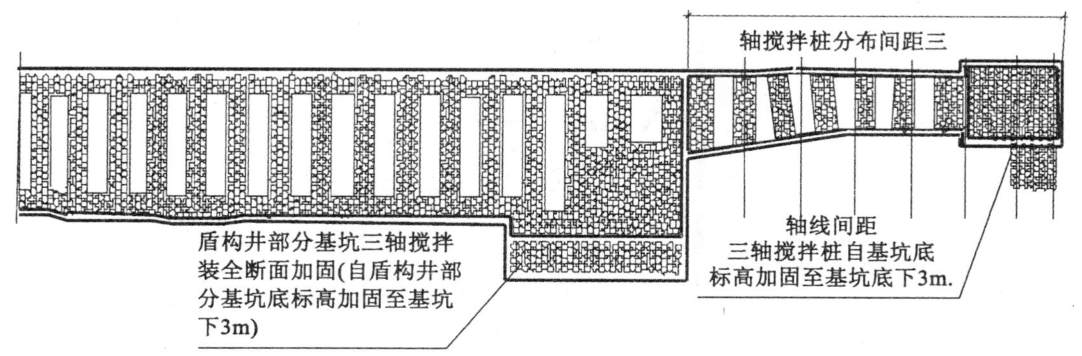

说明：
1. 本图尺寸均以毫米计。
2. 搅拌桩自基坑底标高加固至基坑标高以下3m，若在基坑下3m范围侵入强、中等风化岩顶面范围，则加固至硬岩顶部。
3. 基坑加固范围应与底层分布发生关系，若开挖后发现软硬地层分布与详勘相比较有变化，加固范围应相应调整。如遇地质变化剧烈与详勘出入较大的地方,加固措施因根据实际情况与设计单位商榷调整。
4. 先试加固两幅坑底，如果裙边加固作用不明显，可取消裙边加固，但保留抽条加固。

图 2.9.8　设计基坑底加固方案

(a)

(b)

图 2.9.9　西侧墙体的破坏情况

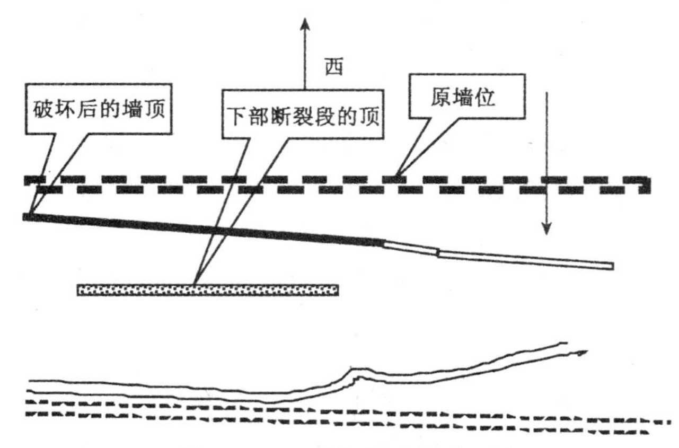

图 2.9.10　破坏前后的平面图

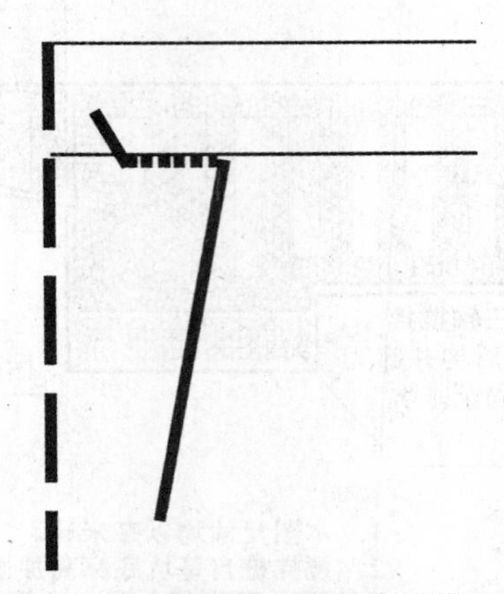

图 2.9.11 断裂前后连续墙的截面图

2. 土的强度指标

工程勘察给出了现场各类土的强度指标，其中最重要的是④$_2$和⑥$_1$两层淤泥质土。表 2.9.2 为标准设计断面处土的基本物理性质指标，表 2.9.3 为不同试验条件下的强度指标。

表 2.9.2 基本物理性质指标（墙顶地面高程为 6.50m）

土 层	层底标高/m	层厚/m	重度 γ/(kN/m^3)	孔隙比 e	塑性指数 I_L
①$_2$	4.97	1.53	19	0.995	0.91
②$_2$	-0.64	5.61	19	0.868	0.55
④$_2$	-12.66	12.02	17.1	1.430	1.38
⑥$_1$	-28.38	15.72	17.1	1.353	1.48
⑧$_2$	-43.5	15.12	17.9	1.040	0.94

可见该基坑的地基土十分软弱，其中④$_2$和⑥$_1$土层是淤泥质土，土层⑧$_2$也相当软弱。通过三轴不排水和无侧限压缩试验测得的不排水强度 cu 都很低（在 10kPa 左右），而依十字板测得的 cu 约高 3 倍。这说明对于处于较大深度的软粘土取样的扰动和回弹重塑是相当严重的，依十字板实测的指标较为合理。以固结不排水强度指标和不排水指标相比较，④$_2$和⑥$_1$土可能是欠固结土。

3. 不同规范的稳定计算

在国内的相关不同规范中，对于这种软土地基中的基坑，规定有三种土体稳定需要分析，即由于地基承载力不足引起的坑底隆起（见图 2.9.12(a)），由于连续墙下部折断引起的坑底隆起（见图 2.9.12(b)）和坑壁的整体稳定（见图 2.9.12(c)）。

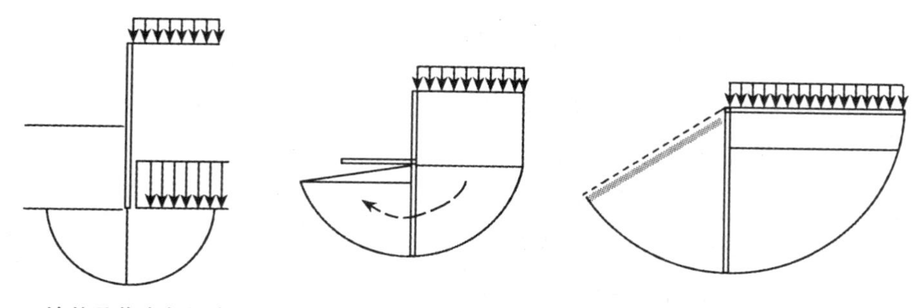

图 2.9.12　软体基坑土体稳定分析图

表 2.9.3　不同试验条件下土的强度指标

土层	三轴不固结不排水		无测限抗压强度	十字板试验		快剪		固结快剪		固结不排水	
	c_u/(kPa)	φ_u(°)	q_c/(kPa)	c_u/(kPa)	灵敏度	c_q	φ_q	c_{cq}	φ_{cq}	c_{cu}	φ_{cu}
④$_2$	11.0	0.2	25.34	28.4	2.63	8.1	6.1	15.8	11.9	17.1	9.7
⑥$_1$	9.0	0.4	24.06	34.1	2.07	7.1	8.3	13.8	13.6	17.8	13.2
⑧$_2$	8.0	0.6				7.3	8.1	14.0	18.2	19.0	15.1

第一种情况是在墙底平面上，将右侧作为荷载，左侧作为浅基础的承载力进行验算；第二种情况是以最后一道支撑点为圆心，沿着墙底的圆弧滑动，在抗滑力矩中考虑墙体的抗弯力矩；第三种情况是以墙顶（或其附近）为圆心，从墙外地面开始过墙底的圆弧滑裂面，其中坑内的支撑增加抗滑力矩。

各种相关国家标准、地方标准和行业标准的规范，对于计算支挡结构上的土压力与稳定分析这两种工况下，所用的强度指标是不同的。特别值得指出的是，在稳定分析中，对于饱和软粘土规定使用的强度指标十分不统一。主要有三种：

（1）使用固结不排水（或固结快剪）强度指标。作这项规定的有《建筑基坑支护技术规范》（JGJ120—99）、《上海基坑工程设计规范》（DBJ08—61—97）、《建筑基坑工程技术规程》（YB 9258—97（国家冶金工业部））等。

（2）使用不排水强度指标（三轴不排水、快剪、十字板等）。作这项规定的有：《建筑基坑工程技术规范》DB33、T1008－2000，J10036－2000（浙江省）、《深圳地区建筑深基坑支护技术规范》（SJG05）（征求意见稿）（抗隆起稳定性计算时见图 2.9.12（a））。

（3）在土的有效自重压力下预压固结的不固结不排水试验。作这项规定的有：《建筑地基基础设计规范》（GB 50007—2002）、《深圳地区建筑深基坑支护技术规范》（SJG05）（征求意见稿）（整体稳定、局部稳定以及抗滑稳定性计算）。

从表 2.9.3 所列的强度指标可以发现，按照不同的规范，采用不同的强度指标，计算的安全系数可以差10倍以上。这类饱和的软粘土如果是欠固结的，那么用固结不排水（或固结快剪）指标验算稳定就十分危险了。

另一个值得讨论的问题是，所谓“水土合算”一般都是针对墙体后的土压力计算。在稳定计算中也用水土合算就十分不合理了。例如《建筑基坑支护技术规范》（JGJ120－99）的附录A规定基坑的整体稳定用下式计算

$$c_{ik}l_i + \sum (q_0 b_i + w_i)\cos\theta_i \tan\phi_{ik} - \gamma_k \sum (q_0 b_i + w_i)\sin\theta_i \geqslant 0 \tag{2.9.1}$$

其中，w_i 为第 i 土条的重量，按天然土重计算。c、φ 为固结不排水指标。对于饱和粘土，按照一般的稳定分析方法计算，土体的固结是在其有效自重压力下的固结，使用“固结不排水强度指标”时，式（2.9.1）的第二项（抗滑力矩）中的自重应当用浮重度计算，而第三项（滑动力矩）自重应当用饱和重度计算。考虑到该工程的软粘土饱和重度只有17.1kN/m³，这个差别可能使计算的安全系数相差一倍以上。其实用“有效自重压力下预压固结的不固结不排水试验指标”，与固结不排水强度指标数值上应当一致，但同样需要在计算抗滑力矩时用有效自重应力，即浮重度计算。

4. 为什么在西侧坍塌

从现场来看（见图2.9.2、图2.9.3），基坑是位于西侧风情大道首先坍塌，基坑坍塌后，将坑底淤泥质土挤起来，使基坑的实际深度大大减少，所以尽管所有支撑钢管全部失效，东侧连续墙也发生较大位移，但尚保持直立，破损不严重。在现场可以发现，由于西侧是大道，交通方便，几乎所有的施工机械、车辆、泥浆池、建筑材料全部在西侧。超载的工程运土车辆来回反复碾压，路面交通繁忙。已经发生较大的土体位移，地面开裂，反复的路面荷载必然会进一步破坏地基原状土的结构性能，由于这两层软粘土的灵敏度较高，这种扰动使土的强度进一步降低，等红灯过去的十几辆车的重量可能成了引发垮塌的“最后一根稻草”。

5. 良好的场地条件酿成事故

从图2.9.5可以发现，该基坑工程的工地条件实在“太好”了：东西两侧距离建筑物都在数十米到百米以上，西侧是风情大道，大道西侧是一个小学校的操场。但是这种良好的环境却与事故发生有直接关系。

自2008年10月9日至事发前的一个多月，临近北二基坑西侧风情大道位于污水管附近上方的车道路面结构层开裂严重、路面下沉明显，现场采用浇灌混凝土等措施来补救。除基坑外地面开裂现象外，基坑内侧地下连续墙也曾出现过较大的裂缝。然而，这些预兆却没有引起相关人员的充分重视。

可以设想，如果周边邻近的建筑物距基坑较近，居民就会密切关心自己的住房，时时自发观测。在其他地方，常常可以见到这样的场面：由于地面或墙面发现有微小的裂缝，居民就会在工地聚集起来，阻止车辆进出，大爷、大妈们坐在挖土机、起重机下，不准动土。老百姓半生积攒的辛苦钱买下的住房，他们会强烈地关切。这个基坑如果有这样的群众监督，或施工监理人员表现出同样的责任感，事故发生的可能性就要低得多。

6. 地铁基坑的特殊性

地铁线路及车站明挖法施工基坑的长度一般很长，而建筑基坑通常两个方向的尺度较为接近。后者可以借助于三维效应的端部约束增加安全储备。以这个基坑为例，原设计要求分段开挖、支护、封底。基坑全长分为6个作业段（每段25m左右）。而实际上，事故

前第一段（北端）已作完底板结构（这部分完好无损），第二段作完垫层，第三段铺砂石，第四段清底，两台挖土机正在第五段和第六段开挖最后一层土方。也就是说，事故前基坑的其余5段（近百米）本都达到或接近设计坑底。这样端部的约束作用基本不起作用。

地铁基坑还有平面性状弯曲（如新加坡的Nicill大道基坑），土质情况差（土质好常用暗挖或逆筑），周边及荷载条件复杂等因素，值得引起相关工程技术人员的足够重视。

第3章　隧道工程事故案例

§3.1　南岭隧道塌方事故

3.1.1　基本案情

1. 南岭隧道简介

南岭隧道位于（北）京广（州）铁路衡（阳）广（州）复线郴州与坪石之间，为京广铁路衡广复线重点工程。隧道全长6 666.33m，埋深最浅段仅29～35m。隧道穿越南岭山脉的五盖山和骑田岭挟持地带，该地区为剥蚀低山丘陵区，为著名的南岭地质构造带，地质构造运动强烈，岩溶极为发育，地下水富集，地质条件十分复杂。此外，隧道需穿越5处溶蚀洼地且连溪河两次流经隧道顶部。

南岭隧道以“难”而著称，自1979年9月开工至1988年11月隧道主体工程竣工，共发生大小突水涌泥24次，出现大小陷穴52处，最深处达20m，沿连溪河两岸塌陷19处，河床先后因塌陷而断流，大量河水泥砂涌入隧道，堵塞坑道，阻碍施工。

2. 新奥法试验段概况及施工方案

为推广新奥施工法在软岩隧道中的应用，实现大断面开挖及喷锚支护复合式衬砌的施作，南岭隧道进口端作为试点采用新奥法进行施工。南岭隧道进口端地形极为低缓，第一试验段埋深7～20m，为典型浅埋隧道。隧道通过下石炭系地层：上部为石英砂岩与泥质、炭质页岩互层；下部为砂质页岩与灰岩互层，岩层呈小型褶曲形态；洞体上半部为断层破碎带，严重风化为粘土夹岩块，呈泥包块松软状态；石英砂岩层厚10～30cm，节理非常发育；泥质、炭质页岩为破碎松软的薄层。下半部砂质页岩较坚硬，灰岩为中厚层，溶蚀现象发育，洞体左下部及左边均遇溶洞。试验段围岩受到地质构造作用的强烈影响，不同构造部位岩体的破坏程度有明显差异，岩体强度及完整性也有较大差别。按照铁路隧道围岩分类该段围岩属于Ⅱ类围岩。其工程地质纵断面图如图3.1.1所示。

根据地质条件和施工机械设备情况，试验段采用上、下半断面超短台阶法开挖。台阶长度为3～5m，开挖循环进尺为1m。施工方法示意图如图3.1.2所示。

上、下半断面一次爆破成型，以喷锚网作为初期支护。施工顺序：爆破开挖后喷混凝土、安设锚杆、挂钢筋网、再喷混凝土。为防止拱部局部坍塌，增加了超前锚杆和挂钢筋网的临时护顶措施。上、下半断面施工分别采取流水作业。下部施工除不挂临时钢筋网、不打超前锚杆外，其余均与上部工序相同。待下部开挖累计长度为5m时进行边墙挂网喷混凝土、喷混凝土与拱部支护连成整体完成隧道初期支护闭合。上半断面齐头作业循环时间约需要30小时。支护参数如表3.1.1所示。

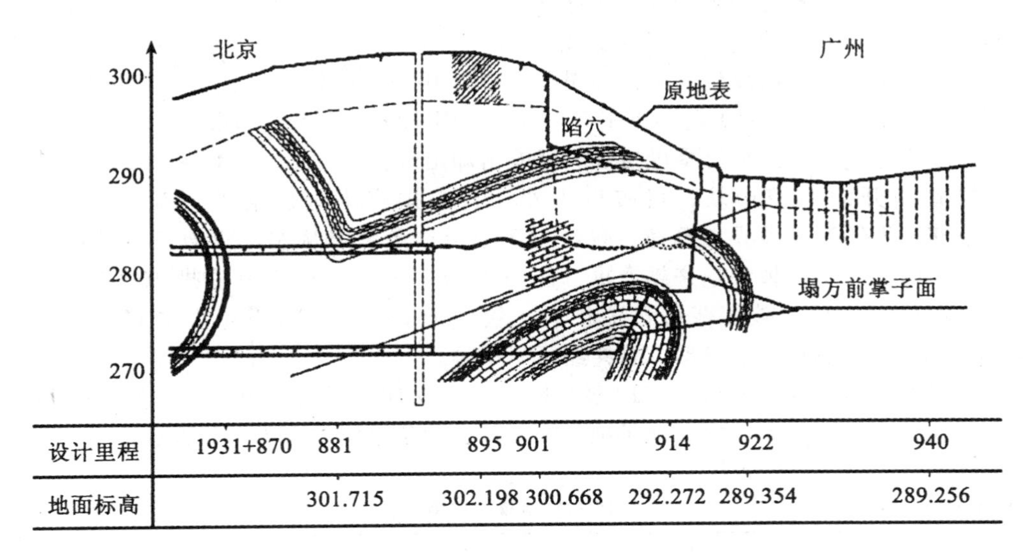

图 3.1.1　南岭隧道试验段地质纵断面图

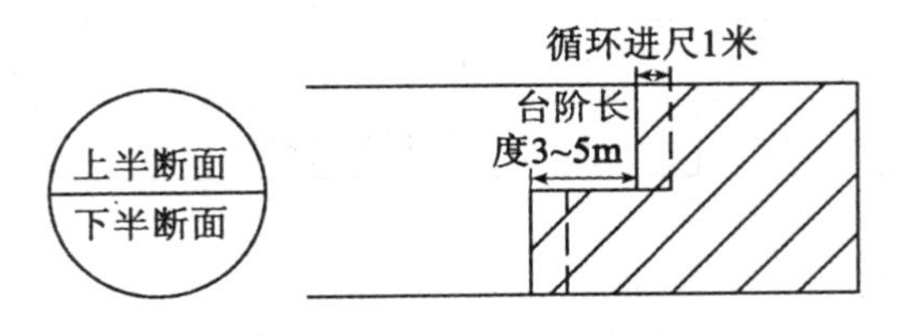

图 3.1.2　施工方法示意图

表 3.1.1　　**支护参数**

支护型式	支护参数
法向锚杆	ϕ22 L-3m 间距 1m，交错布置（25 根/延米）
超前锚杆	ϕ22 L-2m 间距 1m，交错布置（15 根/延米）
双层钢筋网	一层网 ϕ6，网格 40cm×40cm；二层网 ϕ8，网格 20cm×20cm
喷混凝土	初喷 5cm，一次网喷 5cm，二次网喷 8cm
二次模筑衬砌	拱顶厚 50cm，拱脚厚 70cm，边墙中部厚 110cm

3.1.2　隧道塌方

1. 隧道塌方经过

自 1982 年 5 月开始至 10 月 12 日塌方前，隧道共完成上部开挖 25.4m，下部开挖 20.4m，全断面初期支护 13.4m。在施工过程中喷层反复出现开裂现象，开挖时多次发生局部坍塌，使得施工作业循环难以正常进行。由隧道开挖到初期支护完成经 72 ~ 112 天。

隧道塌方前 6 天，初期支护喷层又出现开裂现象，以右拱脚附近的纵向开裂最为明显。塌方前一天下部爆破发生台阶正面塌滑，1982 年 10 月 12 日上午发现 K1931 + 905 ~ 910 地段拱部喷层有新裂缝出现；下午 2 时 40 分 DK1931 +915 上部爆破，开挖面为破碎砂岩，爆破成型尚好，拱部有零星掉块。但险情却出现在后方 DK1931 + 905 ~910 地段，拱部喷层普遍开裂并有掉块；爆破后 1 小时，右拱脚附近围岩随同喷层一起坍塌，DK1931 +906 处环裂发展异常迅速，仅经过 3 小时这条裂缝从左拱延伸至右拱肩（增加约 5m），至晚 9 时坍塌掉块越来越严重，首先从 DK1931 +905 ~910 右拱脚内挤，随后拱部支护不断破坏坍落，破坏范围迅速扩展，最后于 23 时 43 分发生塌方冒顶破坏。从 DK1931 +905 上部爆破至最终塌方总共经历 9 小时。

隧道塌方前工程技术人员曾多次察看地表并未发现有开裂现象。塌方当天拱顶下沉 20.5mm，地表下沉 15mm。塌方前各项量测累计最大位移值如表 3.1.2 所示。

表 3.1.2　　塌方前测量位移值

测量项目	设置位置	最大位移值/mm
地表沉陷	DK1931 +901	104
拱顶下沉	DK1931 +902.4	95.8
断面收敛	DK1931 +893	74.54
单点位移	DK1931 +914	46.2

2. 隧道塌方破坏形态

隧道地面陷穴近似于直径为 16m 的圆筒形，坍壁陡直，陷穴深 3 ~ 10m，坑壁外 10 ~ 20m 范围地表出现裂缝。塌方量约为 3 000m^3，其中千余方涌入隧道。塌方将已施工段分为两部分：初期支护开裂段 12.4m 和塌方破坏段 13m。拉裂段的支护受塌方冲击性荷载作用，拱顶下沉达到 25 ~ 116mm，洞壁受损严重，喷层开裂剥离掉块、钢筋网拉出等现象比比皆是，但仍保持着洞体支护结构形态。塌方破坏段的支护破坏全部发生在隧道拱部，最严重的 DK1931 +906 ~911 段全长 5m 拱部全部塌落，但该段边墙部分没有发生破坏，支护仍保持完好状态。

塌方破坏形态有以下特征：

（1）陷穴坍壁笔直，塌方体垂直下落；

（2）塌方体主要从隧道右侧涌入；

（3）支护破坏局限于拱部，尤以右侧严重；

（4）支护破坏主要表现为拱部断裂、坍落并有压卷折断现象。

塌方破坏形态属于掉拱冒顶破坏类型，破坏主要由垂直荷载引起。拱部支护的破坏导致上覆岩体失去支撑而下落造成塌方冒顶。

3.1.3　塌方原因分析

1. 支护破坏过程分析

塌方地段拱部支护的失稳始于右拱脚的局部失稳，然后引起局部拱部失稳，继而扩展到更大范围，最终导致冒顶破坏，即隧道拱部支护的破坏是经历一个从局部表层的破坏到整体深部的破坏，从集中破坏到全面破坏的发展过程。

2. 隧道塌方的原因分析

分析隧道塌方的原因必须首先明确隧道稳定性相关因素。隧道稳定性的影响因素可以分为两类：一是内在因素即地质因素的影响，如岩体的结构状态，岩体的物理力学性质及初始应力状态等；二是人为因素的影响，即设计、施工过程带来的影响，如施工方法、支护措施、隧道埋深、断面形式等。

（1）首先从隧道围岩稳定性的内在影响因素——地质因素入手来对塌方原因进行分析。

南岭隧道试验段为Ⅱ类围岩，这类围岩多位于挤压强烈的断裂带内，岩体软弱破碎，稳定性差。隧道试验段为浅埋，经自然剥蚀，切割作用和长期的应力释放过程，可以认为残余地质构造应力场已经不复存在，隧道稳定性分析可以不考虑地质构造应力的影响。虽然地质构造应力场已经消失，但由该应力场所塑造的构造形迹却依然存在。诸如断层、褶曲和节理等将岩体切割成破碎状态并于岩体内部形成一些软弱结构面，成为控制试验段围岩稳定性的主要因素。

围岩物理力学性态是控制围岩稳定性的基本因素。塌方段岩体本身与锚杆、喷层之间的粘结力和摩擦力差，影响喷锚支护效果。锚杆的受力状态受到岩土体强度制约难以与围岩形成整体，发生滑移，从而丧失对围岩的约束作用。

（2）人为因素中施工方法是影响隧道稳定性的重要因素，以下就隧道工程中所采用的新奥法，结合其施工基本原则对隧道塌方的原因进行分析。

原则 1：保护围岩，尽量减少开挖对围岩的扰动，尽量采用大断面开挖减少围岩应力多次分布的危害，保持隧道轮廓的圆顺，避免应力集中。

保护围岩是新奥法施工的一大原则。钻爆法施工对围岩尤其是软弱围岩的扰动和破坏作用不可轻视。南岭隧道施工监测数据显示，爆破对隧道拱顶下沉影响显著，爆破瞬间拱顶下沉量占总下沉量的 50% 以上，占一天下沉量的 90% 左右。对于南岭隧道试验段这类浅埋软弱围岩，采用钻爆法施工显然对围岩稳定极为不利。从保护围岩，减少围岩扰动出发，若采用机械开挖显然是最为适宜的。

原则 2：合理利用围岩的自承能力，使得围岩成为支护体系的重要组成部分，从而保持围岩稳定。

新奥法允许隧道初期支护与围岩共同产生一定变形以调动围岩的自承能力，但前提是将围岩变形控制在一定范围内以合理利用其自承能力，避免隧道围岩产生过度松弛而导致破坏。南岭隧道施工监测数据显示塌方前拱顶下沉已经达到 95.8mm，断面收敛达到 74.54mm，显然已经超过一般限制。且隧道塌方前地表下沉量与拱顶下沉量相当接近，即隧道已产生整体下沉，围岩明显已产生有害松动。

原则 3：施工中必须对围岩和支护进行观察量测，根据量测结果及时修改支护参数或施工方法，合理安排施工工序，实现动态设计。

围岩变形是岩体力学动态的直接体现，支护的破坏和围岩的坍塌都是隧道变形发展的结果。新奥法施工中强调利用监控量测掌握施工中围岩和支护的力学动态及稳定程度，用以指导施工。南岭隧道为浅埋，与一般隧道相比较具有不同的应力状态和变形特点，表现出不同的破坏形态，监测数据与隧道塌方形态都表明了这一点。而南岭隧道的变形控制忽略了隧道浅埋的特点，在引用已有隧道经验的同时缺乏切合实际的具体分析，对隧道过量的变形失去警觉，产生盲目的安全感，对控制变形缺乏客观慎重的考虑，监测数据没有对施工起到指导意义。同时对隧道塌方的重要征兆——隧道拱部出现的裂纹也没有引起足够的重视，采取相应措施消除其隐患。

由于对浅埋软弱围岩双线隧道变形和破坏规律认识不足，南岭隧道试验段未能根据监控量测数据和观察采取果断措施有效控制变形，这是造成塌方破坏的根本原因。

原则4：软弱围岩地段隧道支护应及早闭合，围岩特别软弱时，上半断面开挖完成做好初期支护后应增设临时仰拱，开挖到隧道底部时及时施作仰拱。二次衬砌原则上在围岩和初期支护基本稳定后进行，但是对于软弱围岩二次衬砌应该紧跟。

初期支护及时闭合有利于隧道稳定，软岩隧道采用新奥法施工时要求初期支护尽早形成闭合环。南岭隧道试验段初期支护分三段施作，每段支护闭合时间为72～112天，塌方段开挖后75天拱墙挂网封闭，未挂网封闭段的长度为7～9m，距离上部掌子面10～12m，远未达到及早闭合的要求。塌方地段的施工断面拱部已经两次挂网三次喷混凝土，喷层厚度足以达到设计要求；然而在下部断面边墙只喷了一次混凝土，喷层厚度仅3～5cm，锚杆尚未补齐，右侧墙顶已出现纵向开裂，左侧墙下部溶洞未经处理。从全隧道断面来看支护系统的整体性差，未起到支护环的结构作用。

以施工过程中的三维效应分析，此时塌方地段正处于围岩压力急剧增加范围。理论分析和实测资料均表明隧道掌子面附近与离开掌子面一定距离处（1.5～2.0倍洞径处）的应力平衡状态有明显差别，掌子面附近围岩处于有利的受力状态。这种现象一般认为是由于掌子面处未开挖的岩体比已开挖区段有较大的刚度，且在围岩开挖后的应力动态变化过程中会产生一种沿隧道纵向轴线方向分布的应力，对掌子面附近的洞壁起到支护作用的缘故。实践证明施工过程中的三维效应是确实存在的，一般将施工过程中的这种三维效应称为穹窿作用。这种三维效应随隧道掌子面的继续推进而逐渐消失，围岩压力也会达到极值，这也是强调初期支护应早期闭合的重要原因。如果施工工序安排紧凑，后面工序及时跟上，能在围岩压力急剧增长之前构成一个壳体支护结构，则可以改善拱脚部位围岩的受力状态，从而防止局部失稳发生。

此外，隧道塌方形态及破坏过程分析表明，塌方破坏首先从右拱脚局部坍塌开始。南岭隧道施工采用上、下半断面台阶法，由于该施工方法拱部支护基本是在台阶面上进行，拱脚附近有喷混凝土回弹虚碴使得喷层不密实，同时锚杆施作受到场地限制，一般也难以满足设计要求，往往使拱脚位置支护作用大打折扣，从而令拱脚部位成为初期支护的薄弱环节。可见南岭隧道施工所采用的上、下半断面台阶法在某种程度上也不利于隧道稳定。

软弱围岩中采用新奥法进行隧道施工时，如果锚喷支护不能提供足够支护能力，应及早设置钢支撑加强支护，以弥补喷锚支护的早期强度不足。由于种种原因，南岭隧道施工中钢支撑未能付诸实施，也未采用临时仰拱等其他辅助措施，从而错失阻止塌方事故发生的良机。另外，南岭隧道施工过程中二次衬砌也没有及时跟进。

3.1.4 经验与教训

1. 浅埋软弱围岩隧道主要荷载来源为上覆岩体，隧道变形以竖向位移为主并易产生整体下沉。隧道支护应以刚性支护为主，不宜强调初期支护的充分变形。为及时有效控制软岩隧道变形应考虑采用早强喷混凝土，早强锚杆及格栅型钢支撑或采取管棚超前支护等措施。鉴于浅埋软弱围岩隧道塌方破坏发展的急促性，为确保施工安全型钢支撑是必备的应急措施。二次衬砌宜及时跟进，此时要考虑二次衬砌与初期支护共同受力。

2. 在松软地层较短的砂浆锚杆难以与围岩形成整体而有效的控制变形，往往只能在松弛区内起到组合作用。因此早期完成喷锚网联合支护对防治围岩局部坍塌提高隧道整体稳定性也具有十分重要的意义。

3. 施工必须谨慎，严格按照新奥法基本原则施工。施工中加强地质监测工作，以观察、量测信息为指导修改完善设计和施工。对于监控量测数据的分析，目前尚未形成完整的体系。关于隧道位移判断标准的问题，在理论研究上还不够完善，也缺少较多的工程实践资料。从南岭隧道试验段情况来看，对于浅埋软弱围岩双线隧道允许的最大位移值应控制在 50mm 以内，约为隧道开挖半径的 1% 。

隧道位移判断标准应结合工程具体情况确定，不可一概而论，形成盲目安全感，贻误抢险时机。此外，对于浅埋隧道，地表下沉的监控量测对于隧道稳定性判断尤为重要。

4. 隧道塌方的原因直观上看是围岩差造成的，而实质上是由于人们对围岩的稳定、支护与围岩的作用原理认识不足以及所采用的开挖、支护方法不当造成的。所以预防隧道塌方的根本措施是提高对围岩的认识能力，加强对施工过程中监控量测信息的分析和反馈能力。

思考题

1. 分析浅埋隧道破坏形式及破坏机理，总结施工过程中可以采取哪些措施安全通过隧道浅埋段。

2. 及早闭合初期支护和施加二次衬砌对于保证软弱岩体隧道施工稳定具有重要意义，阅读相关文献，探讨如何选择初期支护闭合和二次衬砌施作的时机。

§3.2　上海轨道交通 4 号线事故

3.2.1　上海轨道交通 4 号线简介

上海轨道交通 4 号线又称明珠线二期工程，南起上海火车站，北至外环线，全长 22.3km。4 号线是上海轨道交通规划中的一条环状线，同 1 号线、2 号线组成“申”字，构成上海轨道交通的基本框架。

轨道交通 4 号线浦东南路站至南浦大桥站段隧道工程是一个过江区间段，全长 2 000m，其中江中段约 440m，在浦西岸边中山南路和黄浦江防汛墙之间设中间风井。该区间段北侧为董家渡路，主要建筑物为谷泰饭店等三座 5 层砖混结构民用建筑，南侧依次为 23 层的临江花苑大厦、地方税务局和土产公司大楼、光大银行大楼等，如图 3.2.1 所示。

该区间段盾构推进工程由上海某隧道公司承建。隧道公司将这一区间段的隧道中间风井、旋喷加固、联络通道、垂直通道、冻结加固及风道结构工程专业分包给某矿山公司上海分公司；工程监理则委托上海某地铁监理有限公司执行。

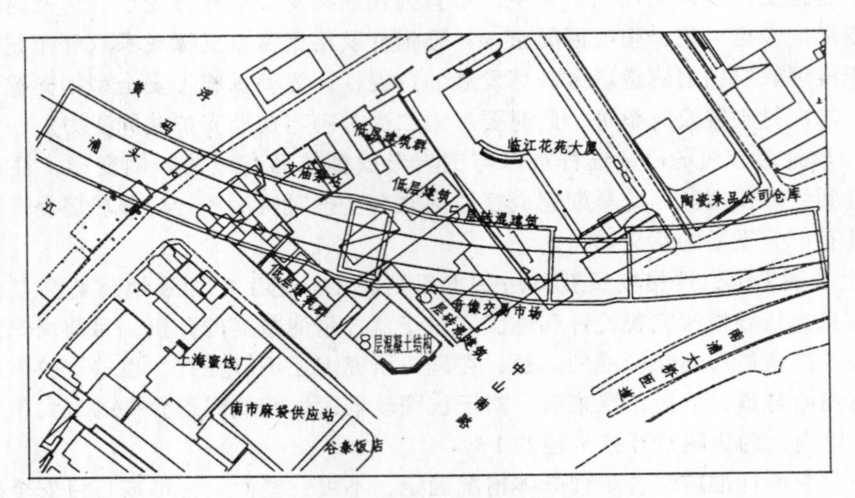

图 3.2.1 过江区段平面布置图

2003 年 7 月 1 日凌晨，正在施工的 4 号线董家渡段联络通道发生事故，导致约 270m 隧道发生坍塌，“环”在这里出现缺口。事故发生时隧道区间的上、下行线已经贯通，距离联络通道贯通尚余 0.8m。

3.2.2 事故发生经过

事故区间段联络通道距浦西防汛墙仅 53m，地处上海第七层土层中，采用冻结加固暗挖法施工。2003 年 3 月，施工人员开始联络通道冻结法施工——布置冻结管，安装制冷设备。上行线端 5 月 11 日开始冻结，6 月 24 日开始开挖联络通道。6 月 28 日上午约 8:30，施工人员发现隧道内向下行线冻结管供冷的一台小型制冷机发生故障，下午约 4:00 修复，停止供冷 7 小时 30 分，期间无其他设备供冷。当日下午约 2:00，施工人员在下行线内安装水文观测孔，发现有压力水漏出，随即安上水阀止水，并安装了压力表测量水压。当晚约 8:30，施工单位项目经理现场决定停止联络通道冻土开凿，施工人员将掘进面用木板封住。6 月 29 日凌晨约 3:00，测得水阀处水压为 2.3kg/cm^2，与第 7 层承压水水压接近，XT1 温度测量孔内隧道钢管片交接处土体温度为 8.7℃。6 月 30 日，XT1 温度测量孔内隧道钢管片交接处土体温度为 7.4℃，施工单位项目经理决定用干冰加强冻结，于当日下午约 3:30 用 150kg 干冰敷于下行线隧道内壁中线以下部位。当晚约 8:00，检查时发现干冰气化所剩无几，钢管片有结霜现象。

7 月 1 日零时许，施工单位项目副经理指挥当班班长安排施工人员拆除冻土前掘进面部分封板，用风镐凿出直径 0.2m 的孔洞，准备安装混凝土输送管。约 1 小时后，此孔打至下行线隧道钢管片。凌晨约 4 时，现场工人发现该孔洞下部有水流出，立即用水泥封堵。约 10 分钟后，发现流水不止，便派人员迅速进行了汇报。不久掘进面右下角开始出水，且越来越大，现场工人用棉被、泥土袋、水泥包等材料封堵。约 6:00，隧道内发出异响，情况危急，施工人员撤出现场。随后，大量水、流砂涌入联络通道，引起隧道受损及周边地区地面沉降。隧道区间由渗水、进水发展为结构损坏，附近地面也出现不同程度的裂缝、沉降：7 月 1 日上午 9 时许，位于中山南路 847 号的一幢 8 层楼房裙房坍塌；7 月 2 日凌晨开始，董家渡外马路段长约 30m 的防汛墙受地面沉降影响，开始沉陷、开裂，于零时许防汛墙局部塌陷并引发管涌；靠近事故现场的 20 多层的临江花园大楼也出现沉降，严重时高楼 1 小时内沉降超过 7mm，最大累积沉降量达到 15.6mm。所幸由于报警及时，所有人员都已提前撤出，因而无人员伤亡，受其影响的周围楼房里的人员也已全部撤出。事故段地面破坏情况如图 3.2.2 所示。

图 3.2.2　事故段地面破坏情况

3.2.3　事故原因分析

1. 联络通道《冻结法施工方案调整》存在欠缺

2002 年 6 月，隧道公司项目部结合某矿山公司上海分公司编制的《风井及联络通道工程施工组织设计》编制了《明珠线二期浦东南路站—南浦大桥站区间隧道工程施工组织设计》，并通过了上海某隧道公司盾构分公司、隧道公司的审批和监理单位的审定。2003 年 3 月，某矿山公司上海分公司项目部对原施工组织设计进行调整，制定了《冻结法施工方案调整》。2003 年 4 月 7 日，经某矿山公司副经理、总工程师批准。但方案调整未按规定经过盾构分公司、隧道公司的审批及地铁监理公司审定，隧道公司项目部也未编制相应调整的施工组织设计。

事故调查组专家认定：方案调整存在欠缺。调整后的方案，降低了对冻土平均温度的要求，从原方案 -10℃减少到调整方案的 -8℃；下行线选用的小型制冷机，计算时未考虑夏季施工冷量损失系数，制冷余量不足；联络通道处垂直冻结管数量减少，长度缩短，由原方案 24 根减少到 22 根，并将其中原为 25m 深的 7 根垂直冻结管中的 4 根减少到 14.25m，3 根减少到 16m，造成联络通道与下行线隧道腰线以下交汇部冻土薄弱；下行线仅设单排 6 个冻结斜孔，孔距 1.0m，虽在冻结孔长度上予以增加，但其数量偏少，间距偏大，其冻结效果不足以抵御该部位的水土压力。

2. 冻结法施工存在缺陷

在联络通道冻结条件不太充分的情况下进行开挖。根据施工方案，要求冻结时间需要 50 天，而上行线 5 月 11 日开始冻结。联络通道 6 月 20 日开挖，实际 6 月 24 日开挖，冻结时间仅43天，小于施工方案冻结时间的要求。下行线冻结不充分，未满足开挖条件。6月24日下行线盐水去路温度为－23.9℃，回路温度为－21.1℃，去路、回路温差为2.8℃，大于开挖时盐水去路、回路温差的要求。

专家组认为：联络通道冻结开挖施工设计存在缺陷，施工中冻土结构局部区域存在薄弱环节，同时忽视了承压水对工程施工的危害，导致承压水突涌，是事故发生的直接原因。

3. 施工单位对险情征兆没有采取有效制止措施

6月28日上午，下行线小型制冷机发生故障，停止供冷7小时30分。下午约2:00，施工人员在下行线隧道内安装水文观测孔，发现一直有压力水漏出。虽立即安上水阀止水，并安装了压力表测量水压，但当止水后测得土体温度上升时，尽管采取了一定的措施，但效果不佳。6月29日凌晨约3:00，测得该处水压为2.3kg/cm^2（与第7层承压水水压接近），没有采取紧急降水降压措施。不仅险情征兆没有得到及时排除，而且未向隧道公司及监理公司汇报，遂使险情逐步加剧。

4. 施工管理存在的问题

（1）施工单位现场管理人员在险情征兆已经出现的情况下严重违章、擅自凿洞。7月1日零时许，项目副经理在联络通道冻土结构存在严重隐患、工程已停工情况下，擅自指挥拆除掘进面部分封板，从联络通道向下行线隧道钢管片方向用风镐凿出直径0.2m的孔洞，准备安装混凝土输送管。正是由该孔洞出水，其出水点逐渐下移，水砂从掘进面的右下角和侧墙下角不断涌出，以致封堵无效，酿成事故。

（2）监理单位现场监理人员失职。在联络通道施工期间，现场监理部无冻结法施工专业技术监理人员。总监代表负责施工监理，未对调整后的方案进行审定。6月24日联络通道开挖后，到7月1日发生事故期间，仅在6月25日、30日下井检查过两次，未及时发现和制止险情。6月29日、30日的监理日记却记载“各项工作均正常”，无任何有关险情征兆的记录。6月24～30日联络通道晚上加班施工期间，未安排人员值班；发生事故时，现场无监理人员。

（3）总包单位现场管理人员对分包项目管理存在漏洞。对施工单位项目部编制的《冻结法施工方案调整》，总包单位项目技术负责人未向隧道公司总工程师和盾构分公司主任工程师汇报，致使隧道公司、盾构分公司未对该方案给予审批。项目经理在6月24日至7月1日联络通道施工期间，仅在6月24日和26日去过联络通道施工作业面。质量员竟一次也未去施工作业面进行技术、质量检查。

3.2.4 事故抢险措施及修复方案

事故发生后，相关单位迅速采取以下抢险措施：

1. 对事故段隧道进行封堵并灌水回注，恢复隧道内、外水土压力平衡。对该段隧道区间设水泥封堵墙，对两端车站端头采用钢筋混凝土结构封堵，防止险情向沿线车站和区间蔓延，并在相邻车站端头实施第二道钢筋混凝土封堵，以确保万无一失。钢筋混凝土封堵墙完成后，向隧道内灌水，以恢复隧道内、外水土压力平衡。同时，在受损隧道的上、下行线中山南路一端实施地面压注混凝土封堵（即在隧道顶部钻孔压注混凝土），隔断了沉降槽向西南方向发展，防止了隧道塌陷的扩大。同时，对地铁风井加盖封闭，以免地表水再次回灌地下。

2. 设置并加固临时防汛围堰。在沉降、塌陷的原防汛墙外，用砂包堆垒临时防汛围堰，并在临时围堰与原防汛墙之间用砂、土填筑，使临时防汛围堰经受了4.07m潮位的考验。在此基础上，为确保城市安全度汛，又采用钢板桩、旋喷和注浆等方法加固临时防汛围堰，提高防汛大堤的稳定性和抗渗性能。

3. 对重要建筑物和影响区域实施全方位注浆、回填砂土加固。对临江花苑大厦等建筑基础周边进行注浆加固，对事故现场周边的中山南路、董家渡路道路和沿线建筑物、管线等实施全方位注浆加固。同时，对塌陷区进行回填砂土，上筑混凝土面层，为填充注浆创造条件。

4. 及时实施管线的切断和改接。自来水、燃气、电力、通信等管线部门按照统一部署及时进行了管线切断和改接，确保了城市正常运行和居民正常生活，有效防止了次生灾害的发生。

5. 加强实时动态监控。抢险一开始就实施了对临江花苑大厦等周边建筑、地面道路、防汛墙等重点目标的动态监测，监测数据适时上报，由相关专家组及时进行综合分析，为判断险情和科学决策提供依据，并采用两套监测系统同步监测、分析对比，确保监测数据的准确性。

6. 拆除了三幢严重倾斜、受损的建筑。事故发生后，相关单位即成立了4号线修复方案组，进行了大量现场调研、试验。根据多次专家会论证的意见，在综合比选多方面因素后，确定了原位修复方案。之后根据施工条件和工况的不同，分别比选了围护明挖、加固矿山法暗挖、水平冻结暗挖、气压沉箱法以及简易盾壳支护暗挖等多种施工工艺和方法。根据多方案比选论证，在综合研究明挖和暗挖的施工难度、风险、工期、环境影响等因素，修复工程主体部分确定采用深基坑为主，连接段采用冻结加固暗挖施工。东、西侧隧道修复段采用超深基坑明挖修复；中部修复段采用全盖挖基坑方式施工；隧道对接段即基坑明挖修复段与外侧完好隧道之间采用冻结加固后矿山法暗挖施工；隧道清理修复段采用常压施工对隧道内的积水、积泥等进行清理。

修复工程于2004年8月开工，于2007年6月底顺利实现了结构贯通。修复方案平面图如图3.2.3所示。隧道施工业界权威人士表示，世界地铁建设史上也曾经发生过类似董家渡的隧道损毁事故，但是大多采用了施工难度较小的“改线修复”。董家渡修复工程的成功，可以说是创造了国际地铁隧道施工领域的奇迹。

3.2.5　责任认定与经验教训

上海轨道交通4号线工程事故直接经济损失达1.5亿元，损失惨重，并造成极恶劣的影响。在这起造成重大经济损失和社会影响的工程责任事故中，主要原因是施工单位未按规定程序调整施工方案，且调整后的施工方案存在缺陷，在险情征兆出现之后又未能采取及时有效措施，现场管理人员违章指挥，直接导致事故发生。

1. 某矿山公司上海分公司现场技术管理薄弱，《冻结法施工方案调整》编制有欠缺，审批不严格；发现事故险情征兆未向总包、监理单位报告；对施工风险较大的工程，无针对性强的应急预案；违章施工，导致事故发生。该单位对这次事故应负直接责任。

2. 隧道公司作为总包单位，未认真履行总包单位管理职责，对分包单位监管不力；

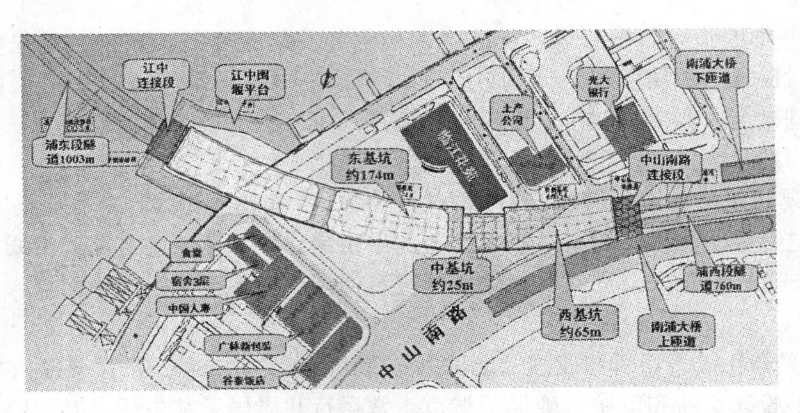

图 3.2.3　修复方案平面图

未根据分包单位方案调整，重新编制相应调整的施工组织设计；未对分包方施工方案调整组织审批；各项技术、质量和安全责任制和管理制度未落实；现场管理人员资格不符合要求，现场管理失控。隧道公司对这次事故应负主要责任。

3. 监理单位未履行监理单位的职责，未对调整的施工方案组织监理审定；监理人员资格不符合国家相关规定要求，现场监理失职；未对监理的工程实施有效的巡视检查，未能及时发现险情和制止事故。监理单位对这次事故负有重要责任。

事故的相关责任人受到司法机关追究，其中 3 人因涉嫌“重大事故责任罪”被批准逮捕。对相关单位领导追究其领导责任，对相关责任单位也作出相应处罚。

上海轨道交通 4 号线事故带来的经验和教训：

（1）冻结法施工工艺在上海多项地铁工程建设中取得了成功，并获得了上海市科技进步三等奖，应该说已成为一项成熟的新的施工技术。我国《建筑法》提倡采用先进技术、先进设备、先进工艺、新型建筑材料和现代管理方式。但是对于新技术和新工艺的运用应该加强技术指导和技术管理，在使用前还应加强新技术和新工艺的技术培训。

在建筑施工过程中，无论是总包单位，还是分包单位或监理单位，本身应具备使用新技术、新工艺的能力。在选择分包或监理时，就应该首先考核其技术能力。

施工单位进一步完善冻结开挖施工组织设计，特别是从施工技术方面补充冻土结构局部区域存在的薄弱环节，高度重视和改善承压水对工程施工中的危害。建立健全企业安全生产责任制，明确生产管理各岗位管理人员的安全生产管理职责，建立项目工程生产安全事故应急救援预案，强化事故的防范措施。监理单位也应不断学习新的施工工艺和技术，不断提高监理人员的技术水平。该工程现场监理部无冻结法施工专业技术监理人员，说明监理单位不具备对特殊工程的监理能力，因此，在委托监理过程中，就已经埋下了重大隐患。

（2）总包单位应依照《建筑法》中的相关规定，严格履行总包单位的安全职责，杜绝以包代管，包而不管的行为。认真落实各项技术、质量和安全责任制和管理制度，加强日常的监督管理和技术管理。

（3）监理单位应认真履行监理单位的职责，对施工方案及变更调整后的方案严格组织监理审定；加强施工现场的监理旁站管理；对监理的工程实施有效的巡视检查，及时发现险情和防止事故。

国务院领导对这次事故作出了多次批示，温家宝总理要求建设部门要从中吸取教训，尊重科学，严格执行经过论证的技术方案，严格执行各种规范和标准，加强工程监管，切实保证工程安全和质量。目前，我国基本建设规模大，不少建设项目，包括地铁建设项目，科学技术含量高、施工难度大，给安全生产管理带来新的挑战。依靠科技进步、尊重科学、严格执行相关标准规范，是保证工程质量和安全生产的重要基础。

思考题

搜集工程事故资料，分析人为因素在事故中的作用，探讨一名合格的土木工程师应具有的职业素养与职业道德。

§3.3　希思罗机场快线隧道塌方事故

3.3.1　希思罗机场快线隧道概况

1994 年 10 月发生在英国希思罗快速线暗挖车站隧道的塌方事故，是英国 20 世纪最后 25 年内发生的最糟糕的土建工程灾难之一。该事故不仅强烈震撼了英国隧道界，而且也震惊了国际隧道界。这次灾难性的车站塌方事故造成了约 1.5 亿英镑的巨大经济损失，延误工期达 6 个月之久，还产生了极坏的社会影响。

20 世纪 90 年代初，伦敦开始采用新奥法修建地铁车站和大跨度隧道。其中包含设在连接希思罗机场和伦敦市区的快速线上的两个车站，一个车站位于机场中央枢纽区（Central Terminal Area，称为 CTA 车站），另一个车站位于快速线端部的机场第 4 枢纽区（称 T4 车站）。与此同时，伦敦市区内还在进行朱比利延伸线建设，该线上的伦敦桥车站和一系列附属工程也采用新奥法修建。

为了证明新奥法用于伦敦粘土中修建隧道的有效性，曾在朱比利延伸线上修建了两个试验隧道：一个试验隧道直径为 11.3 m，初期支护为格栅钢架与喷混凝土（300mm）。起初掘进的 20m 隧道由于没有进行补偿注浆，地面沉降达 50mm，接着又掘进 20m，采取了补偿注浆，地面沉降减少到 10mm。另一个试验隧道，直径 5.3m，长 50m。试验的目的是考察新奥法开挖的隧道其施工过程对粘土地层性状行为的影响。试验工作在 1992 年 3 月完成。其结论为：新奥法应用在城市环境中是可行的。类似的新奥法隧道试验在希思罗快速线上也进行过，所得结论相同。

CTA 车站由 3 个平行隧道（用若干横洞连通）组成，如图 3.3.1 所示，其结构型式为塔柱式。所在位置的土层自上而下依次为：2m 厚的人工填土；4 ~6m 厚的含水砾石层；50m 厚的伦敦粘土。车站覆盖层厚 13m 左右全部位于粘土中。

如图 3.3.2 所示，CTA 车站隧道基本的施工步骤如下：

（1）两侧先用盾构机贯通，建成两个直径为 5.7m 的拼装式衬砌区间隧道；

（2）用中隔壁法开挖成跨径为 8.7m 的中央站厅隧道，随开挖进展施作初期支护；

（3）用台阶法齐头并进地将两侧小隧道扩大为跨径为 8.7m 的两个站台隧道，在扩大

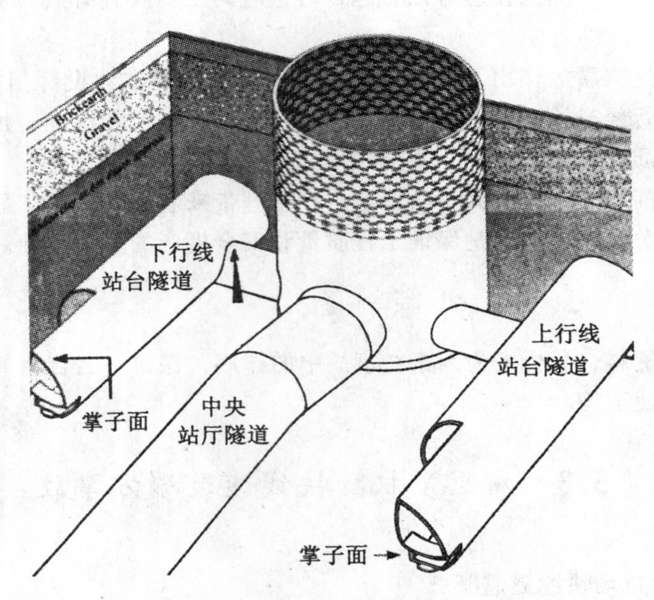

图 3.3.1 CTA 车站布置图

过程中拆除拼装式衬砌，施作初期支护；

（4）打通横洞；

（5）施作3个隧道的永久衬砌。

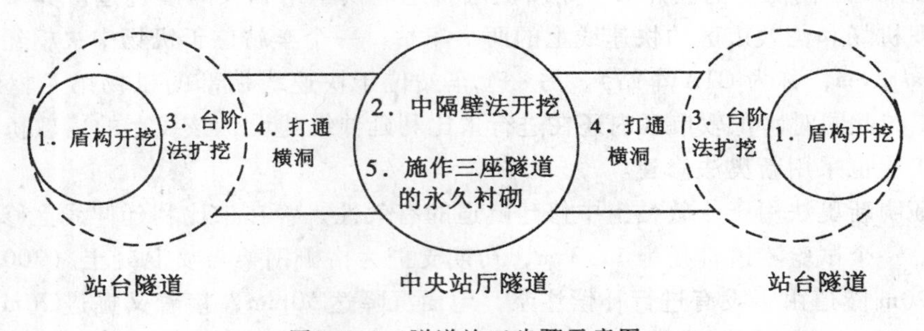

图 3.3.2 隧道施工步骤示意图

3.3.2 希思罗快速线 CTA 车站塌方事故

CTA 车站隧道塌方是在中央站厅隧道完成5个月之后，扩大两侧站台隧道的施工进行一个月时发生的。

1994年10月20日晚，车站3个隧道的初期支护产生开裂和剥落，特别是中央隧道的底部仰拱，产生明显的变形和损坏，最终隧道塌方并在地面上形成方圆近60m、深3m的塌陷区。如图3.3.3所示。

图 3.3.3 隧道地面破坏情况

3.3.3 CTA 车站塌方事故的善后处理

为修复 CTA 车站，1996 年在该站的塌方区修建了一个外径为 61.4m（内径 58.2m），深 30m，由 182 根咬合桩组成的圆形围护结构（围堰）。在该围堰的保护下彻底清除了陷落的扰动土体，以及严重破损的初期支护残体。接着在下面修建底板，用明挖顺筑法修复车站隧道，并以此为基础。在上部建成全高 7 层的旅馆。

3.3.4 CTA 车站塌方的原因分析

CTA 车站的塌方，引起英国隧道界和社会媒体的高度关注，一方面组织对事故经过和原因进行实际调查。另一方面，邀请国内外专家学者就有关新奥法设计、施工、管理等问题进行广泛讨论。由于英国采用新奥法在伦敦粘土中修建隧道刚起步，并且在初次应用新奥法中就发生了 CTA 车站塌方这样的不幸事故，所以在事故后召开的研讨会，其研讨范围几乎涵盖了新奥法的各个方面。相关调查报告认为，承包者在设计、施工质量控制和工程管理（包括风险管理）方面存在许多缺点和失误。CTA 车站塌方的直接原因是：

（1）中央站厅车站隧道初期支护存在问题和缺陷，包括低标准施工，初期支护强度不足，支护仰拱接头钢筋不连续等致命弱点。

首先，中央隧道初期支护起拱线以上采用格栅钢架为骨架，以下采用了两层钢筋网，加之喷混凝土厚度不均匀。同一隧道断面上、下刚度、强度不一致，影响结构中的内力传递。

在处理塌方的过程中发现隧道右侧拱部折成两段（见图 3.3.4：2*a*，2*b*），侧部也断裂成两段（见图 3.3.4：3*a*，3*b*）。特别值得注意的是，仰拱顶部两端向上拱起，可以明显看出接头是一个薄弱环节。仰拱接头存在严重问题，接头钢筋不连续，意味着初期支护没有实现真正意义上的“闭合环”，为隧道塌方埋下隐患。由于接头的剪切（或滑移）破坏，导致拱底的粘土侵入隧道净空，从而加速了初期支护的彻底塌方。

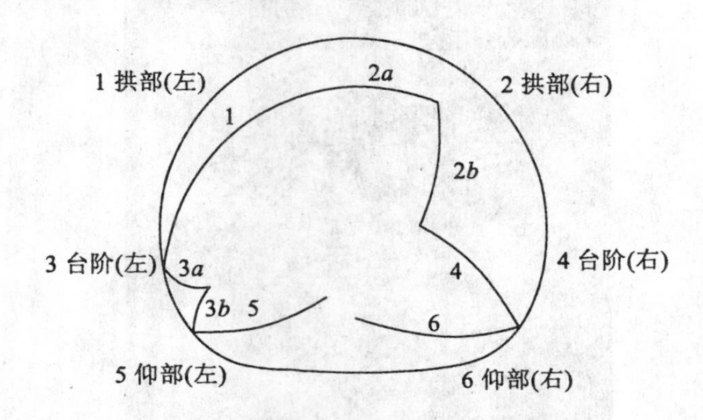

图 3.3.4　隧道初期支护破坏情况

（2）两侧平行隧道齐头并进扩挖，加剧了对中央隧道周围地层的扰动。

（3）采取压力注浆遏制地面建筑物沉降加重了车站隧道的损坏。

施工监控量测是新奥法施工的基本原则之一，该措施的一个重要目的：就是及时发现险情，如初期支护出现不收敛的变形，即立即采取应急措施，保证结构和施工安全。监测记录表明（见图 3.3.5）：中央隧道施工后 5 个月均有持续不收敛的变形，并且在两侧站台隧道扩挖施工后直到车站发生塌方近一个月的时间，中央隧道初期支护变形速率明显加快。

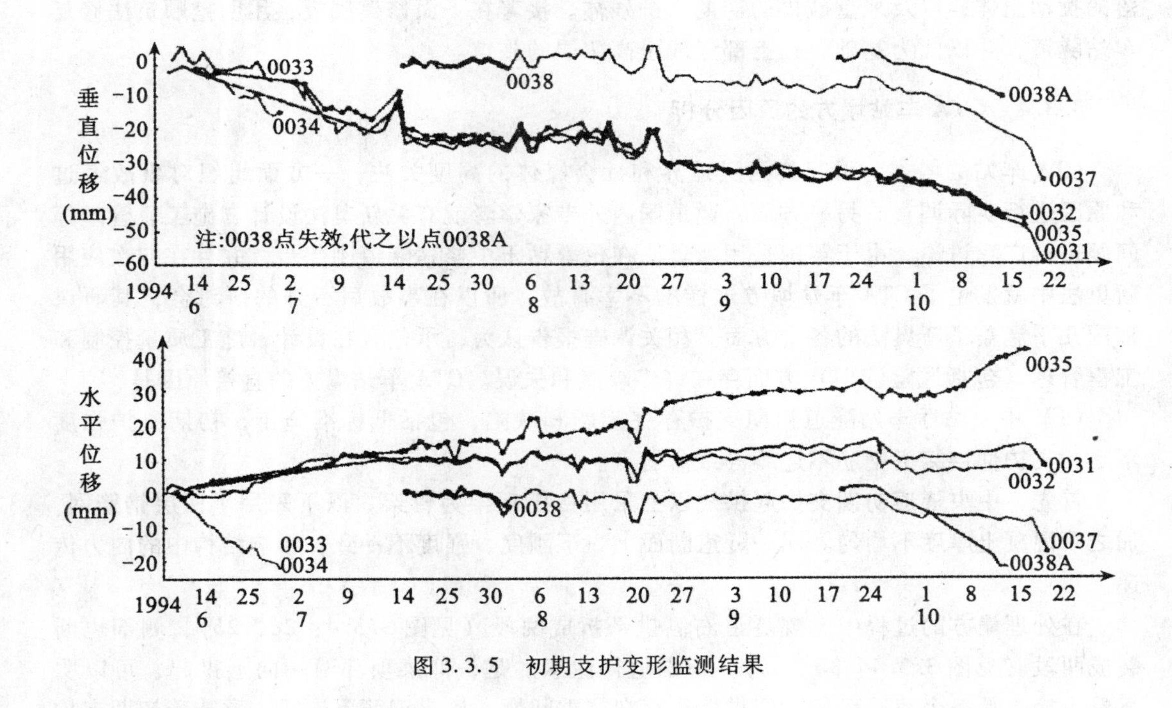

图 3.3.5　初期支护变形监测结果

但是，承包者在发现地面建筑物的沉降后，没有查找与地下隧道变形的关系，却用压力注浆来纠正和遏制建筑物的沉降，其结果是加速了车站隧道结构的破坏和地面建筑物的倒塌。相关调查报告认为：承包者在施工中缺乏灾害识别、归避和减轻风险的机制。

3.3.5 CTA 车站塌方事故的教训

1. 围绕在城区软土地层中新奥法设计、施工原则及其应用问题，事后组织的研讨会上与会学者谈及的一些问题以及他们的观点，可以引发关于 CTA 车站塌方原因的进一步思考。在采用经验法设计和解析法设计的问题上，大家一致认为，应把两种方法很好地结合起来，降低结构在设计寿命期间产生破坏的风险。

但对伦敦粘土地层来说，还没有足够的新奥法隧道设计和施工的经验和知识可供类比设计。以初期支护的设计荷载来说，是否考虑全部覆盖层土重，就存在两种意见：一种意见认为，初期支护是临时结构，只是在施工中短期工作，不必考虑承受全部覆盖层荷载；另一种意见认为，在城区软土地层中开挖浅埋隧道产生的地层变形一开始就必须得到有效控制，对近地表浅埋隧道来说容许形成拱效应之后再来控制地层变形的概念是不能采纳的。事实上，在城市软土地层中，开挖近地表浅埋隧道，采取多种措施有效遏制地层变形是第一要务。而在开挖之后及时建立强劲的初期支护，作为施工期间可靠的承载结构，是其中重要的措施之一。

与之相应认为初期支护是临时结构，便可以降低其强度标准的做法也是一种轻视安全的冒险行为。在修复过程中，基于对随时间变化的地层荷载进行分析的基础上，修正了原设计将初期支护混凝土喷层厚度增加了20%。

此外，初期支护闭合成环对隧道稳定具有重要意义。初期支护虚假的“闭合”将带来严重隐患，施工中必须保证初期支护的接头质量。

2. 修建由多个隧道组成的车站综合体，不可避免产生相互影响和相互作用。地层经过多次开挖扰动，将产生应力重分布，改变应力应变状态。已施工的隧道支护荷载的大小和分布，也会受后续隧道施工而发生变化。施工程序的制定需要从全局安全出发，利用时间和空间效应，或采取预防措施，来避免或减轻不利因素叠加的影响，以达到趋利避害的目的。

CTA 车站原施工程序的安排存在明显缺点，可以尝试将其施工程序作如下调整：

(1) 在两侧盾构隧道（直径5.7m）完成后，接着扩挖成两个跨径为8.7m的站台隧道（两隧道工作面保持前后适当距离）。在初期支护完成后执行两项任务：从两侧隧道向中央隧道方向注浆加固地层（此时中央隧道尚未开挖），完成两侧站台隧道的永久衬砌。

(2) 在两侧站台隧道得到永久衬砌加固后，再开挖中央站厅隧道，完成初期支护，打通旁洞并完成永久衬砌。

上述施工程序的优势在于：

①一前一后地扩挖两侧隧道，可以避免同时对同一地段土层扰动影响的叠加。

②先开挖两侧隧道，而后开挖中央隧道，使中央隧道的施工得以在中央隧道地层经过注浆加固，并在两侧隧道获得永久衬砌巩固后进行。整顿后恢复施工的 T4 车站和伦敦桥车站就是采用先旁侧、后中央的工序进行施工。

③对施工企业来说应具备施工监控量测系统和手段，并能够利用测得的数据解释施工中发生的重要现象，用以指导和改进施工，并对不安全的现象作出判断和预警。

CTA 车站测到了中央隧道初期支护变形不收敛的数据，但未能见微知著，预见发展趋势，发现事故苗头。这种变形早在事故前一个月，甚至数个月即已发生，有足够的时间采取补救措施，至少可以停止旁侧隧道的开挖，研究解决问题。

思考题

1. 阅读相关文献，明确隧道工程中风险的基本概念，总结事故中的风险因素，并探讨如何将风险管理引入隧道施工中。

2. 搜集资料，总结在工程实践中如何采取措施减少相邻隧道施工的相互影响。

§3.4 靠椅山隧道塌方事故

3.4.1 基本案情

京珠高速公路进入广东粤北山区需跨越南岭山脉，该地区地质条件复杂，岩性多变，降雨量大，地表水和地下水均非常丰富。高速公路在该山岭重丘区布设需建多座隧道。据相关统计从韶关小塘至花都太和长约 300km，共设隧道 13 座，靠椅山隧道是其中最长的一座。

靠椅山隧道地处广东省翁源县境内。隧道通过地段处于南岭中段中低山区，属华南褶皱带的侵蚀或风化剥蚀地貌，山形陡峭，地面自然坡度为 30°～60°，水系发育，年均降雨量 1 537.4mm。隧道地表为松散土层，以坡积粘土含碎石粘土层为主，局部有残积风化石灰岩、石英砂岩，土体粘性差，结构不均匀，透水性能好。基底为厚层石灰岩，石质较硬，由于长期受风化及剥蚀作用，隧道北端地面形成一个大型落水漏斗状山间盆地，具有明显的剥蚀地貌。隧道进口段为一沿山间小溪分布的岩溶盆地，盆地内发育一系列隐伏的溶沟、溶洞，地层为石碳统大塘阶石磴子组及测水组炭岩、炭质灰岩、炭质页岩、砂岩夹煤层，第四系残坡积、冲洪积物。在地质构造方面，隧道位于北江大断裂东侧的影响带。区内断裂带发育，且有多次岩石断裂险象发生，分布隧道进口端和中部北段。因此，隧道进口端首当其冲在进洞时遇到不少困难，进度缓慢；到中部又遇大塌方，以致停工达数月之久。

隧道设计为分离式双向 6 车道，分左、右线穿越靠椅山，左洞长2 981m，右洞长2 949m。该隧道按新奥法原理设计，采用单心圆曲墙式复合衬砌，最大开挖跨度 17.04m，最大开挖高度 12.24m，最大开挖断面面积 165.45m^2，埋深一般为 100～200m，最大埋深 450m，是京珠高速公路粤境控制工程。隧道采用“初期支护加二次衬砌”的复合式衬砌。初期支护为：长 4.0m 的 ϕ25 钢筋锚杆，锚杆间距纵向 75cm，环向 150cm，呈梅花型布置，双层 25cm×25cm 的 ϕ8 钢筋网，I20b 钢拱架支护，沿隧道纵向每 75cm 设 1 榀，喷射 27cm 厚的 C20 混凝土。二次衬砌为 50cm 厚的 C20 钢筋防水混凝土。

3.4.2 隧道塌方经过

靠椅山隧道进口段为浅埋，最小覆盖层仅 7.9m，采用长管棚辅助进洞。1997 年 5 月 1 日施工人员从进口端进入洞内施工，前期由于地质复杂多变，设计变更、施工方案变更频繁，进展缓慢。1999年9月6日隧道右线进口YK145+014~+028段初期支护发生脆性破坏引起大塌方，约20 000 m^3泥流涌入隧道内，在隧道内形成长达188m的塌体，地表YK145+020处形成一个长约70m、宽50m、深20m的陷穴，塌陷口呈漏斗状，塌陷坑较陡直，如图3.4.1所示。塌方向进口端推移了60余米、向出口端推移了100余米，其中有60余米全为塌方体阻塞，隧道被迫停工。陷穴内充填物以灰岩、砂质灰岩风化而成的亚粘土为主，含少量强风化灰岩块，土体结构多具有不均匀性，含水量达40%以上，软塑状，抗剪强度低。事故发生时，工程人员正在进行夜间施工，有22名施工人员被困。

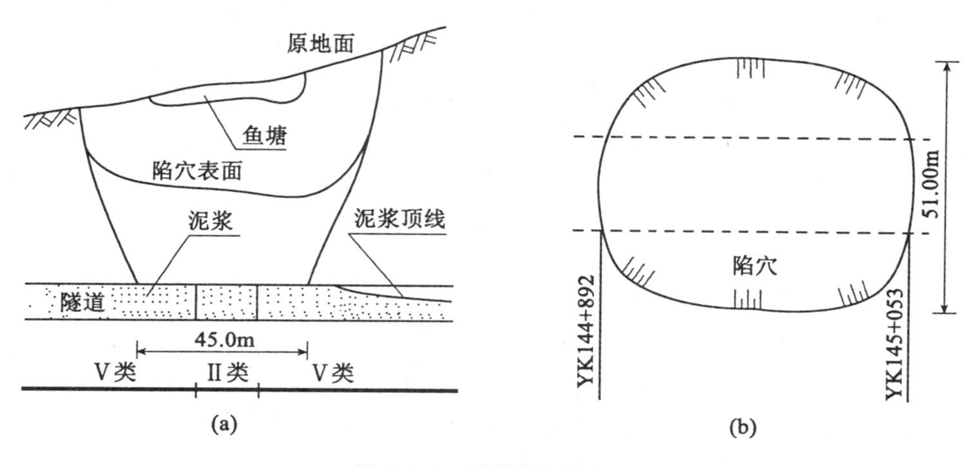

图3.4.1 隧道塌方形态

3.4.3 塌方原因分析

1. 从地质因素出发进行分析，塌方段位于张性断裂构造带之上，属Ⅱ类围岩，自稳能力极差，为不良地质地段；加之塌方段正上方地表有一鱼塘，塌方前持续降雨，大量地表水汇集渗漏到横跨隧道的断层破碎带内，破坏了原有土体的力学性能，软塑状土处于饱和状态形成流塑状，自稳能力急剧下降，实际上已变成极软弱的Ⅰ类围岩。隧道塌方处拱顶埋深70余米，巨大的压力使得隧道初期支护无法承受，导致破坏，这是隧道产生塌方的直接原因。

2. 陈建军等对隧道塌方段支护结构进行了验算，验算结果表明：

（1）初期支护在Ⅱ类围岩设计规范荷载作用下，除隧道拱脚应力集中处外，无论是混凝土应力还是钢材应力都比较小。但在Ⅰ类围岩设计规范荷载作用下，除隧道拱脚应力集中处出现混凝土应力和钢材应力超值外，在隧道拱圈其他部位也多处出现了应力超值现象，说明初期支护在Ⅰ类围岩情况下，其强度不足。无论是按Ⅰ类围岩还是Ⅱ类围岩考虑，如果荷载为67m土柱（即隧道上方的塌方地层总高度），初期支护的强度和刚度都不能满足相关要求。

（2）初期支护加二次衬砌（即复合式衬砌）在Ⅱ类围岩设计规范荷载作用下，除隧道拱脚应力集中区域外，无论是混凝土应力还是钢筋应力都能满足强度要求。在Ⅰ类围岩设计规范荷载作用下，除隧道拱脚应力集中处出现混凝土应力和钢筋应力超值外，在隧道拱圈其他部位也多处出现应力超值现象，说明复合衬砌在Ⅰ类围岩情况下不能满足强度要求。无论是按Ⅰ类围岩还是Ⅱ类围岩考虑，如果荷载为67m 土柱（即隧道上方的塌方地层总高度），复合衬砌的刚度和强度均不满足相关要求。

3. 地下水与地表水发育，隧道开挖时亚粘土夹层中含有一定的毛细水渗入隧道，塌方前连降暴雨，加上开挖扰动，使水的入渗量加大，加剧了塌方的形成。

4. 等待初期支护稳定时间过长，二次衬砌没有跟上。

3.4.4 塌方处理方案

根据推算塌方的中心位置在 YK145 +020，塌方后拱顶仍有约 50m 高的土柱，且上部约有 $350m^2$ 的大坑，坑壁不稳定，坑内还有积水下渗。若单纯在洞内采取一些措施，继续掘进，均难以稳定坑内塌方体，反而会继续下塌，极不安全，其后果将更为严重。考虑到塌方的上述特点，经研究确定地表采用深孔注浆加固方案，洞内选用双侧壁导坑法辅以辅助施工措施通过塌方段的处理方案。同时对该段的初期支护、二次衬砌作加强处理。方案的主要内容为：

为注浆施工安全起见，首先采取挂网喷锚加固坑壁，以稳定坑的四周土体，同时加强坑的上、下排水以切断并排除坑中水流，减小土中含水量。注浆前在整平填实部分陷坑基底后，浇筑 20cm 厚的水泥混凝土板，遮盖坑口，并给深层处理提供一个工作场地。在此基础上采用深孔双液注浆加固塌方体，使其力学强度增高，以减小土体对衬砌支护的压力，从而保证洞内继续施工的顺利与安全。此外，还在洞内塌方体的末端底部，设置砂包给予反压，以防土体向外滑移。

靠椅山塌方注浆工作于 1999 年 9 月 28 日开始施工，至 2000 年元月初结束。从注浆效果看非常成功，首先这项措施改善了塌方体的物理力学性质，隧道恢复施工后，工程进展顺利，确保了施工安全。塌方体于 2000 年 2 月 21 日全部通过，未再辅以超前支护等措施。其次是有效地阻止了地下水的渗透，使施工在无水条件下进行。整个右线于 2000 年 4 月 18 日贯通。

3.4.5 经验教训

1. 不良地质条件是隧道塌方的主要原因之一，隧道穿越不良地质地段时应根据具体情况施加辅助措施，及时支护，严格施工程序和方法，确保施工质量，才能保证隧道围岩稳定。

2. 水的赋存状态和运动对隧道围岩稳定具有重要的意义，一方面水所产生的静水压力会增加作用在衬砌上的压力，另一方面水与围岩相互作用，改变围岩物理化学状态，降低围岩强度，影响围岩稳定。隧道施工中水的作用不可忽视，必须采用注浆堵水和强预支护的方法穿越有水活动的地层扰动带。

思考题

1. 隧道施工中监控量测具有重要意义，阅读相关文献，总结现有的监控量测判断标准，分析各自的优缺点。

2. 水是影响隧道稳定性的重要因素，如何在设计中合理考虑水的荷载及作用，施工中应采取哪些措施减少水的危害?

§3.5　猫山隧道塌方事故

3.5.1　猫山隧道工程简介

猫山隧道位于广东省新会市崖南镇潭江入海口——崖门口，紧连崖门大桥西桥头，是广东省西部沿海高速公路新会段的重要构筑物。隧道按高速公路平原微丘区标准设计，双洞四车道，双跨连拱结构，两洞轴线间距 13m，单洞长 411m，净空面积 68.3m^2。

隧道所处地段为花岗岩体，第四系花岗岩坡积、残积碎块石砂、砾质粘土层，分布于表层，覆盖厚度为 0.8m；基岩为细、中、粗粒花岗岩，岩体节理裂隙发育。山体表层风化严重，多呈强风化状态，手捏即成砂土，其厚度为 8m 左右。隧道横穿于小型分水岭，西洞口位于冲沟内，坡面植被茂密、草木丛生。

结构设计：采用复合式衬砌结构，初期支护以喷锚钢筋网为主要支护手段。Ⅱ、Ⅲ类围岩段采用格栅钢架作为加强措施，二次衬砌采用 C25 钢筋混凝土，厚度为 60cm，设仰拱。Ⅳ、Ⅴ类围岩二次衬砌采用素混凝土。

3.5.2　隧道塌方经过

1999 年 6 月 20 日下午 6 时左右，猫山隧道西口右洞 K7 +208 处顶部，在正常爆破后，开挖轮廓线的右拱出现一环向 2m、纵向 1m、深约 5m 的小塌洞。为防止塌洞进一步扩大，施工人员于当晚采取打设锚杆、挂网喷射混凝土等措施进行加固处理。21 日进行钻爆作业时，加密了炮孔布置，减少了爆破装药量后，塌洞继续扩大，形成环向 4m、纵向 5m、深约 6.5m 的塌洞。22 日晚在围岩裂隙水的作用下，将做好的初期支护全部压塌。

至 1999 年 7 月 6 日下午，因数日连降暴雨，右洞原小塌方上部岩体受地下水的冲洗，粘聚力和岩体摩擦系数急剧减小，造成岩体下滑，并将安设的格栅钢架和防护木架全部压垮，致使塌洞扩大成环向 5m、纵向 6 m、深约 8.5m 的大型塌方。1999 年 7 月 9 日晚 8 时左右，又降暴雨，原小塌方处相对应的地表覆盖层全部向下坠落，形成漏斗状的通天塌方。陷穴形状接近椭圆形，上口长直径 10.2m，短直径 9.7m，下口长直径 9m，短直径 3.5m，洞内堆积塌落体约 720m^3，地表塌落深度约 10m。施工塌方处理耗时 2 个多月，耗资 100 多万元。

猫山隧道监控量测中采用变形速率比值判别法判别围岩的稳定性，即根据初期支护全部施作后的围岩变形速率与变形速率初测值的比值是否大于相应的阈值来判断围岩的稳定性。事故段在塌方前后的详细量测资料如表 3.5.1 所示。

1999 年 6 月 18 日，在 K7 +210 断面处设置量测断面（埋深 17m)。6 月 20 日上午 11 时在开挖掘进至 K7 +208m 时，量测断面处水平收敛最大变形速率为 20.84mm/d，以此作为变形速率比值初测值，量测人员发出第一次险情预报；6 月 24 日在拱顶两侧 45°范围内加强初期支护后，变形速率比值为 28.4%，判断变形速率已显著减小，围岩支护系统可能趋于稳定。由于修正后的初期支护没有获得相关方面的认可和支持，施工单位仍然按预设计初期支护的参数进行施工。至 6 月 30 日水平收敛速率达 23.55mm/d，变形速率比值为113%，量测人员发出第二次险情预报。施工单位一面向上级管理方汇报，一面继续施工。7月2日上午10时再次量测时，变形速率比值为187%，量测人员迅速发出第三次险情预报，但未引起相关方面的足够重视。7月2日以后，连降大雨，7月8日上午10时量测时，变形速率比值为330.1%，量测人员发出第四次险情预报。8日下午15时再次进行量测，水平收敛累计收敛值达507.43mm，收敛速率为75.89mm/d，变形速率比值为844%，量测人员发出第五次紧急险情预报。现场工程师要求迅速将人员、机械设备撤出洞外，并将现场情况向管理方作紧急汇报。8日晚20时，量测人员进行了最后一次量测，累计收敛值达570.08mm，收敛速率迅速增大至300.72mm/d，变形速率比值为1443%，并发出最后一次险情预报。此时，天连降暴雨已达10小时之久，9日晚20时左右，隧道发生了塌方冒顶。

表3.5.1 K7+210处量测资料

时间			变形增量/（mm）	变形速率/（mm/d）	累计收敛值/（mm）	收敛速率比值/（%）	备注
月	日	时					
6	18	10	0		0		
	19	11	6.7	6.43	6.7		
	20	11	20.84	20.84	27.54	100	第一次险情预报
	24	15	24.66	5.92	52.2	28.4	
	26	15	12.62	6.31	64.82	30.3	
	28	15	27.18	13.59	92	65.2	
	30	10	42.19	23.55	134.19	113	第二次险情预报
7	2	10	77.94	38.97	212.13	187	第三次险情预报
	3	10	29.38	29.38	241.51	141	
	4	10	25.55	25.55	267.06	122.6	
	6	10	66.14	33.07	333.21	158.7	
	8	10	137.58	68.79	470.79	330.1	第四次险情预报
	8	15	36.64	175.89	507.43	844	第五次险情预报
	8	20	62.65	300.72	570.08	1443	最后一次险情预报

3.5.3 隧道塌方处置

1999年7月12日，项目相关人员参加讨论猫山隧道塌方处理方案，决定采用下穿方案。经过近一个月的施工，安全穿过了塌方段。实施步骤如下：

1. 在塌方通天位置地表周围砌筑截水沟，将地表水流截入沟中，排出塌方体之外，以免地表径流注入塌方体使塌方扩大。并在塌方口做一个临时罩子（可用塑料布做）罩住塌方口，减少雨水落入塌方体。

2. 加固未塌地段，以防止塌方范围扩大，并为清理塌方作准备。

3. 在塌方体内沿隧道上半断面开挖周边、平行于隧道走向插打短管棚，管棚采用无缝空心钢管，周壁有孔眼，以便注浆时向塌方体放射浆液。

4. 架立格栅钢架或钢轨拱架。

5. 向塌方体内埋设注浆管并注浆。因短管棚注浆范围有限，浆液到达不了塌方体内部，塌方体未能固结和稳定，在下穿的过程中，相继埋设了 10 根无缝钢管，管壁有孔，浆液通过孔眼向塌方体内渗透，达到固结和稳定的目的。

6. 施作锚杆、挂网，喷射初支混凝土，并在初支混凝土上预留泄水孔，便于塌方体内的地下水从管中排走。

7. 处理地表塌洞，加设环向透水软管。

8. 穿越塌洞之后，设置加强段，以防塌洞向前扩大。加强段按Ⅱ类围岩的初期支护和二次衬砌设计文件施工。

3.5.4　隧道塌方原因分析

猫山隧道通天塌方是在多种因素的综合作用下造成的，既与岩体本身的强度、结构构造和水的作用有关，又与人为因素有关。

1. 从地质因素方面分析，在隧道西口的左洞洞壁上原来就有一条宽约 4m 的断层斜穿两条隧道，断层延伸至 K7 + 215 时，与一条宽约 1m 的环形破碎带交汇。右洞 K7 + 208 至 K7 + 200 段的垂直方向上，在标高 3lm 至 65m 的范围内，由于受到长期潜水作用的浸蚀而形成的软弱带岩体与上述断层的破碎带交汇，从而造成该段的地质条件极其恶劣，围岩的稳定性极差。在上述三相软弱岩体的交汇处进行开挖，使得软弱岩体失去承载能力，岩体内部的粘聚力和破碎岩体之间的摩擦系数又极小，软弱岩体在无支撑力的情况下势必出现坠落而形成小塌方。

2. 塌洞形成后，洞顶未坠落的软弱岩体在爆破外力作用的扰动下，出现第三次塌落，致使塌洞扩大加高。直至 7 月 9 日 20 时左右，因连降暴雨，本已不稳定的软弱岩体碎石间粘土被冲刷干净，其粘聚力完全丧失，最终上部覆盖层全部下坠，形成高约 23m 的通天塌方。

3.5.5　经验教训

1. 不良地质是造成隧道塌方的主要原因之一。一般隧道地质勘查依靠仅有的几个地质钻孔很难明确岩体的岩性，裂隙节理的发育程度，岩石的类型也很难判断清楚。猫山隧道地质勘探提供的资料全为 IV 类以上的围岩，隧道通过路段不存在构造断裂；而实际开挖的岩体Ⅱ、Ⅲ类围岩却占约 60%，而且存在一条与隧道轴向近于垂直相交的环向破碎带和一条与隧道轴向斜交的大断层。正是由于这条大断层与一条环向破碎带相交，致使此处围岩极端破碎和软弱，造成隧道的开挖支护均极其困难，加上预见性不足，从而造成塌方。

2. 在隧道施工中，必须加强围岩的观察，以尽可能多地掌握地质情况。遇有不良地质地段，应根据应急预案，采取相应辅助措施保证隧道围岩稳定。

3. 在隧道施工中，水的作用不可忽视。对于风化严重，堆积碎块多，节理裂隙发育的岩层，地表水会沿结构面向岩层渗透。岩体和软弱结构面由于长期被水浸泡而产生蚀变成为强度极低的塑性岩土。一旦在这类岩土上开挖，由于该岩土的粘聚力几乎为零，承载能力完全丧失，没有应急措施，隧道必然坍塌。隧道施工中，遇到类似地段，必须提前做好防水和防止塌方的准备，对水进行引导疏排，并加固岩体。同时进行强化支护，以保证隧道顺利穿过。

4. 隧道施工中监控量测工作十分重要。猫山隧道塌方前，监测人员根据量测的数据作出险情预报，提前拆除了设备，免受了更大损失。

5. 目前隧道多采用新奥法施工，施工过程中应根据新奥法的基本原则，结合工程具体情况，使用正确的施工工艺。如在破碎软弱岩体内施工时，必须严格控制爆破药量，减小开挖断面，强化超前支护等。

6. 隧道出现塌方必须立即采取措施控制塌方规模。塌洞处理方案必须根据塌方的规模、部位、具体状况而定。

思考题

不良地质是造成隧道塌方的主要原因之一，阅读相关文献，总结优化钻孔布置的方式以在地质勘查过程中更多的揭示地质信息，探讨隧道施工中如何采取措施以及早发现不良地质情况，避免隧道塌方事故的发生。

第 4 章　水利工程事故案例

§4.1　长江口深水航道治理二期工程中的事故

4.1.1　事故回放

2002 年 10 月长江口深水航道治理二期工程开工，北导堤试验段采用的是半圆形沉箱钢筋混凝土结构，单个重达 200～500t。

2002 年 12 月 5～8 日在第一次寒流大潮风浪作用下，NB 标段 16 个沉箱发生 1～4m 突降，14 号平移最大，达到 60m；1～5 号沉降达 1.0m。随后，这段导堤进一步破坏，如图 4.1.1 所示。

图 4.1.1　N40 +860～N41 +180 堤段的破坏情况

4.1.2　工程概况

长江口深水航道治理工程是为了解决长江口的拦门沙，加大航道水深，从而使上海港的吞吐能力大幅度提高。如图 4.1.2 所示。其中二期工程的目标是使航道在低潮位时的水深达到 10m，其投资为 63.37 亿元。其中导堤是关键工程，南港的北导堤设计在一期工程中建造 30km，二期工程中建造 21.31km。

半圆形沉井被封闭后浮运就位，内部填砂灌水下沉。由于地基土是新近沉积的淤泥土，其强度和承载力很低，沉井导堤的自重不能过大；而为了在波浪中保持稳定，其自重也不宜过小。其基础布置是：在铺设的土工织物护底上纵向布置砂肋软体排，软体排为土工织物袋内充灌砂土，软体排上部抛填块石，半圆形沉井下部和两侧为抛填块石。如图

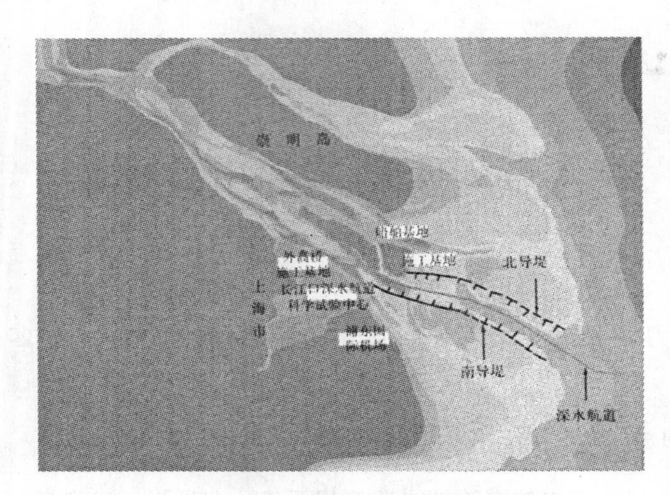

图 4.1.2　长江深水航道工程示意图

4.1.3、图 4.1.4 所示。结果在其建成大约两个月，一场较大的寒流风浪大潮使导堤被冲毁。

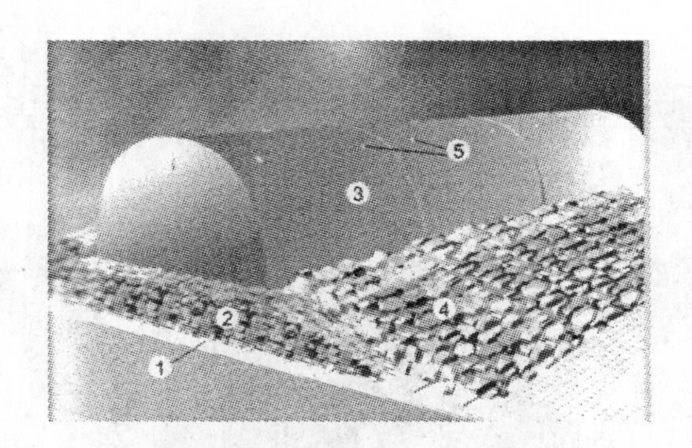

图 4.1.3　半圆形导堤的地基基础设计

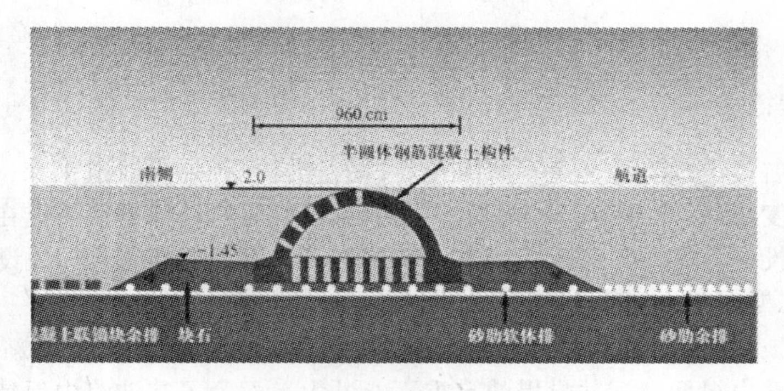

图 4.1.4　南导堤半圆体结构示意图

4.1.3　事故分析

该导堤发生的数米的突降和数十米的平移是由于地基土的破坏而失稳。在反复的大波浪荷载作用下，海相沉积的地基淤泥土的结构性受到破坏，承载能力急剧下降，导致基础和结构失稳。

从图 4.1.5 可以看出，在大潮之前，导堤的沉降基本是固结沉降，并且逐渐趋于稳定。而 12 月初的寒流大潮的大风浪（浪高达 3m 以上）引起了突降失稳。

事后对地基淤泥土采取原状土样进行动三轴试验，模拟波浪作用，振前原状土样的不排水强度 $c_u = 14.7$kPa，经数千次动三轴循环荷载以后，不排水强度变成 $c_u = 5.32$kPa，减少近$\frac{2}{3}$。无疑，正是较大波浪的循环荷载破坏了土的结构，降低了其强度和承载力。

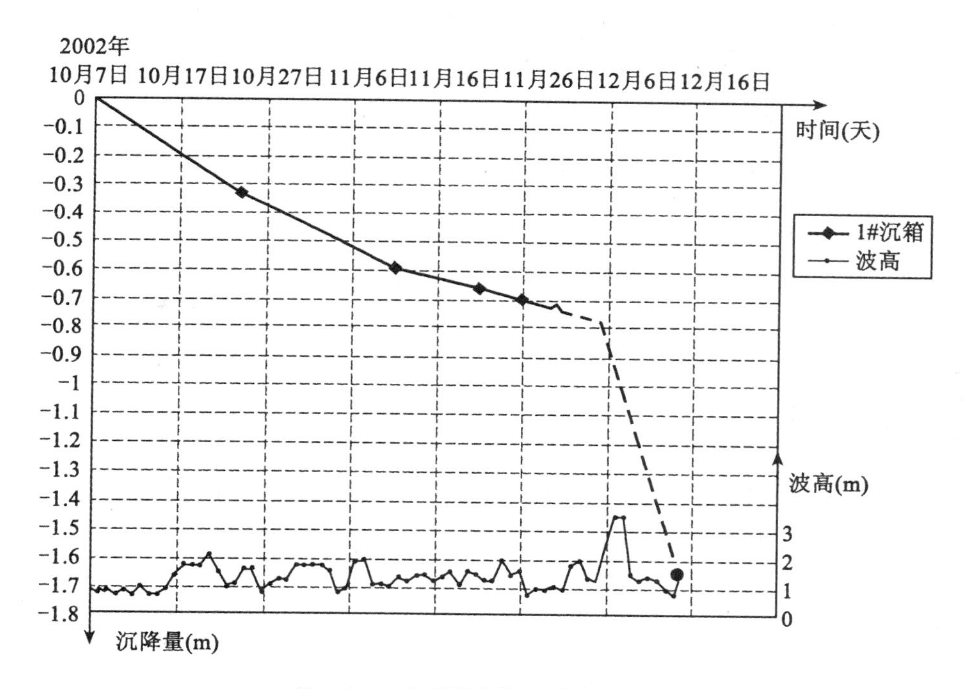

图 4.1.5　沉箱的沉降与波高的关系

图 4.1.6 表示的是美国对旧金山海滨饱和淤泥土的三轴试验结果。首先，采取原状土样，模拟原位应力在三轴仪的压力室中施加 80kPa 的围压，但是关闭排水阀门，不进行固结。然后对这种原状土样进行两组不排水试验，应力应变曲线见图 4.1.6（a），可见 $c_u \approx \frac{(\sigma_1 - \sigma_3)_f}{2} = 33$kPa。超静孔隙水压力在试验过程中逐步提高，最后达到 60kPa 左右，有效围压 $\sigma_3' = 20$kPa，见图 4.1.6（b），有效应力路径见图 4.1.6（c）。

试验后，将两个土样在橡皮膜中扰动重塑，再重复以上的试验。从图 4.1.6（b）可见，重塑后再施加 80kPa 的围压，超静孔隙水压力接近于 80kPa，有效围压分别为 $\sigma_3' =$ 0.5kPa、1.7kPa，不排水强度 c_u 只有 15 ~ 20kPa。可见这种海相沉积淤泥土扰动以后由于结构性破坏，超静孔隙水压力提高，不排水强度将损失殆尽。

后来该工程在地基淤泥土中采用塑料排水板固结排水，提高了土的固结度和固结速度，使工程按计划完成。

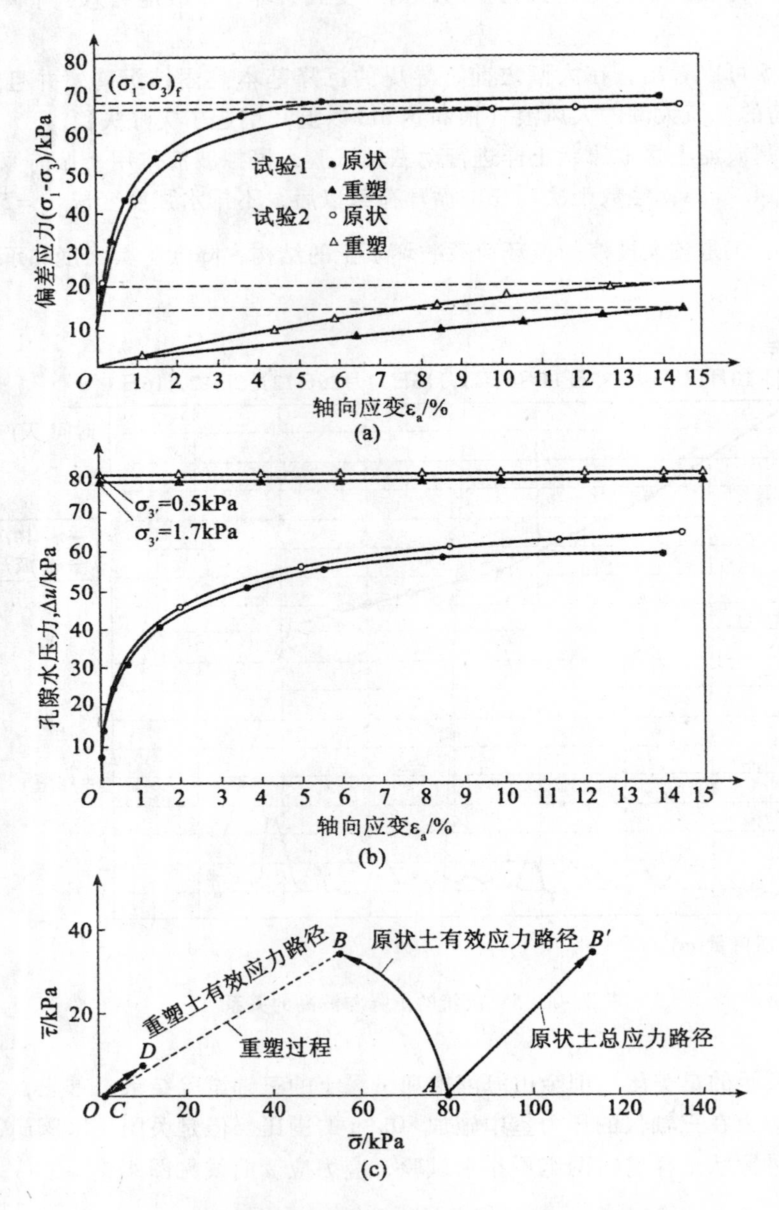

图 4.1.6 旧金山海滨淤泥土的两种不排水三轴试验

4.1.4 经验和教训

原状的软粘土，特别是海相沉积软粘土，具有很强的结构性。所以尽管其饱和含水量和孔隙比很高，但是仍然会有相当的强度和承载力。但是一旦其结构被破坏，强度急剧下降，亦即灵敏度很高，可能会引发严重的工程事故。所以在这种地区的工程设计和施工都要十分注意这一点。

§4.2 弟顿坝的溃决事故

4.2.1 事故回放

“几十米高的巨大水墙呼啸着扑面而来”，这并不是海啸时的情景，是美国弟顿坝（Teton Dam）失事时人们对现场的描述。

1976年6月5日位于美国西北部的爱达荷州（Idaho State）还处于晚春时节。3亿多方春水被蓄进弟顿水库。该水库建在爱达荷州的弗里蒙特县（Fremont County）境内，水库工程刚刚建成一年，一些工人和机械还没有撤走。早上7点半时有人在高93m大坝的下游局部发现有浑水渗漏，形成泥泞，但现场技术人员不认为有什么危险；9点半在右坝肩附近的坝体下游面渗漏水流带出坝体土料，呈现明显的湿亮点，危险的坝体渗漏已经是不争的事实。这时施工人员调来4台推土机在右坝肩向渗漏逸出点推土封堵，结果当然是毫无效果。随后当地媒体闻讯赶来，电台、电视台的记者在现场直播。10点30分，调度员向弗里蒙特县和麦迪逊县（Madison County）警察局报警，发出警报，组织下游可能淹没地区居民疏散。这时在右岸坝肩处还在拼命推土的两台推土机陷入塌陷的河岸，人们用绳索拴在两名推土机驾驶员的腰上，将他们拖出推土机，没有使他们成为第一批牺牲者。11点右岸坝面出现多处漩涡，随后右岸大约$\frac{1}{3}$的坝体被冲溃，巨大的水墙扑面而来，冲向下游峡谷。一时间泥沙俱下，冲毁一切障碍，扑向下游的土地与居民——弟顿大坝溃决了。洪水流经Rexburg，Wilfort，Sugar，Salem和Hibbard这些市镇，其中Wilfort镇完全被冲毁。到傍晚，3亿多方库水完全泄空。据相关统计，约2.5万人和60万亩土地受灾；32km铁路被毁；总经济损失高达20亿美元，美国联邦政府支付了超过3亿美元的索赔。有11人和13 000头牲畜死亡。美国联邦垦务局建立75年来，遇到了他们所负责的最惨烈的工程事故，接到了5 000起以上的索赔诉讼。归因于工程事故的死亡人员中，94岁的玛丽琼斯6月6日死于医院，还有两位老者在此期间死于心脏病；还有两人是死于自己的枪击。6月6日福特总统宣布宾厄姆、巴纳维亚、弗里蒙特、麦迪逊、杰斐逊县为联邦灾区。

图4.2.1显示了1976年6月5日上午大坝溃决的全过程，这要归功于媒体的及时到场，积累了大量的、直观的、有价值的失事现场的照片和录像：

（a）建成蓄水的弟顿大坝；

（b）10:30左右，右岸下游坝面有水渗出并带出泥土（可见右坝肩的三孔弧形闸门溢洪道）；

（c）11:00左右，渗漏洞口不断扩大并向坝顶靠近，挟带大量坝体土料的泥水流量增加；

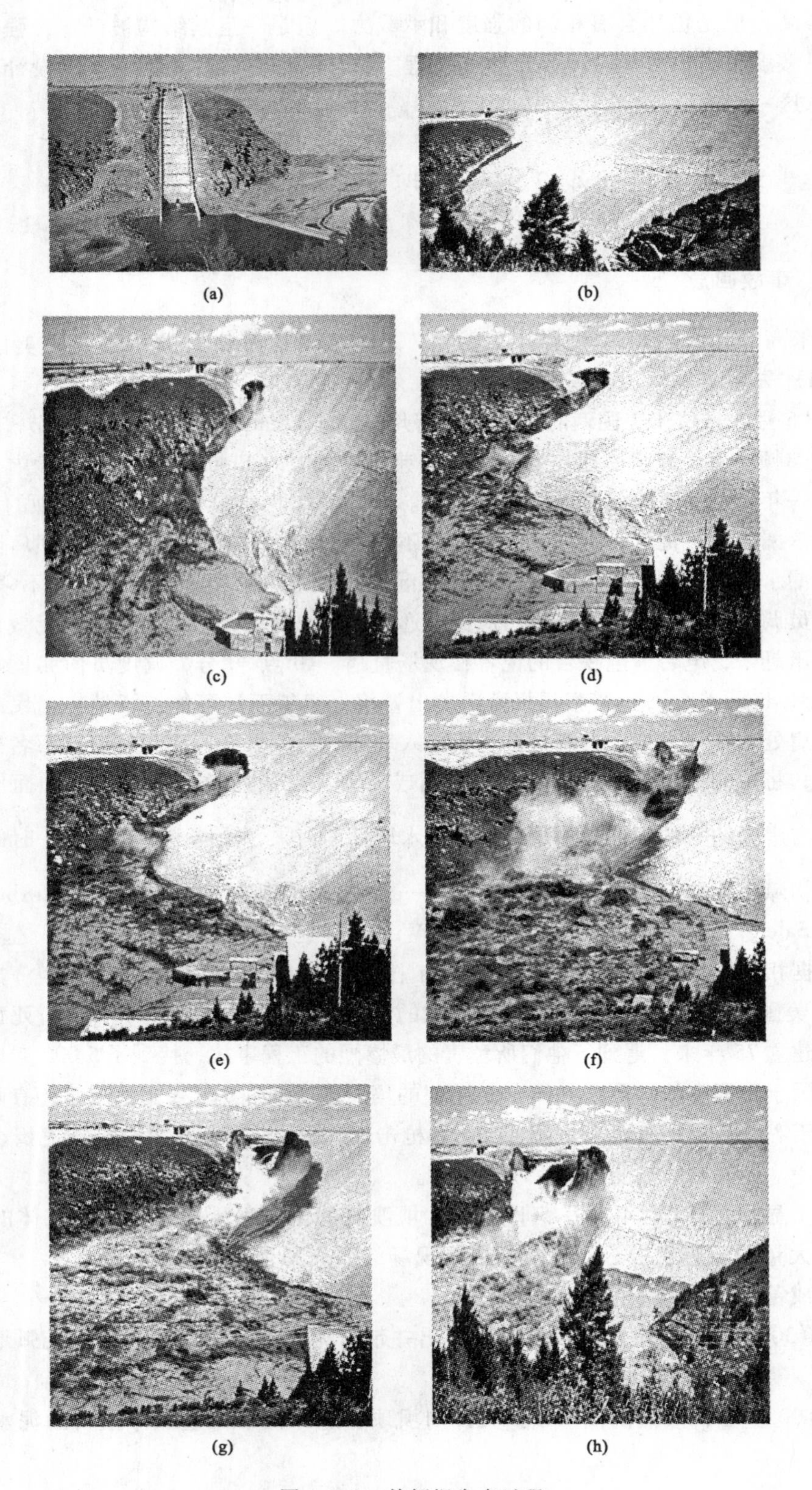

(a) (b) (c) (d) (e) (f) (g) (h)

图 4.2.1 弟顿坝失事过程

(d) 11:30，漏水洞口继续向上扩大，泥水冲蚀了坝基，主洞的上方又出现一渗水洞。流出的泥水开始冲击坝址处的设施；

(e) 11:50 左右，洞口扩大加速，泥水对坝基的冲蚀更加剧烈；

(f) 11:57，坝顶坍塌，泥水狂泻而下；

(g) 12:00，坍塌口加宽；

(h) 12:00 过后，洪水扫过下游谷底，附近所有设施被彻底摧毁。

图 4.2.2 为失事后的大坝残体，右岸大坝被冲毁总坝体体积的$\frac{1}{3}$以上，事故调查组组织了左岸的开挖，以检查土料碾压施工质量和防渗设施的功效发挥情况。

图 4.2.2　灾后现场状况

4.2.2　工程概况

弟顿水库建在爱达荷州的弗里蒙特县境内，是一个设计库容近 4 亿多立方米的大型水库。工程主要用于灌溉，服务于弗里蒙特—麦迪逊灌区，规划灌溉农田 6 万 ~ 7 万亩，也有发电和供水的效益。枢纽工程包括分区填筑的土坝，最大坝高 93m；3 孔的溢洪道位于右坝肩；左岸有一条隧洞，电厂和抽水站位于左坝肩，电厂装备了两台 1 万 kW 的发电机组。

大坝实际上是一个厚心墙土坝。最大坝高 93m，坝顶轴线全长 950m，上游坡为 1:2.5，下游坡为 1:2.0，最大坝宽约 520m。土坝与基岩间采用齿槽连接防渗，基岩中用灌浆帷幕防渗，如图 4.2.3 所示。

爱达荷东部原来是美洲土著民族部落的居留地，后来土著居民与白人移民经常发生冲突。水库的修建过程充满了曲折。早在 20 世纪 30 年代美国垦务局和陆军工程兵团就弟顿河流域进行了勘察规划，计划在较低的弟顿盆地筑坝，称为“弟顿盆地项目”；1969 年，美国垦务局进行了初步设计，并在现场进行了灌浆试验；但是当地环境保护组织发起抗议和诉讼，在 1970—1974 年期间，环保组织的诉讼被法院多次驳回，消除了该工程的障碍。1972 年开始开挖坝基和电站，标志着工程开工；1973 年开始截流和导流，备土料，开挖坝肩和齿槽；1975 年大坝开始填筑，1975 年 11 月基本完成；1976 年安装发电机组；

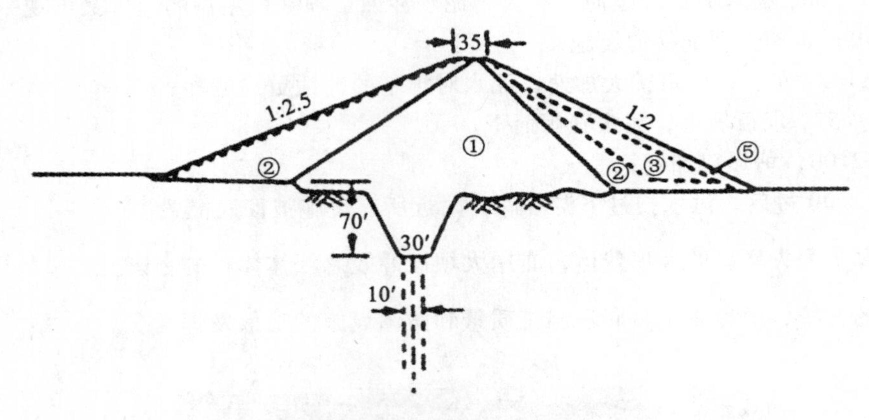

图 4.2.3 土坝的典型断面

1976 年 3 月大坝以每天 1 ~ 2 英尺的速度蓄水。1976 年 4 月溢洪道弧形闸门安装；1976 年 6 月 1 日水库已经蓄水 2.9 亿方；1976 年 6 月 5 日垮坝。所以说弟顿坝是在首次蓄水时就完全溃决了。

4.2.3 事故分析

弟顿水库溃坝事故发生以后，各方人士发表了各种各样的说法。在听证会上有人说是由于坝址选择错误，基岩透水性强，帷幕灌浆未能发挥作用；有人认为坝址地质年代较年轻，强活动性，有许多裂缝和断层，可能有地震活动。但是也有人反对这些说法：基岩渗透性强可能会损失一些水量，但不一定就会影响大坝的安全；另外在大坝附近的地震观测仪器没有发现有地震活动。

对于事故的调查和事故原因的分析主要由两个专家组完成：内部审查组（Interior Review Group）和独立委员会（Independent Panel）。其中内部审查组进行两个阶段的工作，第一次是在 1977 年，第二次是在 1980 年。第二次完成了最终报告。为了了解现场的真实情况，由于右岸已经冲毁无遗，内部审查组主持了左岸的勘察和现场开挖，发现了大量的设计施工问题，主要包括以下几个方面：

（1）灌浆帏幕：只设单层的帷幕是严重的设计缺陷，不能达到有效防渗的目的；在坝体与基岩表面结合处岩石的裂隙没有被灌浆处理；灌浆帷幕的盖板处发现有渗漏现象。

（2）大坝土方施工：防渗心墙的土料属于粉土类，有一定的分散性，抗冲蚀性差；有的局部坝料没有压实，反坡和坡度突变形成锯齿状的接缝；施工时采用一层干土盖在一层湿土上，在现场不可能使这两种土有效混合，土料压实不好。其结果可能会造成填筑坝体和心墙的不均匀沉降和开裂。

（3）截水齿槽：齿槽处基岩松散，有明显的裂缝但是浆没有灌进去；齿槽内填土质量不好，与齿槽填土与基岩壁结合间的结合缝成为渗漏的薄弱环节。

（4）没有设置任何观测设备，下游如果有孔隙水压力监测装置，会及时发现险情。

（5）初次蓄水速度过快，没有加以限制。

内部审查组认为是防渗灌浆帷幕不足和缺陷，齿槽内和齿槽与基岩间的结合薄弱导致齿槽中的渗漏、水力劈裂、管涌，渗漏的水流冲蚀齿槽和坝体防渗的 I 区、最后垮坝。如图 4.2.4 所示。

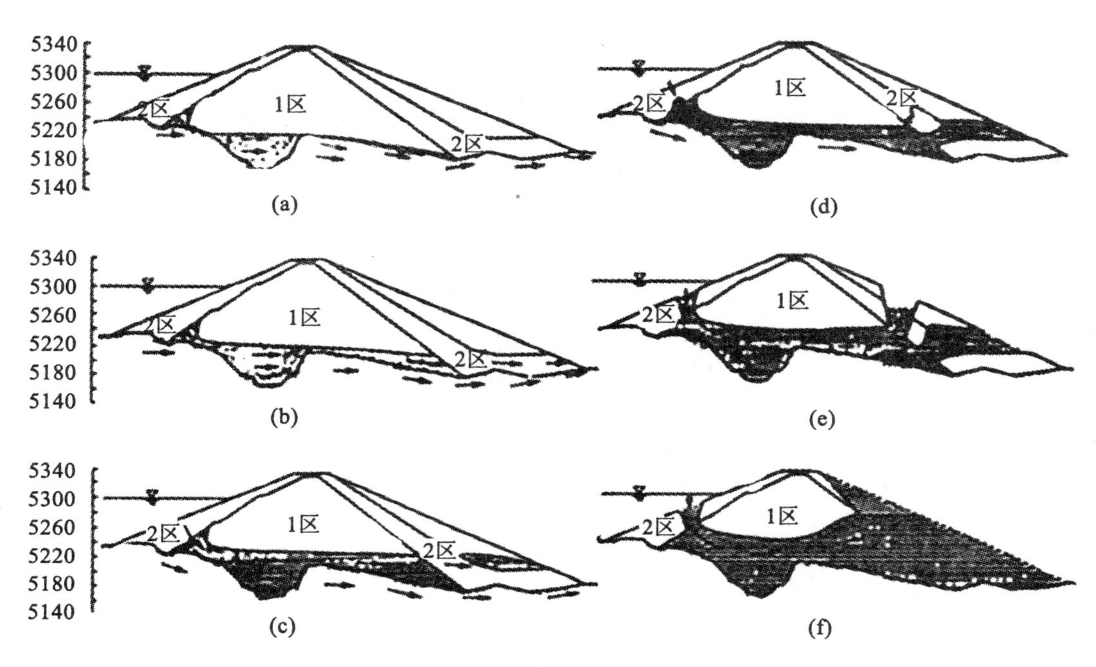

图 4.2.4　齿槽和坝体的冲蚀与大坝的溃决

关于渗透引起的具体的坝体破坏机理可能有两种情况。

破坏机理一：盖板下的渗漏引起接触冲刷，如图 4.2.5 所示。

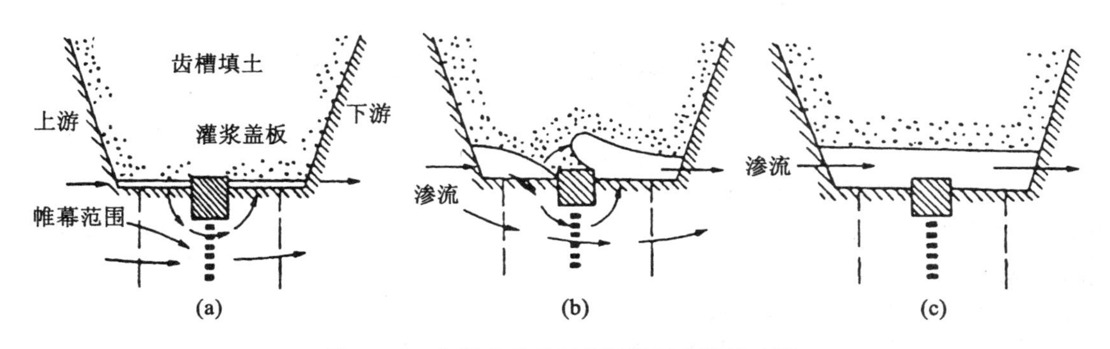

图 4.2.5　齿槽中盖板下的渗漏引起接触冲刷

（1）齿槽底面的灌浆帷幕盖板下有缝，形成上下游连通的渗漏通道；

（2）齿槽底部的填土在高水力坡降作用下被击穿和冲蚀；

（3）接触冲刷形成“管涌”短路，最后水流穿透心墙，进一步冲刷，造成溃坝，如图 4.2.4 所示。

破坏机理二：水力劈裂如图 4.2.6 所示。

由于弟顿坝的截水齿槽深达 20m，槽的侧壁坡为 60°～65°，槽内填土在百米高的坝体自重下会发生沉降，而两侧基岩壁不会沉降，在二者的结合处产生与竖向压力成比例的摩阻力，即发生拱效应。拱效应使槽内填土的竖向总应力 σ_z 减少，图 4.2.7 表示分析得到的坝体应力比，可见齿槽中竖向应力比急剧减小，在水库高水位蓄水时，槽内产生很高的孔隙水压力 u，根据有效应力原理

$$\sigma'_z = \sigma_z - u \tag{4.2.1}$$

有效竖向应力 σ_z' 相应减少，如果出现拉应力，并且大于土的抗拉强度时，土体就会产生水平裂缝，水从裂缝渗流、冲蚀导致溃坝（见图 4.2.4）。

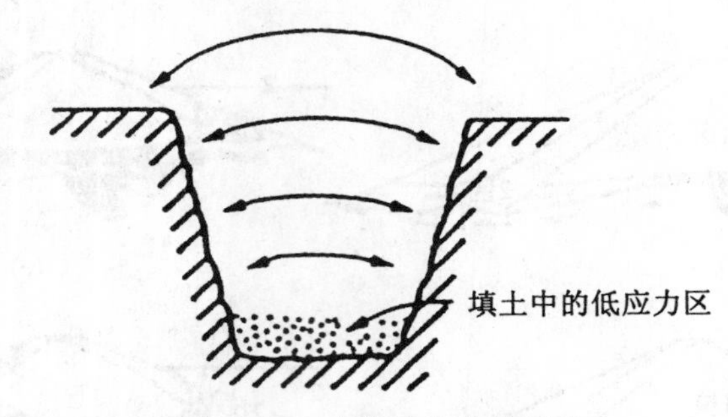

图 4.2.6 齿槽中水力劈裂示

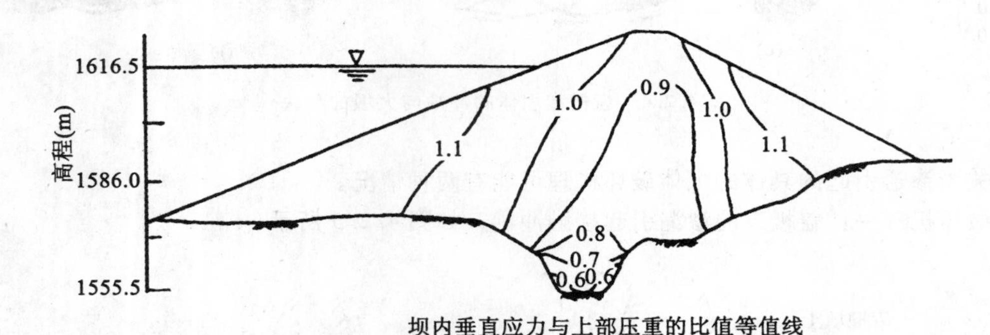

图 4.2.7 坝体中的竖向应力与上部自重之比

水力劈裂最早发现和应用于采油工业中，早在 1948 年 J. B. Clark 就指出了采油过程中的水力劈裂现象。图 4.2.8 为 1968 年对观测到的 Hyttejuvet 大坝的库水位与渗漏量间的关系，发现在某一库水位下（对于一定水压力），渗流量会突然增加，表明大坝防渗体出现裂缝，即水力劈裂；随着水位下降，裂缝闭合，渗漏量减少。

在弟顿坝之前，相关专家观测和分析了美国的几个发生了水力劈裂较小的土坝，但是都没有发生严重的事故。弟顿坝垮坝的惨重事故进一步引起了人们对水力劈裂的重视。在我国，从 20 世纪末到 21 世纪初，建造了一系列土质防渗体高土石坝，水力劈裂成为关键技术问题，得到了深入系统的研究。

4.2.4 事故的经验与教训

弟顿坝的事故引起了美国联邦政府和民众对于大坝安全的重视，启动了对现有大坝安全评估的程序；1978 年，美国垦务局成立了专门的大坝安全机构。

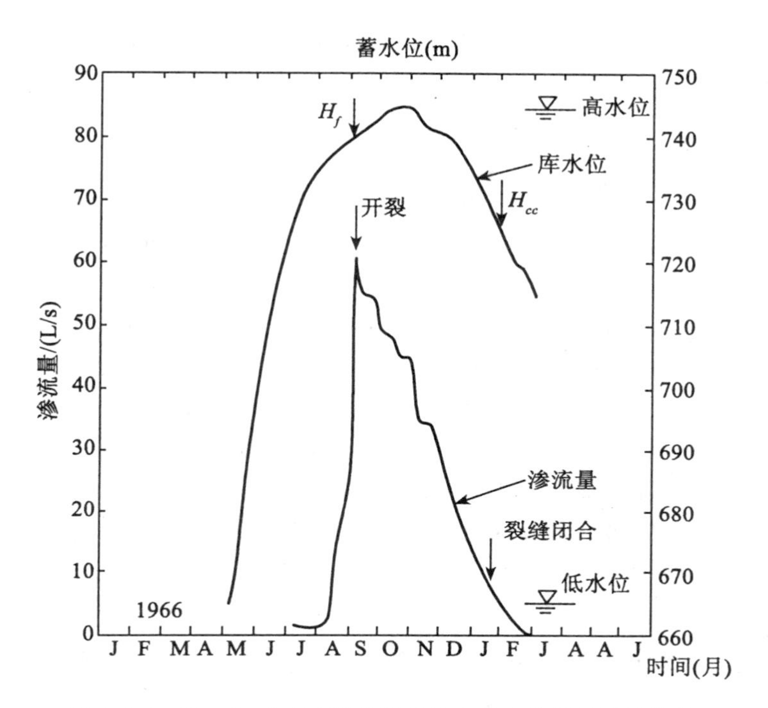

图 4.2.8　Hyttejuvel 坝现场监测的蓄水位与渗漏量关系曲线

弟顿坝的溃决使环保组织及相关人士的反筑坝呼声进一步加强并得到民众的支持，事后的调查表明，80% 的民众反对重建弟顿坝。在 20 世纪末，美国全国的反坝呼声越来越高，成为舆论的主流，并且陆续开始拆坝，美国垦务局的业务受到毁灭性的打击。关于建坝的功过利害的争论扩展到国际间的政府、民间和科技界。例如我国的大坝建设就受到美国的非议。应否建坝的问题涉及各国的政治、经济、文化和对于环境生态的认知，是一个值得思考的问题。

思考题

1. 爱达荷州的弟顿河谷地区在美国也属于经济不发达地区，对照他们在弟顿坝事故中以及我国在沟后水库溃坝事故（见 §4.3）中的态度和措施，我们应有什么借鉴？

2. 在弟顿坝渗漏初期，人们用推土机向逸出点的出口推土封堵无效。为什么在堤坝下游漏水时，在出水口用泥土、盖板、棉被、不透水膜封堵都毫无用途？对于这种情况应当如何处理？

3. 何谓水力劈裂？水力劈裂产生的原因是什么？在现场和试验中，如何判断是否发生了水力劈裂？

4. 在填方工程中，如果有的土料偏干，有的土料偏湿，在分层碾压时，将一层干土铺在一层湿土上碾压是否正确？正确的方法应当怎么办？

§4.3 沟后水库溃坝事故

4.3.1 事故回放

1993年位于我国青海省共和县的沟后水库建成3年了，6月27日蓄水首次接近满库，比水库允许的最高水位（设计与校核洪水位为3 278m）只低不到1m。晚8点多，青藏高原天色尚明，湖光山色，波浪不惊，戈壁千里，碧波万顷。沟后村沈姓姐妹俩到沟后水库大坝上观赏水库景色，在坝下游距坝顶高差20m处发现护坡块石中有一股水流流出，像“自来水”一样。回来天下雨了，她们带着疑惑回家了。

晚上9点钟左右，水库管理人员杭果在屋内听到坝上发出闷雷般的巨响，他跑出值班室，在坝底下看到坝面在喷水，大坝中间的上部石块在水流冲击下翻滚着发出水石相激的声响，石块撞击时有火花闪烁，水雾弥漫，坝顶出现缺口。随后声响越来越大，水流越来越汹涌，库水奔腾而下，事后估算这时最大流量达到了2 050m^3/s，流出总水量达到261万m^3。经大约1.5小时到晚10点40分，大坝已经被冲走总土石方体积的一半，在坝的中段形成一个顶宽138m，底宽61m，高60m的倒梯形缺口。建成仅3年的沟后水库大坝在首次蓄水接近正常高水位时，完全溃决。垮坝后的溃口与残留坝体如图4.3.1所示。

图4.3.1 沟后水库大坝溃口

沟后水库发生了严重的垮坝事故，在下游13km处的恰卜恰镇的居民还不知情，人们安居乐业，已经准备安睡了。而水库这里却是报警无着：电话不畅，摩托车无油，领导找不到。据杭果讲，最后他“找了一辆摩托车到镇上向领导报告”去了。洪水大约用了一个小时，在晚11点50分抵达恰卜恰镇，造成尚在睡梦中的288人死亡，44人下落不明。

沟后水库设计库容330万m^3，属于小型水库，但最大坝高71m，属于高坝；下游13km就是州府和县城的恰卜恰镇，位置重要。水库大坝采用的是近年来发展的一种新坝型—混凝土面板坝，这种坝型的安全性一般是比较高的，沟后水库溃坝事故是国内外同类坝型唯一失事的案例，国外一些专家很希望能到现场考察，但以接待条件为由被谢绝了。

4.3.2 工程介绍

1. 建设背景

黄河龙羊峡水电工程于20世纪80年代在青海省共和县修建，淹没了该县的2.5万亩农田，动迁 2000 人。作为补偿和交换条件，共和县提出兴建沟后水库工程。经国家计委同意，省计委批准立项，于 1985 年 8 月沟后水库工程正式动工，1989 年 9 月蓄水，1990 年 10 月完工，1992 年由青海省建设厅组织验收，施工被评为“优良”工程。

2. 工程简况

沟后水库位于黄河支流恰卜恰河的上游，青海省共和县内，青藏高原东北缘，海拔 3 200m。恰卜恰河全长 36.4km，年平均来水量 1286 万 m^3。全河流域面积 700km^2，坝址控制领域面积 198 km^2。

沟后水库枢纽工程包括大坝和输水隧洞。大坝按 50 年一遇的洪水标准设计，500 年一遇洪水校核。下游注入黄河龙羊峡水库。

沟后水库大坝采用混凝土面板坝，坝料在初步设计时定为开采的爆破石料，开工后施工单位提出改用天然砂砾料。大坝设计填料分为 4 区，按照一般规律，是将细粒料（渗透系数小）放在上游；粗粒料放在下游，如图 4.3.2 所示。最大坝高 71m，坝顶长 265m，坝顶高程 3 281m，上、下游坝坡分别为 1:1.6 和 1:1.5，坝顶设有 5m 高 L 形的防浪墙。如图 4.3.3 所示。坝基为 13m 厚的冲积砂砾石覆盖层，只将趾板处的覆盖层挖除，并对该处基岩进行了固结灌浆和帷幕灌浆。坝料平均力学指标如表 4.3.1 所示。

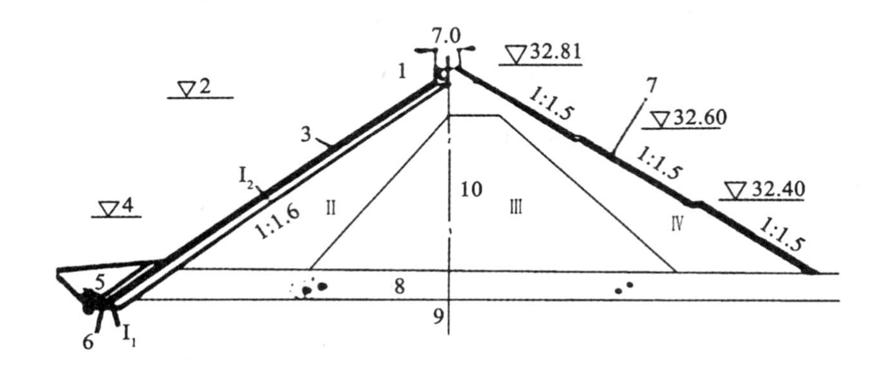

1—防浪墙；2—正常水位；3—钢筋混凝土面板；4—死水位；5—任意料
6—粘土防渗；7—干卵石护坡；8—河床沙砾石；9—花岗闪长石；10—坝轴线

图 4.3.2 大坝设计典型断面

表 4.3.1 坝料平均力学指标

干密度 ρ_d	2.23 g/m^3
孔隙比 e	0.206
压缩模量 E_s	140 kPa
渗透系数 k	1.09×10^{-4} ~ 4.31×10^{-1} cm · s

续表

粘聚力 c	0 kPa
内摩擦角 φ	46°
Δφ	6.1°

混凝土面板坝是靠坝体前的混凝土面板防渗，该坝的面板厚底部60cm，到坝顶渐变为30cm，采用C20混凝土，抗渗标号为S8，抗冻标号为D250，河床断面分缝宽度14m，河岸断面分缝宽度7m。在高程3 255m（距坝顶26m）处设一水平缝。在面板接缝间设置止水，河床中段接缝用紫铜片和丁基胶两道止水，两岸部分增加了一道橡胶板止水。

坝顶L形防浪墙墙顶高程3 282m，墙底板的底部高程3 277m，底板上部平台设计高程为3 277 .35m（但由于坝体沉降，实际上在3 277.00～3 277.25m之间），坝顶高程3 281 m，水库正常高水位3 278m，高出墙底1.0m。墙高5m，底板厚度0.35m，分段长度6m，墙分段处设置沉降缝，缝间设止水。防浪墙底板与面板间设置一道橡胶止水。如图4.3.3所示。

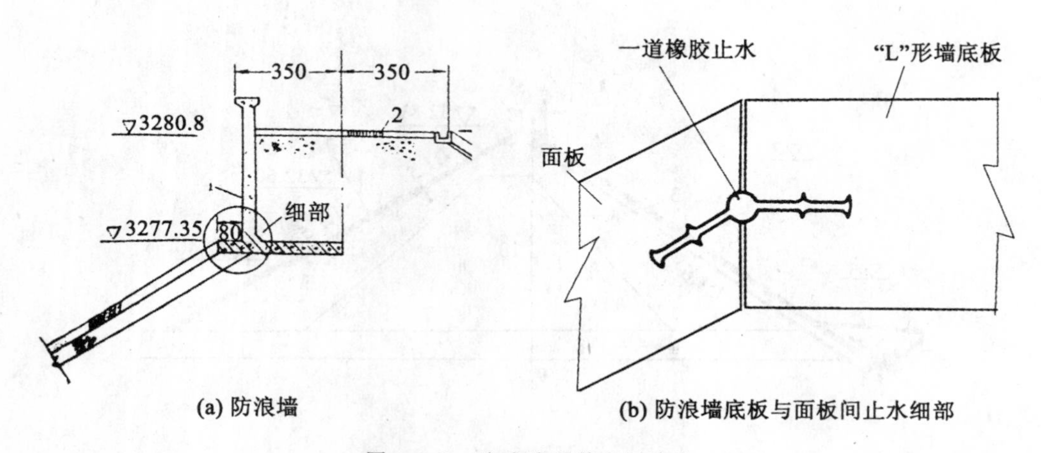

(a) 防浪墙　　(b) 防浪墙底板与面板间止水细部

图4.3.3　防浪墙及其底板接缝

3. 工程管理

工程由陕西省水利电力土木建设勘察设计院设计，国家铁道部二十工程局负责施工，建设单位（甲方）为青海省共和县人民政府。1989年县政府成立了“沟后水库管理局”，行政上由恰卜恰乡政府领导，业务上由共和县水利局指导，管理局设在共和县内。实有管理人员10名（编制为15人），技术人员2名，行政人员1名，其余为工人。水库下游左侧设有“管理房”，原有2名工人，其中1人在1992年退休，后只有1人专管，每天观测水位，观察大坝。水库有一条专用电话线与管理处相连。

4.3.3　事故原因分析

沟后水库垮坝之后，由国家防汛办和国家水利部组织了专家组于1993年9月6～13日对失事现场进行了考察和事故原因调查分析。

1. 专家的意见

专家们一致认为沟后水库坝的失事并不是由于土石坝溃决的通常原因，即：洪水漫顶、坝基渗透破坏和两岸绕流破坏，而是由于坝顶严重漏水，因而发生大量渗漏，造成溃坝。但是在溃坝的机理方面主要有三种意见：（1）抗滑稳定说；（2）渗透变形说；（3）层面冲刷说。

（1）抗滑稳定说

持这种说法的专家认为由于分层碾压的砂砾石填料渗透系数较低（10^{-2}cm/s 量级），同时是严重各向异性的，如果水平渗透系数为竖向的4倍，则坝体浸润线抬高26m，计算中抗剪强度指标采用 $c=20$kPa，$\varphi=39°$，则坝下游坡的整体圆弧滑裂面的安全系数小于1.0。图4.3.4是在溃口处观测的坝体浸润线，在溃坝前，浸润线和逸出点肯定更高。

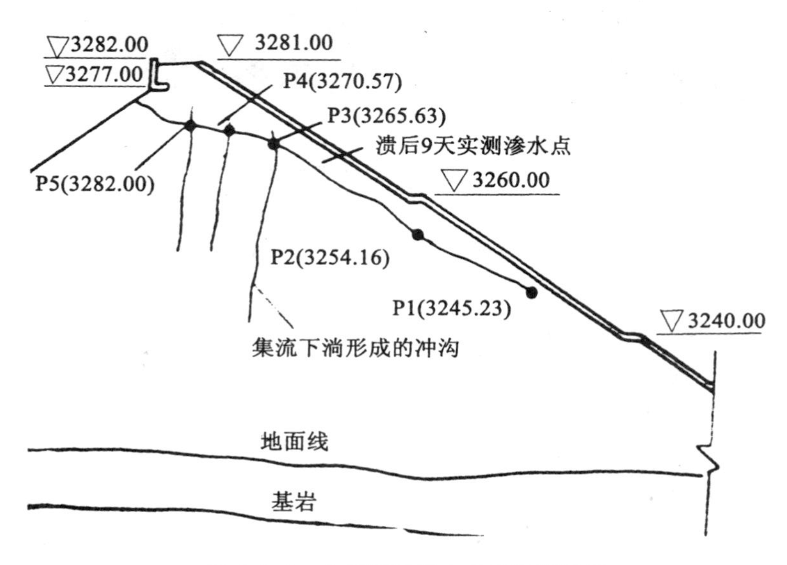

图4.3.4 大坝溃口渗水点痕迹调查线

（2）渗透变形说

持这种说法的专家认为该坝的砂砾料渗透系数变化大（$10^{-1}\sim10^{-4}$cm/s），施工中容易造成粗细料分离，设计时坝体分区只规定了最大粒径，实际上是细颗粒决定渗透系数，因而不能保证下游渗透系数大于上游，并且没有设置下游排水体和反滤，使坝体上部砂砾石在渗流作用下发生管涌，随后坝顶逸出水流冲刷坝体，导致局部失稳和滑动，造成溃口。

（3）层面冲刷说

持这种说法的专家认为，坝顶不均匀沉降使坝顶防浪墙的底板架空（可以伸进手臂），当库水大量涌入底板下的空隙时，同时携带空气逸出，发出冒气声，很高的逸出流速（1m～2m/s），可以将占砂砾料一半的细颗粒冲走，导致防浪墙进一步下沉、倾斜，最后墙体倒塌，使库水直接漫过坝顶，造成溃决。这种说法的拥护者在几个方面反对滑坡论：溃口的残坡坡度在50°左右，也有水流渗出，要比1:1.5的坝体下游坡条件更加严峻，却一直保持稳定，如图4.3.5所示；在溃口两侧的残留坝段，条件与溃口段一样，但是没有滑动的迹象；如果是滑坡破坏，失事过程必然是瞬时发生，不可能持续了一个多小时。

图 4.3.5　坝体溃口左侧残留体

应当说上述论点各有其道理，大家研讨、调查、分析计算，最后求同存异，综合大家意见，专家组向青海省人民政府、国家水利部和国务院递交了调查报告。

2. 专家组对事故技术原因的报告

专家组经过分析讨论，最后明确给出了大坝破坏的原因：混凝土面板漏水，坝体排水不畅，没有设置下游排水，使浸润线抬高，坝体强度与坝体稳定性降低，在坝上部首先发生滑坡（残留坝体也有移动的痕迹，说明抗滑稳定性不足），形成溃口，在水流冲刷作用下溃口迅速扩大，最后冲决大坝。

（1）面板漏水

大坝的渗漏是不争的事实，这包括面板接缝间，面板与防浪墙底板接缝间和面板的裂缝以及蜂窝等缺陷的渗漏。根据专家对坝体残留段的检查和对 11 个冲毁的面板残片的检查，面板施工质量差，接缝漏洞多是漏水的主要原因。

①混凝土有贯穿性的蜂窝。

②面板分缝间的止水与混凝土结合不好，有的已经脱落（残留坝段接缝处可以伸进手掌，底板下可以伸进手臂）；铜片止水接触带面板混凝土有明显的蜂窝现象，如图 4.3.6（a）所示。

③防浪墙底部与面板之间有一道橡胶止水带，有的部位并没有嵌入混凝土中，如图 4.3.6、图 4.3.7 所示。图 4.3.6（b）是在冲毁残片上发现的橡胶止水带，干净、完整、无擦痕，表明该止水带不是从混凝土中被拔出的，而是与混凝土缝搭接的。

④防浪墙的水平底板在施工后就开裂了，仅采用了抹砂浆表面处理，不能起到防渗的作用。

沟后水库失事前和垮坝时的现象都可以断定大坝具有严重的渗漏：随着库水位迅速上升，下游漏水现象迅速发展：7 月底右岸 3 233 ~3 235m 高程（距坝顶约 50m 处）有水渗出；8 月 21 日，坝底护坡堆石缝中流水；8 月 27 日下午 1 点 20 分，当时库水位稍高于底

(a) 铜片止水接触带面板混凝土蜂窝现象

(b) 冲毁的混凝土残片上橡胶止水带干净、完整、无擦痕

图 4.3.6　接缝止水及混凝土缺陷

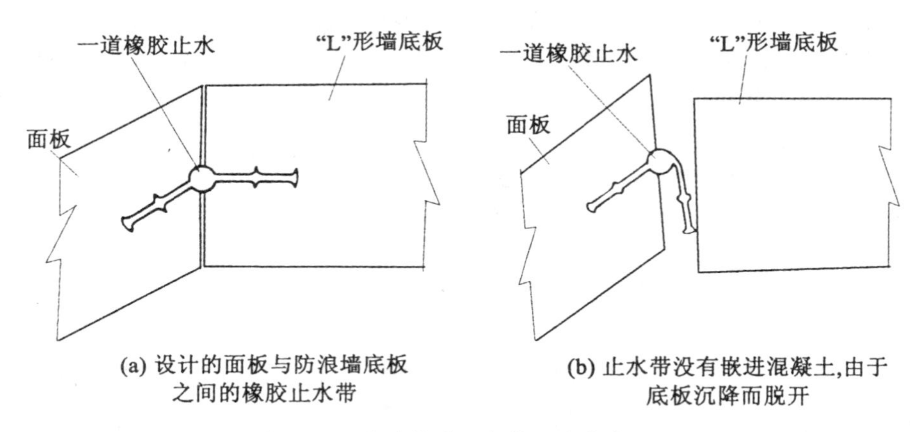

(a) 设计的面板与防浪墙底板之间的橡胶止水带

(b) 止水带没有嵌进混凝土,由于底板沉降而脱开

图 4.3.7　接缝橡胶止水带及防浪墙下沉

板，水位高程约为 3 277.20m，下游坡就有多处漏水，下游坡的台阶处能听到喷气声和水跌落声，坡脚处有瓶口粗的水流；下午 4 点有人发现防浪墙底板有多处开裂漏水；下午 8 点半，沈姓姐妹在坝下游距坝顶高差 20m 处发现护坡块石中有一股水流流出，像“自来水”一样。

（2）坝体排水不畅

①尽管坝体设计为 4 个分区，但在溃口处的调查表明，施工中分区并不明显，接近于均质砂砾石坝。

②坝料的级配试验表明，坝料小于 5mm 的颗粒平均为 37.8%，小于 0.1mm 的颗粒含量为 4.1%。这种级配的砂砾石渗透系数在 $10^{-2} \sim 10^{-3}$cm/s 之间，透水性不够好。

③坝体下游没有设置排水体，使浸润线抬高，抗滑安全系数下降。

3. 管理方面的问题

应当说，该事故的根本原因在于管理的问题，包括技术管理、运行管理和汛期管理。

（1）技术管理

①这项工程是青海省建设厅而不是水利部门下文批准开工的，与行业管理惯例不符，

程序不正常。工程主审和建设管理单位经验严重不足，又没有邀请有经验的专家提供帮助。表现在：(i) 主审单位在初审、复审两次审查中，都没有提出坝体未设排水体这一关键问题；(ii) 建设单位在事故期间，始终没有发现面板间和面板与防浪墙底板间分缝止水存在的严重质量问题；(iii) 施工验收委员会共计13人，其中，省、市、县领导占10人；设计、施工、指挥部各1人，可见都是与该工程有关的人员，缺少必要的外界专家，验收时对已经存在的大坝较高部位的漏水没有足够的重视，自己评自己，自然将大坝施工质量评为“优良”。

②施工单位为铁道部二十工程局，他们以1 600万的最低标价中标，低于实际标底1 900万元。施工单位在铁道建设方面有丰富的经验，但完全没有水利工程施工的经验，不了解对水利工程来讲，防渗工程是性命攸关的。

③前期技术工作混乱，这是一个不大也较简单的工程，但先后参加勘察、设计单位有5家之多，没有妥善衔接与配合。

(2) 运行管理

①管理委员会编制为15人，实有10名，人员素质很差。其中技术人员2名，行政人员1名，工人7名。除了一个电工参加过短期培训外，其他都没有关于水库的基本知识。水库下游左侧设有“管理房”，原有2名工人，其中1人在1992年退休，后只有1名工人专管，每天观测水位，观察大坝。

②虽然制定了一些规章制度，实际上没有认真执行。

③大坝设有坝面变形标点测试坝体沉降与位移；面板三向测针测试接缝变位；基岩水压测压管观测两岸渗流情况；悬挂式量水仪，量测坝基逸出地表的渗漏水量。但是这些设备的选型和布置不合理，基本没有起到安全监测的作用。

(3) 防汛管理

①没有认真落实防汛工作的首长负责制：1993年6月1日成立了由县长为总指挥的防汛指挥部，汛前没有召开防汛会议布置工作；沟后水库所在的乡，水库防汛工作乡长没有挂帅，负责水库防汛的县副总指挥在溃坝前没有亲临现场。

②已经发生的一系列漏水现象和溃坝先兆没有引起应有的重视，如果提前两小时开闸放水，可以使库水位下降11m，即可以化险为夷。

③险情发生时，现场只有一名工人，报警无着，电话不畅，找不到领导。丧失了采取应急措施，疏散人员的时机，酿成大祸。

4.3.4 事故的经验与启示

(1) 工程管理的缺失。沟后水库作为一个对地方的淹没和动迁“补偿”性的工程，兴建在经济、技术和管理都十分落后的少数民族地区，在修建过程中不少技术环节明显有问题。引起事故的设计、施工的技术原因在我国水利水电业是完全清楚并可以解决的。落后的管理使根除隐患、化解险情、抢险救灾的最佳时机完全丧失，造成巨大灾害。

(2) 沟后水库溃坝事故是国内外最近大量兴建的面板坝这种新坝型失事的唯一案例，应当吸取教训，总结经验，深化我们的认识。

思考题

1. 研究本案例的建设和事故发生的过程，查找必要的参考资料，对专家关于垮坝的三种原因和机理进行分析和辩论。

2. 坝体的浸润线抬高对于坝体的抗滑稳定有什么影响？

3. 水利工程的防渗和排水一般是怎样布置的？

§4.4　柘溪水库的悲剧

4.4.1　事故回放

1961 年 3 月 6 日下午 18 点半左右，位于湖南省安化县资水河谷的柘溪水库工程尚未竣工，还有一些工人在坝面的溢洪道上和两岸施工，但水库已经蓄水，水位在距正常高水位约 20m 的高程。经历了连续 8 天降雨后，湖面上波浪不惊，十分平静。18 时 40 分，随着一声闷响，库水骤然掀起狂涛巨浪，水墙壁立，20m 高的涌浪冲过尚未建完的坝顶，漫过坝面，席卷了坝顶上的临时挡水建筑物和左右岸施工现场，将在大坝中段溢洪道和两岸施工的工人冲向下游谷底，造成伤亡 88 人的特别重大伤亡事故，其中 64 人淹溺死亡（一说死亡 70 人），24 人受伤。

惊魂稍定，人们发现上游库区右岸，距坝址 1.5km 处的塘岩光地段发生了大滑坡，滑坡体体积约 165 万 m^3。滑下的百万方土石以高达 25m/s 的速度滑入水深 50 余 m 的库内，坝前水位迅速上升了 4m，激起的涌浪造成库水漫顶，使毫无提防的人们遭到灭顶之灾。

惊险的一幕过后，人们检查大坝，发现混凝土大坝基本没有受损伤，因为本来水库的溢洪道就是布置在坝的中段，坝面的过水是可以承受的；水库内大部分蓄水尚存，下游的工程设施损害不大，经修整以后可以继续按计划施工。而如果是土石坝漫顶，坝体因土石料被冲刷而溃决，库水宣泄一空，所有枢纽工程将被完全破坏。

4.4.2　工程简介

柘溪水库位于资水中游湖南省安化县城东坪上游 12.5km 的大溶塘峡谷处，两岸山峰对峙，河面 100m 左右。下距益阳市 170km，控制集雨面积 22 640km^2，占全流域面积的 80%。坝址多年平均流量 621m^3/s，年径流量 185 亿 m^3。水库总库容 35.7 亿 m^3，正常水位 169.5m，相应库容 30.2 亿 m^3，为不完全年调节水库。

水库工程以发电为主，兼有防洪。航运等功效。右岸布置引水式水电站，发电 44 万 kW，年发电量 22.2 亿 kW·h。枢纽工程由拦河大坝、电站厂房及通航建筑物组成。大坝为混凝土单支墩大头与宽缝重力坝，大坝全长 330m，最大坝高 104m，坝顶高程 174m。溢流段布置在河床中央，前缘宽度 146m，由 8 个宽 16m 的单支墩大头坝和 2 跨宽 9m 宽缝重力坝组成，堰顶高程 153m，安装 9 扇 12×9（宽×高）m^2 平板钢质闸门，采用梯形差动式鼻坎挑流消能；左岸非溢流段由 5 个宽 15m 的宽缝重力坝段组成，右岸非溢流坝由 6 个宽 15m 的进水口坝段及 15m 宽的电梯井坝段组成；引水道及电站厂房布置在右岸，引水道有直径为 6.5m 的 3 条隧洞和 3 条压力钢管，设计引用流量 832m^3/s；航运建筑物在大坝左岸，采用斜面升船干拖滑道，滑道全长 750m，最大载货量为 50t，年货运量 40 万 t。

柘溪水库枢纽工程于 1958 年 7 月开工，1961 年 2 月蓄水，1962 年 1 月第一台机组投产发电，1963 年竣工，如图 4.4.1～图 4.4.4 所示。

图 4.4.1　大坝中段的溢洪道

图 4.4.2　水库枢纽下游

图 4.4.3　库区景观

图 4.4.4　溢洪道泄水

柘溪水库的大坝采用单支墩大头坝和宽缝重力坝，如图 4.4.5、图 4.4.6 所示。这两种坝型都是从重力坝衍生而来。与实体的重力坝相比较，宽缝重力坝将坝体中部做成空腔，可以节省混凝土 10%～20%。上游坡度变缓，可以利用上游水压力增加稳定；同时减少了坝基础面积，减少了压力。每个坝段断面接近于工字形，其上游是挡水的面板，下游也可以不封闭。

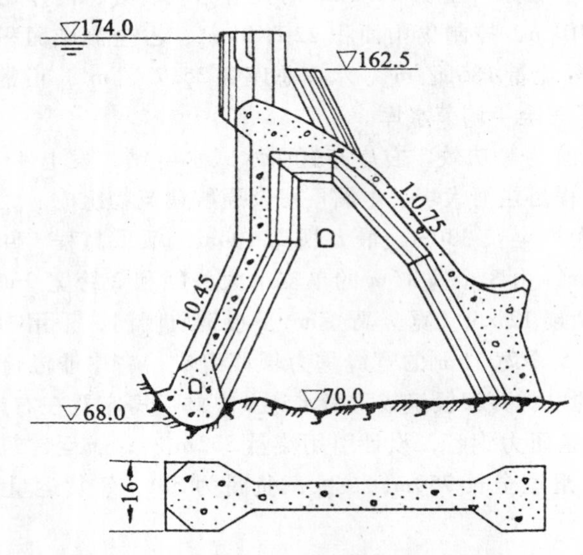

图 4.4.5　柘溪水库的单支墩大头坝断面图

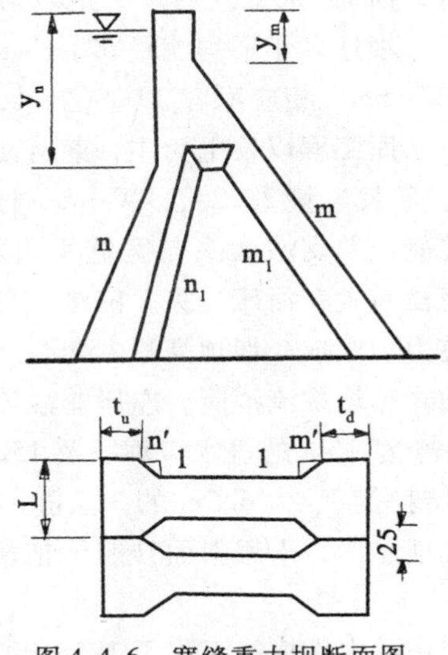

图 4.4.6　宽缝重力坝断面图

支墩坝的基本特点接近于宽缝重力坝，如图 4.4.7 所示。支墩坝是由一系列挡水面板和支墩组成，如果上游做成向两侧扩大的大头，称为支墩大头坝。面板为平板称为平板支墩坝，水平面上面板为拱式称为连拱坝。柘溪水库大坝采用的是宽缝重力坝和单支墩大头坝。这类坝在控制坝体裂缝方面有不利的方面。在 1969 年 6 月和 1977 年 5 月期间，1#、2#支墩先后发生裂缝，水库被迫降低水位运行。从 1969 年至 1985 年期间，前后两期加固处理，采取“前堵、后排、加固”和“空腔填筑混凝土”以及“迎水面加压粘贴环氧砂浆”等措施后，大坝险情解除。

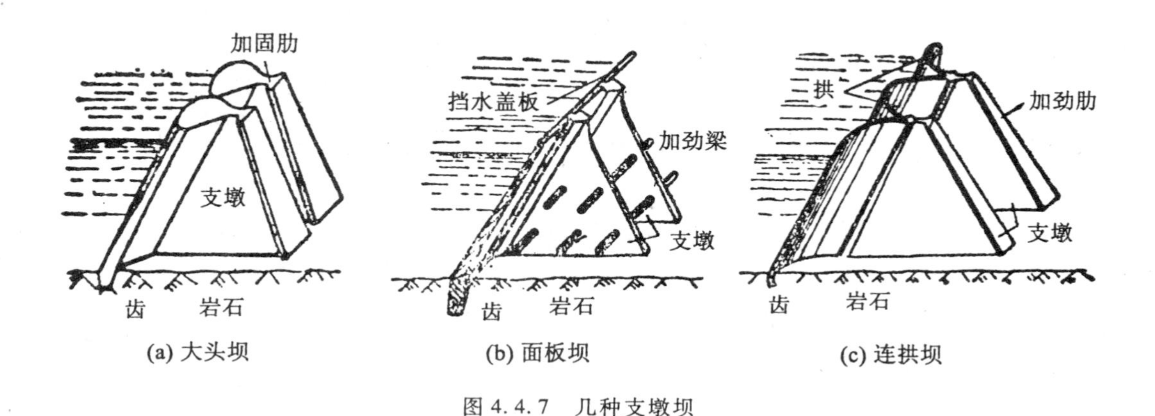

(a) 大头坝　(b) 面板坝　(c) 连拱坝

图 4.4.7　几种支墩坝

4.4.3　事故原因分析

柘溪水库库区的地质条件十分复杂，在库区右岸的塘岩光地段是含粘土夹层的板岩，坡的节理倾向与岸坡坡向一致，向着库区；并且受断层节理的切割，是极其危险的。

1961 年 3 月，库区已经连续降雨 8 天，与此同时水库初次蓄水到 148m，淹没了岸坡的下部。造成库区的岸坡抗滑稳定性急剧下降，主要有以下原因：

（1）由于降雨和浸水使板岩的含粘土夹层泥化，抗剪强度和抗滑力降低；

（2）降雨产生了岩坡的渗流，其渗透力增加了滑动力；

（3）在水库蓄水前，岸坡的含粘土夹层的板岩的稳定，很大程度靠坡下部堆积土体的自重，与上部岩土体相比较，这部分土的自重产生的滑动力（荷载）较小，而抗滑力（抗力）较大，维持着坡体的平衡。一旦仅在库水位之下，岩土的自重变为浮重度，抗滑力急剧减小，引起滑坡，如图 4.4.8 所示。

图 4.4.8（a）表示的是滑坡段沿着坡向的断面，可见总的滑坡体远大于滑进水库的 165 万 m^3。而水下的土体重度减小（由于浮力），由于坡体失去有效的支撑是主要原因。图 4.4.8（b）表示滑坡发生在两个断层和层间错动之间，坝体无法得到两侧岩体的牵制也是可能的原因。

4.4.4　事故的经验与启示

（1）在水利水电工程中，人们逐渐认识到，巨型工程是人对自然的一种干预与扰动，

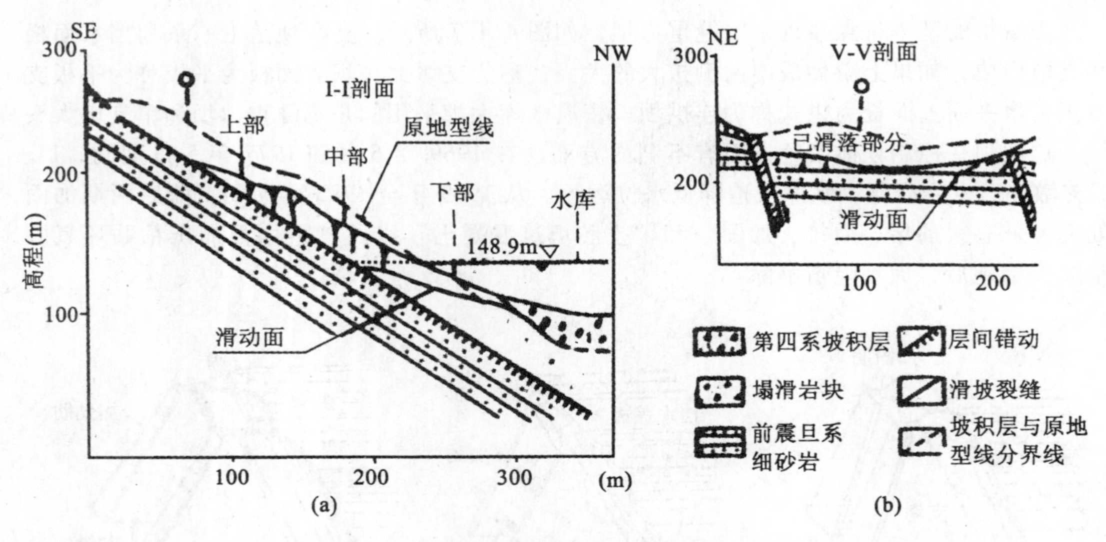

图 4.4.8 库区塘岩光滑坡纵横断面图

不可能不会对自然产生影响。其中之一就是“次生灾害”，包括上十亿、上百亿立方的水重量加在地壳，引发地壳结构活动而发生次发地震；蓄水引发的滑坡，以及其他各种环境生态灾害。

（2）这个库区滑坡规模巨大，损失惨重。当时国际上还没有这方面的报道，我国当时出于政治上的考虑，没有报道和召开全面的分析会议。在几年以后国际上才有这方面的案例报道和研究。事故本身没有取得应有的教训和经验。

（3）在三峡大坝蓄水后，库区中也发生类似的滑坡，其机理已经被人们认识。

思考题

1. 为什么降雨和浸水会引发滑坡？
2. 在什么情况下水位提高会增加土坡的稳定性？

§4.5 弄假成真的现场地质灾害

4.5.1 事故回放

1971 年 11 月 11 日下午，日本神奈川县川崎市生田。一处平时十分僻静的山谷成为舆论关注的焦点，这里集聚了一群人。人们十分兴奋地张望着，议论着，期盼着什么。有人在不断地查看时间，有人在准备拍照，而一眼就可以辨认出的记者们早已架好了摄像机，等待着最精彩的一幕。这里正在进行着一场人工降雨引发滑坡的现场试验。

到下午 3 点，山坡上流下的雨水增多，再过一会儿，可见到山坡上的小树开始倾斜和移动，说话间，夹杂着泥水、砂石和草木的流滑体像疯狂的巨象一样，以迅雷不及掩耳之势从山上奔驰而下，推倒了距坡脚 28m 外的护栏，直接扑向人群，想要逃跑的人们发现，他们根本没有希望逃脱这个以每秒 20～30m 速度追击的对手。摄像机忠实地记录了泥沙凶猛扑来的恐怖情景，几秒钟内，31 人被裹挟着直冲到 55m 外的水池中央。

警车与急救车及时赶到，幸存的人参加了紧急抢救。最后还是有 15 人不幸遇难，其中实验人员 1 人，参观者 10 人，报社记者 1 人，电视采访人员 3 人。另有 11 人受伤，被送到医院治疗。图 4.5.1 是事故发生时的现场镜头。

(a) 等待着的焦急与兴奋的人群

(b) 挟砂雨水倾流而下

(c) 降雨引起边坡失稳，泥沙俱下

(d) 抢救伤亡人员

图 4.5.1　现场试验的镜头

图 4.5.2 是为纪念为科学实验而献身的殉难者而建立的纪念碑。

4.5.2　试验介绍

日本是一个多山和多雨的国家，降雨会使山丘上部的风化土层饱和，产生沿坡的渗流，引发滑坡和泥石流等地质灾害。为了探明暴雨引起土层滑动的机理，开发预测滑坡和泥石流波及范围的技术，日本地质研究所（通产省）、消防研究所（自治省）、土木研究所（建设省）、防灾科学技术中心（科技厅）共同组织进行了这次等比例尺的自然斜坡的滑动试验。

试验场地选在日本神奈川县，川崎市，生田的一处坡地。事先在现场预备了大量的水罐，用喷头模拟降雨。9 日 15:00 人工降雨开始，到 11 日 15:00 左右降雨量已达 500mm，根据监测，11 日下午可能会发生滑坡，因而试验人员、媒体记者和对此感兴趣的人们早就等待在坡脚处。由于只是局部的降雨模拟试验，事先估计滑坡体不会发展很远，所以在巨坡脚 28m 处的谷地设置了栏杆，人们退到栏杆以外观测。15 时左右，就发生了上述恐怖的一幕。结果是弄假成真，发生了一场真正的地质灾害，大大超过同规模天然滑坡的损失。

图 4. 5. 2　殉难者纪念碑

4. 5. 3　事故原因分析

1. 事故分析

这一事故主要是对于滑坡的认识不足。单纯的土体间的滑移，是由于滑动土体与下部土体间的滑动力超过抗滑力，两部分土体相对运动，小规模的滑坡体位移不会很大。而这种降雨使山体上部的风化土层达到饱和，产生沿坡渗流，使风化层与下部基岩间发生滑动。微小的移动产生很高的超静孔隙水压力，瞬时间土体内有效应力接近为 0，发生了“静态液化”，亦即流滑现象。这时滑动的不是土体，而是接近于流体。结果一是速度极快，达到 20 ~ 30m/s。二是流滑体冲出很远，大大超过预计的 28m，达到 50m 以外，发生了惨剧。

图 4. 5. 3 表示的是松砂在固结不排水三轴试验中的流滑机理示意图。在剪切过程中，由于土的剪缩趋势，使超静孔隙水压力 u 急剧提高到接近于围压 σ_3（见图 4. 5. 3（b）），有效应力接近于 0，砂土呈流动状态。

2. 模型试验

事后，日本的岩土工程界进行了深刻的反思和系统的研究。他们不惜投入巨资建造了模型试验设备。图 4. 5. 4 是大型的活动降雨试验棚。其模拟降雨强度范围为 15 ~ 200 mm/hr，降雨范围达 44m × 72m，喷头高度距地面以上 16m，喷头数为 544 × 4 个，扬水泵两台（功率为 160kW，流量为 25. 5kL/min），建造了一个 25m × 38m × 2. 4m 的蓄水池（储水量 2 250m^3）。

图 4. 5. 5 是 2002 年 11 月 29 日进行的模型试验，斜坡分为两段，上段倾角 30°，长度 10m，下段倾角 10°，长度 6m；斜面宽度 3m；土层厚度 1. 2m；试验用砂为樱川砂（细

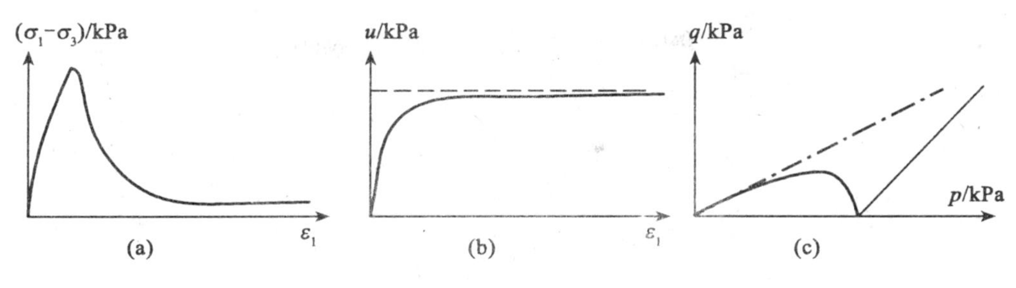

图4.5.3　砂土的流滑机理

图4.5.4　模型试验活动降雨棚

砂），干密度 $\rho_d = 1.46 g/m^3$，制样时含水量为 $w = 8\%$。降雨强度：100mm/hr。如图4.5.6～图4.5.8所示。

图4.5.5　降雨滑坡模型试验槽

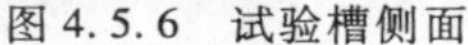
图 4.5.6 试验槽侧面

图 4.5.7 试验槽正面

图 4.5.8 降雨过程

图 4.5.9 表示斜坡滑动以后的情况。降雨开始后 104 分钟，监测表明土层开始发生位移；经历 55 分钟，移动速度渐渐加速；降雨开始后 159 分钟，斜坡发生全面崩塌。破坏过程短暂，5 秒钟即完成；崩塌时滑动速度达到 2m/s，斜面上方滑动的距离为 5.0～5.7m。

埋设在坡底部的孔压传感器表明，在土层达到饱和的同时，土层开始变形；在崩塌发生的同时，底面孔隙水压力急剧上升；在崩塌的瞬时，斜面末端的孔隙水压力超过 30kPa。崩塌前土层厚度为 1.2m，崩塌的瞬时，末端堆土厚度可达 1.5m，而实测孔隙水压力超过 30kPa，这表明总应力几乎全部转化为孔隙水压力，有效应力基本为 0，亦即瞬时达到液化。所以是快速发生的流滑破坏，近似于泥石流，不同于一般的滑坡。

图 4.5.9 斜坡滑动

模型试验表明，降雨引起的流滑破坏前兆性特征明显：土层开始发生位移以后经历 55 分钟，突然崩塌；斜面内的土层达到饱和，才会导致斜面破坏及产生流滑；流滑崩塌时土体中的孔隙水压力很高，有效应力接近于 0。流滑破坏速度极快，时间过程很短，大量饱和砂土涌出很远。这也就揭示出 1971 年现场试验引发事故的原因。

3. *再次现场试验*

在模型试验和理论分析的基础上，吸取 1971 年事故的教训，2003 年 11 月 12～14 日在日本茨城县真壁郡大和村的加波山（标高 709m）北西斜面进行了现场试验。斜坡倾角

30°，土层厚 1.2 ~ 3m。土层为关东壤土，是位于风化花岗岩上的火山灰堆积层。干密度 $\rho_d = 1.45g/m^3$，天然含水量 $w = 5\%$。现场降雨滑坡试验布置如图 4.5.10 所示。

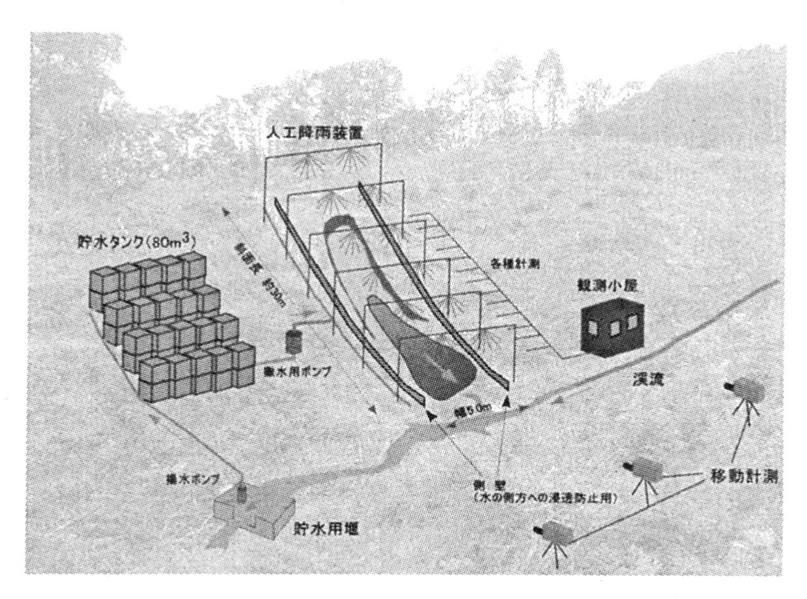

图 4.5.10　现场降雨滑坡试验布置图

降雨用水来自于坡下沟中的溪水，用水泵抽进贮水箱中，通过喷水模拟降雨。降雨强度 90mm/hr。两次降雨过程：第一次在 12 日 12:00 ~ 16:30，计 4 小时 30 分钟；第二次在 14 日 9:07 ~ 16:03，计 6 小时 56 分钟。

图 4.5.11　试验前的现场

图 4.5.12　试验后的现场

如图 4.5.11、图 4.5.12 所示，2003 年的这次试验与 1971 年的试验相比较，在以下几个方面确保试验的安全：

（1）选址：试验场地是一个 30°的斜坡，在该斜坡下面是一条较陡的溪流，滑坡下来的泥石流体可以转折 90°向下流去，观察的人群则在溪流的对岸，十分安全。

（2）采用钢板将试验段隔离成只有 5m 宽的斜坡，不至于引起周围土体的大范围崩塌，土坡的表面采用草帘覆盖，使雨水均匀下渗且避免冲蚀。

(3) 对试验场地加强了观测。设置了大量的位移传感器和孔压传感器以及远程监测设备和通讯设备。

14 日 上午 9:07 降雨开始（降雨強度 90mm/hr）；13:30 斜面最下部深 100cm 处超静孔隙水压力产生，表明坡体含水已经饱和；15:00 斜面下半部移动开始；15:30 斜面下半部的移动量加速，最后达到 1 分钟 10mm；16:03 斜面下半部崩塌。斜面下方 14m 处的表层破坏（火山灰层 70cm）。而地表移动自破坏前 3 小时开始，逐渐扩大。

4.5.4 事故的经验与启示

人类对于自然的认识总是不可能完全穷尽的，知识和认识的疏漏都可能受到自然的惩罚。在日本 1971 年的野外试验中，没有认识到可能发生的流滑的速度和发展区域，为此付出了极大的代价。

思考题

1. 以小组为单位讨论为何理解科学试验也是有风险的，需要一定的献身精神。
2. 分析说明砂土的流滑与普通的滑坡相比较，有哪些主要区别？

第 5 章　施工临时结构事故案例

§5.1　脚手架事故

5.1.1　英国 Jurry's Inn 外墙脚手架倒塌

1. 事故简况

2006 年 4 月 11 日下午 12 时多，位于英国 Midsummer Boulevard 的一座 14 层搭建在 Jury's Inn（酒店）外墙的脚手架倒塌，造成正在作业的 1 人死亡，2 人受重伤。如图 5.1.1 所示。

图 5.1.1　脚手架垮塌后的事故现场

据现场的目击证人描述，当时天空刮着较强的阵风，一些工人们正在往外墙上贴瓷砖，突然听到一阵阵轰隆声，随即看到 Jury's 酒店外墙的脚手架架构从顶端一下子坍垮到地面，事件的发生仅仅持续了几秒钟时间，就像在看一场雷声大作、场面非常可怕的电影。

从图 5.1.2 可以看到，垮塌下来的脚手架构件、脚手片已堆积成一堆废墟。

2. 事故原因

经过英国健康和安全监管部门（Health and Safety Executive）专家的调查和分析，认为并没有发现任何单一的原因直接造成事故的发生，但安全专家却总结了几点脚手架设计和安装的不足及错误之处，也许正是这些因素的综合效应导致了事故的发生：

（1）在脚手架的纵立面上没有按计算和构造要求设置足够的承受水平力的斜撑，某

图 5.1.2 坍塌后的脚手架

些部位甚至没有斜撑；

（2）将脚手架固定在建筑物上的连墙件设置的数量太少，即连墙件沿高度和长度方向布置的间距太大；

（3）脚手架的立杆间距太大；

（4）某些部位的脚手片上的堆积荷载远远大于其设计承载力；

（5）负责技术和安全的施工监理没有按要求定期地对脚手架进行检查。

5.1.2 卡迪夫脚手架倒塌

1. 事故简况

2000 年 12 月 13 日，位于英国卡迪夫（Cardiff）的一个 12 层脚手架突然从顶部一直塌落到繁忙的城市大街上，导致公路被迫封闭 5 天，值得庆幸的是由于事件发生在深夜，没有人在这起事故中受伤。如图 5.1.3 所示。

图 5.1.3 脚手架坍塌后的现场

据相关报道，脚手架是被时速 87 英里的阵风吹跨的，但根据当地的相关规定和要求，搭建的脚手架必须能够承受风暴的袭击。

2. 事故原因

事故现场发现，用以将脚手架固定在建筑物上的连墙件有 70% 并没有正确地完全安装到位，其余的连墙件已经和建筑物脱离。经过当地安全监管部门（HSE）的调查和分析发现造成事故的原因主要有以下几点：

（1）脚手架的设计有不足之处，最明显的一点是设计图纸中没有明确地注明连墙件的数量、安装位置和安装详图；

（2）正因为设计工作的不完善，承包方经理和现场架子工在未与设计方协商及校对的情况下，擅自确定和修改脚手架的搭建方案；

（3）原本需要 300 个连墙件的脚手架，现场仅安装了 91 个，并且脚手架最高处的 6m 范围内，没有设置与墙的有效固定连接；

（3）由于搭建脚手架的工人未受到应有的培训，不能正确地安装连墙件，以至于在大风的情况下，使其失去作用，导致脚手架倒塌；

（4）脚手架搭建前主要承包商没有校核设计图纸，加之在整个施工过程中也没有进行有效的监督，即便在脚手架竣工交付使用时也未做质量验收。

5.1.3　安阳烟囱脚手架倒塌

1. 事故简介

2004 年 5 月 12 日上午，在我国河南省安阳一刚竣工的 68m 高、崭新的烟囱见证了一场罕见的施工事故。用以进行烟囱施工的 75m 高脚手架被拆除时，在距地面 10m 左右处突然折断而轰然倒塌，30 名正在脚手架上作业的民工全部翻下坠落，导致 21 人死亡，9 人受伤。如图 5.1.4、图 5.1.5 所示。

图 5.1.4　倒塌的烟囱脚手架

据一位当时正在脚手架上工作的工人说，整个架子约 75m 高，事故发生时他正站在 30m 左右高处。当架子倒下去时，他还来不及反应就摔倒在地上，人被夹在了中间，不过非常幸运的是，只受了一点轻伤。当时站在最高层的工人基本都遇难了，死因不是摔死就是被砸死，而 10m 以下工人则大多脱险。

图 5.1.5 伤亡者被移走后的事故现场

从事故现场可以看到，断裂的钢质脚手架是向南部倒去，钢架的最前端砸到了对面一个巨大水泥池的混凝土壁沿上，钢架全部扭曲变形，碎裂的钢管飞到了远处的柏油路面上。因为那些遇险者大多被紧紧地夹在变形的脚手架内，抢救人员不得不使用焊枪割开钢管救人。水泥池内随处可见一摊摊血迹，黄色的安全帽挂在脚手架的钢管上，各种样子的布鞋、拖鞋触目可及。如图 5.1.6 所示。

图 5.1.6 脚手架砸在混凝土壁沿上

事后的调查分析认为，该事故发生的原因为：

(1) 烟囱外井架共有 16 根起支撑作用的缆风绳，事发前，已拆除了北侧两根缆风绳，导致外井架失去稳定性；

（2）进行拆除的工人均在井架内部南侧施工，南侧受力较大，导致架身受力不匀，架身发生偏转；

（3）施工队使用未经培训的民工上岗作业；

（4）另据警方调查，出事的脚手架不是专用产品，而是自行购买的。

5.1.4　西安某百货大厦脚手架倒塌

2007 年 11 月 7 日上午，我国西安市某百货大厦西侧一个近 50m 长、20 多 m 高的脚手架发生倒塌。事故造成 3 女 1 男 4 人受伤，其中男子伤势较重，伤者已被送往医院治疗。如图 5.1.7、图 5.1.8 所示。

图 5.1.7　脚手架倒塌后的事故现场

图 5.1.8　脚手架倒塌时的事故现场

在这次事故的伤员中，有一位是 72 岁的老人，她事后回忆说：“当时我正坐在一个凳子上想休息一下，突然看见坐在旁边的小伙子猛的站起身来跑开了，当时我也不知道发生了什么事，出于本能也跟着小伙子起身想跑开。突然听见身后一声巨响，我就被挤在了护栏边上，慌乱中才知道原来是身后的脚手架倒塌了。当时我吓坏了，手也被塌下来的东西剐破了皮。后来我被好多人拉出来……”

同样在这次事故中受伤的另一位女士说：“我当时正从南往北走，准备到钟楼去逛逛，正走着，突然看见脚手架要倒下来了，我赶紧跑，想跑到一个灯箱的后面躲避，但是已来不及了。”

在事发现场可以看到，发生脚手架坍塌事故的百货大厦坐落于西安市繁华的南大街上，慢行道上堆满了坍塌下来的脚手架钢管，足有五六米高。南大街由南向北方向及粉巷由东向西方向的道路被实施临时交通管制，所有机动车均不得通行，部分公共汽车也不得不临时改道。

事故原因不详。

5.1.5 南京中华剧场拆除事故

1. 事故简介

2002 年 1 月 7 日中午，我国南京市中华剧场拆房工地发生意外，用于拆除中华剧场的脚手架倒塌，使 5 名行人不同程度受伤。如图 5.1.9 所示。

图 5.1.9 脚手架倒塌后的事故现场

据现场目击者介绍，当时只听“轰”的一声，剧场的一面墙被拆倒，几乎与此同时，倒下的墙体砸向脚手架，巨大的冲击力将脚手架冲倒。倒下的脚手架又砸到路边的广告牌和行道树。幸亏有一个交通信号灯的杆柱支撑，脚手架才没有全部覆盖到地面。

倒下的脚手架原本竖立在剧院南面的人行道上，高近 10m，面积约百平方米。当时途经此处的 5 名行人不同程度被砸伤。其中 1 名男子头部受伤，满脸是血，伤势较重，被送往大医院。另外 4 名伤者被就近送医院治疗。

2. 事故原因

一面被拆除的墙体砸向脚手架，将脚手架撞倒到人行道和马路上，是使脚手架倒塌的直接原因。

5.1.6 事故的经验与教训

脚手架和模板支撑是施工过程中临时搭建的结构，存在的时间短，也不为普通公众所用，所以在设计和施工过程中往往得不到足够的重视和相应的安全保障，由此引发的各种工程事故屡见不鲜。血的教训提醒所有土木工程从业人员必须保持高度警惕，不可掉以轻心。

《建筑施工扣件式钢管脚手架安全技术规范》（JGJ130—2001）和国家强制性行业标准《建筑施工安全检查标准》（JGJ59—99）是模板支架设计及搭建的主要依据。必须按照上述规范和检查标准对脚手架进行结构设计，计算中应考虑在脚手架构的自重、施工活荷载、水平力、配件的设置情况如安全网、挡脚板和防护栏杆等荷载作用下的效应。

用于连接水平杆和横杆的扣件不能传递弯矩，节点只能按铰接考虑，所以为确保脚手架构为一稳定结构，每排纵立面应布设连续的对角线斜撑，每排横立面必须与建筑物有牢固的连接。施工中应严格检查脚手架的搭设质量并做好验收工作。脚手架搭设完成后，架体必须牢固可靠。

脚手架往往具有很高的长细比，自身不是完整的结构，必须依赖与建筑物的连接或缆风绳的支撑才能保持稳定。所以，脚手架事故最常见的就是失稳破坏。并且，这样的支撑不仅在建造和施工时很重要，在拆除时也具有同样的重要性，尤其是当建筑物本身也需要同时拆除时就更应该谨慎规划拆除方案，避免恶性事故发生。

脚手架支撑扣件和支撑杆件本身是不能抵抗力矩的，脚手架平面外方向与建筑物的连接也不能限制脚手架平面内的水平位移。所以，除要保证脚手架平面外的可靠支撑外，脚手架平面内的稳定性也必须有连接对角线斜撑系统的保证。

思考题

以小组为单位，每组另外找出一个脚手架事故案例。分析案例，说明事故的原因，列出避免这类事故发生所应采取的措施。向全班进行讲解。

§5.2 模板支撑事故案例

5.2.1 越南一座在建大桥坍塌

1. 事故简况

2007 年 9 月 26 日当地时间上午 8 时 30 分（北京时间 9 时 30 分）左右越南的一座正在建设的大桥突然发生坍塌事故。事故造成至少 54 人死亡、80 人受伤。这座在建大桥是连接芹苴与永隆两地的芹苴大桥。据芹苴市警方的报告，事故发生时桥面下有 100 多名工人正在施工，桥面上另有约 150 多名工人在工作。如图 5.2.1 所示。

《越南快报》网站登出的报道中，一名事发时正在现场的桥梁工程师说："我们听到一声很响的声音，然后看到腾起的尘土烟雾，听到被困在乱石下的工人发出惨叫。"工人孟雄（音译）说，"一块巨大的混凝土块砸向下面许多正在施工的人，那场景太可怕了。"

越南中央电视台播出的事故现场镜头显示，两跨桥面的钢筋混凝土结构完全坍塌，仿佛遭到轰炸一般。

芹苴市位于胡志明市以南 170km。芹苴大桥是一座以钢筋混凝土为主体结构的斜拉桥，大桥全长 16km，主桥段长 2.75km。大桥于 2004 年 9 月动工兴建，计划于 2008 年完工。这项工程总投资额约为 3 亿美元，日本政府官方发展援助（ODA）为工程提供了支

图 5.2.1　大桥倒塌现场

持。大桥横跨湄公河 9 条支流之一的后江，建成后成为越南南部湄公河三角洲地区最长的一座大桥。

作用在 13 号、14 号和 15 号桥墩的两跨坍塌混凝土大梁总长 87m，宽度为 24m，其模板支撑高度在 30m 左右。坍塌的第一段桥面在事故发生的前一天刚浇筑了混凝土。浇筑桥面混凝土大梁的模板支撑结构系统采用扣件式满堂钢管支架和由型钢组合成的桁架式垂直支撑。倒塌后的桥墩和桥面如图 5.2.2 所示。

图 5.2.2　倒塌后的桥墩和桥面

2. 事故原因

事故发生一年多以来尚未见关于事故原因的正式报告。2008 年 7 月越南官方报道，事故发生的直接原因是因为承受模板支架系统荷载的临时基础产生沉降（事故前下过大雨，可能导致地面不均匀沉降），导致局部的垂直承重构件超载而发生破坏，从而导致连锁破坏。

5.2.2　南京电视台一模板支撑倒塌

1. 事故简况

2000 年 10 月 26 日上午 10 时许，位于我国南京市龙蟠中路与大光路交汇处，正在浇筑混凝土准备封顶的南京电视台演播中心演播厅的天顶，在一声巨响中突然倒塌，数十名施工人员瞬间被埋进了钢管和混凝土形成的废墟中。当时正在对面楼的一位保安说，看到对面南京电视台工地顶上的脚手架开始弯曲变形，上面的施工人员大概有 100 来人，他们一起往旁边的脚手架上让，不过几秒钟时间，只听“咣当”一声，上面的脚手架接二连三地往下垮，施工人员随同脚手架蹋了下来，里边还隐约听到“啊”的大叫声。这场事故造成在现场施工的工人和电视台工作人员 6 人死亡（据悉，死者中 1 人为南京电视台摄像记者），35 人受伤（其中重伤 11 人），直接经济损失 70.7815 万元。如图 5.2.3、图 5.2.4 所示。

图 5.2.3　倒塌后的演播厅现场

2. 事故原因

在建的南京电视台大演播厅总高 38m（其中地下 8.70m，地上 29.30m）。面积为 $624m^2$。于 2000 年 10 月 17 日开始进行大演播厅舞台支撑系统模板安装，10 月 24 日完成。23 日，木工工长向项目部经理反映水平杆加固没有到位，随即就安排了架子工加固支架，到 25 日浇筑混凝土时仍有 6 名架子工在加固支架。10 月 25 日 6 时 55 分开始浇筑混凝土，但项目部资料质量员 8 时多才补填混凝土浇捣令，并送监理公司总监签字，但日期签为 24 日。

混凝土浇筑由北向南单向推进，10 时 10 分，浇筑至主次梁交叉点区域。该区域每平方米理论钢管支撑杆数为 6 根，因为缺少水平连系杆，实际为 3 根立杆受力。又由于梁底模下木枋呈纵向布置在支架水平钢管上，使梁下中间立杆的受荷过大，个别立杆受荷最大达 4t 多。由于立杆底部无扫地杆，最大步高达 2.6m，立杆存在初弯曲，以及输送混凝土管有冲击和振动等影响，使节点区域的中间单立杆首先失稳并随之带动相邻立杆失稳，出现大厅内模板支架系统整体倒塌。如图 5.2.5、图 5.2.6 所示。

经调查，导致事故的直接原因有：

（1）没有按要求搭设模板支架，特别是支架系统的水平连系杆严重不够，其水平杆

图 5.2.4 倒塌废墟中抢救受伤人员

图 5.2.5 未设扫地杆的模板支架

的垂直向间距最大高达 2.6m，立杆底部未设扫地杆，导致立杆局部失稳，承载力降低。

(2) 梁底模的木杮放置方向不妥，以至于混凝土大梁的大部分荷载都传至梁底中央排立杆，因而加剧了局部失稳。

(3) 模板支架系统中用于承担水平力的斜撑杆不够，与周围固定结构的连系也不足，造成该系统侧向变形能力欠缺而导致失稳破坏。

导致事故发生的间接原因包括：

(1) 施工组织管理混乱。从管理层、技术人员到施工现场的架子工都缺乏应有的安全意识，没有按相关安全规程施工，模板支架搭设无图纸，无专项施工技术交底，施工中

图 5.2.6　模板支撑，注意黑圈内的立杆在一个方向没有水平支撑

无自检、互检等手续，搭设完成后没有组织验收。搭设开始时无施工方案，有施工方案后未按要求进行搭设，支架搭设严重脱离原设计方案的要求、致使支架承载力和稳定性不足，空间强度和刚度不足等是造成这起事故的主要原因。

（2）施工现场技术管理混乱。对大型或复杂重要的混凝土结构工程的模板施工未按相关程序进行，支架搭设开始后送交工地的施工方案中有关模板支架设计方案过于简单，缺乏必要的细部构造大样图和相关的详细说明，且无计算书。支架施工方案的传递无记录，导致现场支架搭设时无规范可循，是造成这起事故的技术上的重要原因。

（3）监理公司驻工地总监理工程师无监理资质。工程监理组没有对支架搭设过程严格把关，在没有对模板支撑系统的施工方案审查认可的情况下即同意施工，没有监督对模板支撑系统的验收，就签发了浇捣令，工作严重失职，导致工人在存在重大事故隐患的模板支撑系统上进行混凝土浇筑施工，是造成这起事故的重要原因。

（4）在上部浇筑屋盖混凝土情况下，工人在模板支撑下部进行支架加固是造成事故伤亡人员扩大的原因之一。

（5）领导安全生产意识淡薄，不深入基层，对各项规章制度执行情况监督管理不力，对重点部位的施工技术管理不严，有法有规不依。施工现场用工管理混乱，部分特种作业人员无证上岗作业，对工人未认真进行三级安全教育。

（6）施工现场支架钢管和扣件在采购、租赁过程中质量管理把关不严，部分钢管和扣件不符合相关质量标准。

5.2.3　郑州市“9.6”模板支撑系统垮塌事故

1. 事故简况

2007 年 9 月 6 日 14 时 10 分，我国河南省郑州市富田太阳城二期一家具广场中心工程，在施工过程中采光井模板支撑系统突然垮塌，造成 7 人死亡、17 人受伤。如图 5.2.7 所示。

2. 事故原因

国家建设部、国家安全生产监督管理总局初步调查认定（建质电［2007］65 号）这

图 5.2.7 支撑系统垮塌现场

是一起安全生产责任事故。

(1) 施工人员未严格按照施工方案和相关标准规范搭设模板支撑系统，方案要求现浇梁下立杆间距为 0.4m×0.4m，实际搭设间距为 1.3m×1.3m；

(2) 缺少承担水平力的剪刀撑和扫地杆，致使立杆承载力不满足相关要求；

(3) 监理单位现场监管不力，未及时制止施工人员违规作业行为；

(4) 施工单位在浇捣混凝土过程中施工工序错误，造成局部受力集中，超过模板支撑系统承载的能力。

在国家建设部、国家安全生产监督管理总局对各省、自治区、直辖市建设厅（建委）、安全生产监督管理局的通报中要求各地立即组织开展以模板支撑系统和起重机械设备安全管理情况为主的专项排查，排查的重点为：

(1) 施工单位是否对危险性较大的工程，尤其是高度超过 8m 或跨度超过 18m 的高大模板支撑系统编制了专项施工方案并组织专家进行了审查论证；

(2) 方案中模板支撑系统荷载计算是否严格按照最不利原则进行考虑，是否包括了泵送混凝土引起的动力荷载；

(3) 施工现场是否严格按照相关方案和规定搭设模板支撑系统，是否按相关要求设置了剪刀撑和扫地杆，是否针对模板支撑立杆底部构造采取了有效措施；

(4) 施工单位是否对危险性较大工程的施工作业人员认真进行了安全教育和安全技术交底；

(5) 现场使用的钢管、扣件是否具有生产许可证、产品合格证明和检测合格证明；

(6) 监理单位是否按照相关要求严格审查了施工单位编制的安全技术措施和专项施工方案，是否定期巡视检查施工过程中的危险性较大工程的作业情况；

(7) 起重机械设备安全管理情况，要按照《建设部、国家安全生产监督管理总局关于近期建筑起重机械设备倒塌事故的通报》（建质［2007］168 号）中的要求确定排查重点。

5.2.4　事故的经验与教训

模板支撑和脚手架采用同样的设计施工规范和相似的材料。但脚手架一般荷载较低，只有单片或有限的几片，水平支撑和斜撑的检查都相对容易。最常见的问题是与建筑物的连接或锚固不足，或斜向支撑不够。而模板支撑一般都要承担巨大的施工荷载，所以立杆往往非常密集，由此带来的不仅仅是安装施工的困难，而且在漏掉水平支撑后不易被发现（参见图 5.2.6）。欧拉失稳理论表明长杆的失稳荷载随长度的增加呈平方减低，所以，细长的立杆一旦缺少水平支撑其承载能力即锐减。由不能传递力矩的扣件将立杆和同样不能传递力矩的水平连杆连接所组成的支撑系统进行内力再分布的能力和分布的范围都非常有限。所以，一旦某一立杆因失稳或其他原因丧失抗力就有可能引发连锁效应，像多米诺骨牌一样导致整个支撑系统的破坏。所以，模板支撑从设计、施工方案、安装施工和验收都必须严格按照相关规范的要求进行。因为同样的原因，混凝土的浇筑施工工序需要精心设计，避免荷载高度集中由局部破坏引发连锁破坏。

思考题

1. 复习结构稳定理论，陈述如何保证模板支撑立杆水平支撑的可靠性。

2. 在一些国家，不同工种的工程施工是高度分化的，模板支撑和脚手架的设计、安装施工和工程结构的施工是由不同的专业公司分别承担的。而在我国经常是同一公司的不同工种完成的。分别从经济和安全的角度讨论不同模式的利与弊。

§5.3　地下临时挡土墙倒塌事故

5.3.1　突如其来的地陷

2004 年 4 月 20 日下午 3:30，施工中的新加坡地铁环线（MRT Circle line）尼诰大道（Nicoll Highway）地铁站地面突然坍塌，6 车道的尼诰大道受到严重破坏，塌方吞下两台建筑起重机，事故现场留下了一个长 150m，宽 100m，深 30 m 的塌陷区，扭曲的钢梁、破碎的混凝土板一片狼藉。如图 5.3.1 所示。

“突然我听到一声震耳欲聋的巨响，以为是煤气爆炸。接着靠窗一看，见到火势猛烈的一个大火团，周围也冒出阵阵浓烟。”一位在附近上班的女士目击了隧道上方公路塌陷的意外，她说：“当时，马路上都是车，大火发生后，这些车辆都开始倒退，场面十分紧张。”

事故现场附近有购物大厦和一些住宅楼，商厦的上班族及住宅居民也都听到数声轰然巨响，有人从窗户朝公路一望，惊见路面下陷，火焰从裂开的路面冒出，接着屋里电流中断，空气中弥漫着臭味。人们纷纷奔下楼逃命，自行紧急疏散。如图 5.3.2 所示。

事故是由新加坡地铁环线隧道开挖施工时基坑内的临时墙壁（挡土墙）倒塌引起的。110 余 m 长的地下工地临时支撑结构如多米诺骨牌般倒塌，连同紧靠隧道的一大片路面也

图 5.3.1 事故时的地面现场

图 5.3.2 事故后地面现场

下陷，双程方向交通全面中断，地下工地的电缆和煤气管线受到坍塌破坏，电缆断裂使这一带的建筑物电流中断，电流短路产生的火花遇到大量泄漏的煤气，造成大火。

这起当地历来最严重的地铁工程事故造成 1 人死亡，3 人轻伤，另 3 人失踪。消防部队出动 100 多名拯救人员，连同搜救犬搜寻和抢救失踪的 3 个人，直到几天后才陆续发现并确认其中 2 人已经死亡，另一位被埋在倒塌的泥土、工字钢和混凝土断墙下的人再也无法找到。

5.3.2 工程简介

1. 工程概况

事故工地系新加坡地铁循环线工程，合同 824。这段线路采用明挖，用地下连续墙和内支撑支护，两条接近平行的地铁隧道埋入地下最深为 34m 左右。施工工作面的开挖宽度为15～20m，如图5.3.3所示。基坑坑壁为钢筋混凝土地下连续墙结构，混凝土强度等级C40。横向钢梁的两端支撑在相对应的两面连续墙壁上，用以抵抗作用在坑壁的土压力。每根横向钢梁一般由2～3根工字钢梁加上由角钢和槽钢组成的水平连接杆构成。坑底筑有混凝土喷浆灌注板。

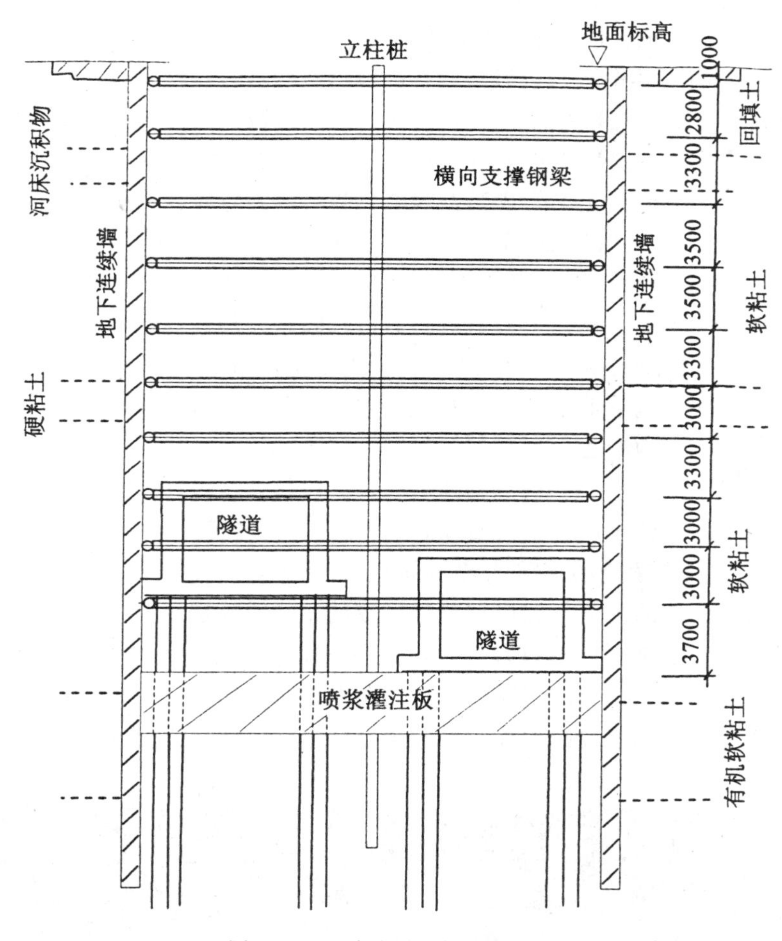

图5.3.3 隧道开挖断面示意图

发生事故的施工区坐落在一填海造地处，北部的土地大约在50年前填成，而南部的土地在大约20年前填成。地面标高为102.9m，地下水位在地表下2m。

场地土的类别从上到下分别为河床沉积物（2m左右厚的不连续的有机软粘土）、海滩粘土（11m左右厚的非常软的粘土，OCR＝1.2～1.5）、冲积粘土（2m多厚的大部分为不连续的硬粘土）、下部海滩粘土（23m左右厚的软粘土，OCR＝1.0～1.2）、下部河床沉积物（5m多厚的不连续的有机软粘土），位于喷浆灌注板下部的土层主要为陈旧冲积土其中包括不连续的风化砂和粘土（$N<30$）及轻度风化的砂和粘土（$30<N<50$）。

2. 挡土墙结构的施工方法

工程施工采用明挖顺作法，即开挖基坑至设计底标高，然后建造钢筋混凝土结构的隧道，最后再将土回填至地面标高。地下连续墙（挡土墙）是作为阻止 30 多 m 深的坑壁在施工时塌方的临时结构。

整个挡土墙结构是由地下连续墙、连续墙的横向支撑钢梁、用以连接横向支撑钢梁到连续墙的横撑、作为横向钢梁中间支座的立柱桩及基坑底部的喷浆灌注板组成。

地下连续墙建造采用：导墙→抓斗成槽并以泥浆护壁→清底换浆→放置钢筋笼→灌注混凝土等的施工工艺。施工依据地质情况分段进行，M3 为其中一施工段，工段内的地下连续墙大约有 37m 高，其中嵌入坑底下为 3m 深，每幅墙的长度大约 6m。

横向支撑钢梁与横撑焊接并按两端简支计算，横撑截面尺寸与横向支撑钢梁中的工字钢相同，大部分横撑的长度仅略长于横向支撑钢梁的端头宽度。横撑与连续墙之间的空隙用混凝土填充，以均匀传递支撑荷载到连续墙。基坑中间设置立柱桩和相应的水平连系杆作为支撑结构的中间支座，以减小横向支撑和立柱的水平及垂直间距。横向支撑钢梁从上到下共分 10 层，上部分间距为每层 3.5m，下部分间距为每层 3m，沿平面方向，横向支撑钢梁作用在每幅墙的中部或置于每幅墙的两边，间距大约为 6m。

立柱桩采用 H 形宽翼工字钢，以打桩的方式在基坑开挖前置入地下。另外，由于该工区段下部土质松软、地下水压力大，所以开挖前在基坑底标高处筑造了 2.6m 厚的喷浆灌注板，以阻止地下水的渗透。

3. 事故的发生

事故发生当天的早些时候，工作面编号为 M3 的坑底处工作人员发现一些用以连接横向钢梁（第九层）到连续墙的横撑内侧翼缘板开始屈曲，如图 5.3.4 所示，作为补救措施，工人们开始往横撑的上部由翼缘和腹板形成的槽内灌注混凝土，以期提高其刚度，但很快意识到这样做已于事无补，因为横撑的变形程度太严重，而浇筑的混凝土无法即刻凝固以起到提高横撑刚度的作用。同时，基坑内不断的可以听到很大的金属碰撞声，这时变形测量仪器的读数显示连续墙的位移已高达 440mm，远远超出最大允许值 150mm。

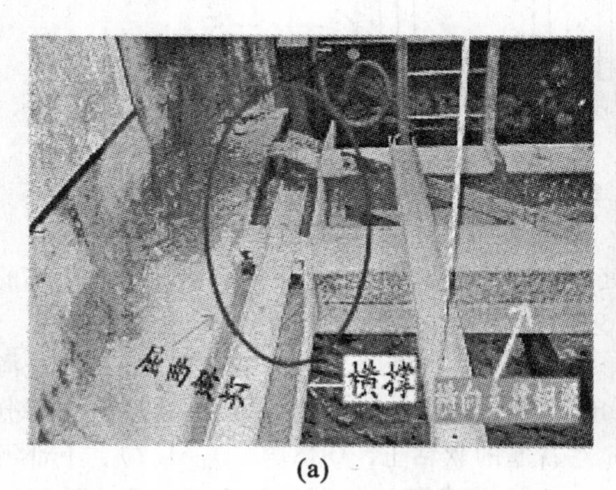

(a)

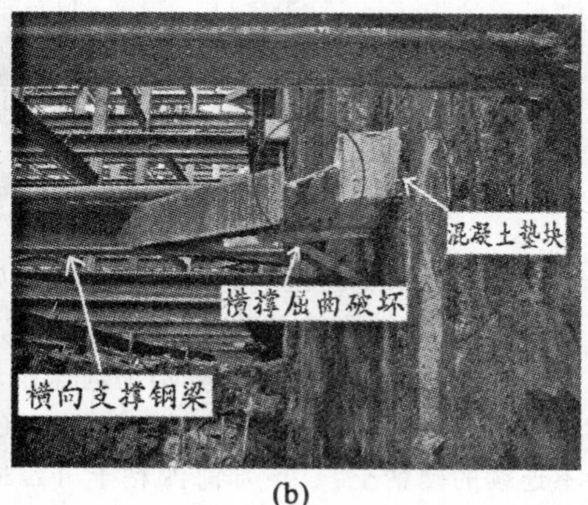

(b)

图 5.3.4 事故前横撑工字钢腹板的屈曲破坏

随着横撑进一步曲屈变形，最终 M3 工区内层的一些横向支撑钢梁开始从横撑上脱落，导致连续墙断裂，100 多 m 长度范围内的地下挡土墙及其支撑结构顿时如多米诺骨牌倒塌，连同紧靠事故现场的一大片路面也下陷 30m，致使双程方向交通全面中断，4 人死亡，多人受伤。如图 5.3.5 所示。

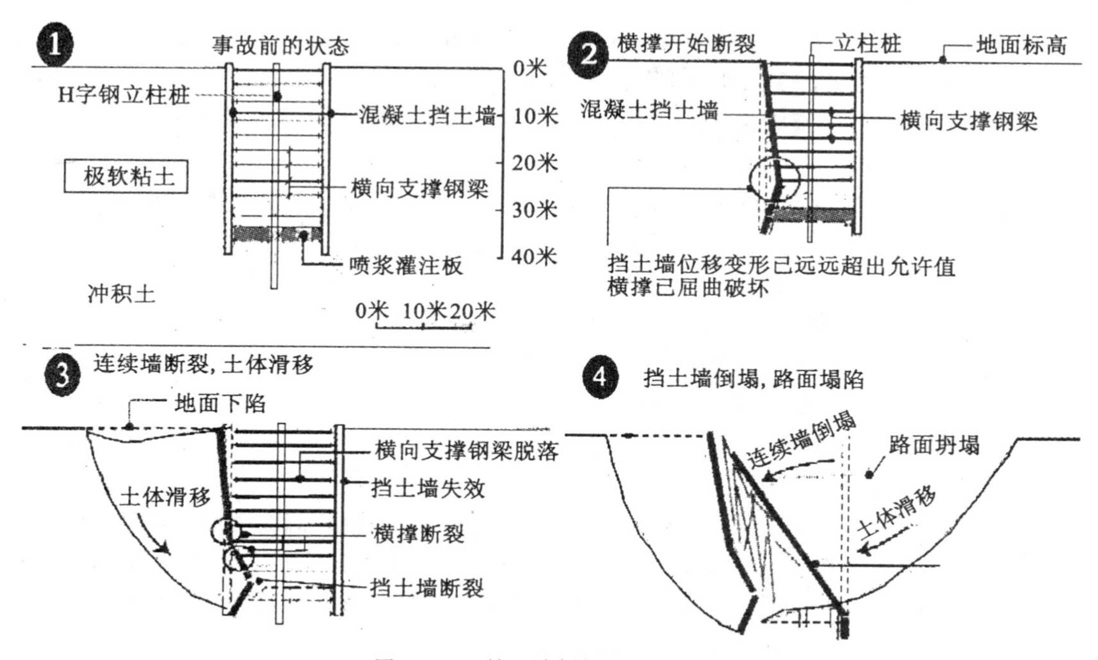

图 5.3.5　挡土墙倒塌过程示意图

5.3.3　事故原因分析

塌陷事故始于横撑的屈曲破坏及连续墙超载造成的位移变形。该项目中使用了一个商业软件验算其深开挖的最大侧向位移变形，采用理想弹塑性摩尔库伦模型（elastic perfectly elastic Mohr-Coulomb Model）为土壤的计算模型，套用有效应力参数进行挡土墙设计。现在普遍认为，采用有效应力参数时，该软件中的理想弹塑性摩尔库伦模型往往会导致低估超孔隙水压力，进而高估土体强度，最终得到偏小的位移变形。

该项工程坐落在最多仅有 50 年历史的填海造地处，由于基坑两侧有相当一部分土质为不连续的软土，有些部位的水压力较大，而并非一些被选用参数所代表的不具排水性，因此造成挡土墙实际承受的压力大于设计强度，事故后发现侧向位移变形被软件计算严重低估，这是事故的主要原因之一。

基坑的塌陷始于横撑的屈曲破坏，不难看出由于设计的失误使得横撑严重超载。事故后的验算结果也显示，某些横撑的强度仅为实际需要的 50%，加之施工质量的偏差，构成了事故形成的另一主要原因。

依照当地的规范及相关部门的规定，承建公司在连续墙的一些关键部位装置了用于监测位移和变形的仪器，其目的在于将每日读取的数据进行分析、解读，做到及时发现问题，以保证施工质量及避免事故的发生。但是仪器的装置在该项工程施工中似乎仅为形式上的“照章办事”，相关的技术人员和管理人员并没有认真对待这项工作，有些仪器因被泥土遮盖而很久无人问津，个别数据也因仪器失灵而不正确，据了解在事故发生前的几天内已经没有人去读取数据，因此失去了发现事故苗头的机会。

事故发生后仅两天新加坡人力部就根据工厂法案（Section 54 of the Factories Act，Chapter 104）成立了事故调查委员会（Committee of Inquiry），对事故发生的原因进行调查，委员会历时一年进行多方调查取证，传唤了178名证人、20名相关专家，于2005年5月13日发表了事故调查结论报告。报告指出，在设计和施工上的三个致命错误导致了事故的发生：

（1）设计上采用了错误的土质模型，过高估计了土的强度，低估了挡土墙所受的力；

（2）挡土墙的横梁支撑系统设计出现错误，节点设计不足；

（3）实际施工时的变异。

上述第（2）条和第（3）条的综合使得支撑系统的实际抗力不足需要的50%。除以上三条外，委员会还发现工程中的另外一些问题：

（1）现场的仪表监察系统有缺陷；

（2）从仪表采集的数据管理不当；

（3）专业工种人员不称职；

（4）项目管理团队和工地监工未能对施工过程中出现的危险倾向采取纠正措施；

（5）陆路交通管理局（Land Transport Authority，LTA）、工程总包商（Nishimatsu-Lum Chang Joint Venture，NLCJV）和分包商的内部和相互间的指令与沟通过程有问题；

（6）参与项目各方之间缺少清晰的报告决断机制。

5.3.4 事故处理

1. 现场处理

由于事故现场正处公路交通要道，同时紧靠商业大厦和居民住宅楼，为避免土体进一步滑移对附近建筑物下地基土造成破坏，在事故发生后的第三天就对坍塌的路面和基坑进行了紧急处理，其具体作法为：

第一步，用低强度的泡沫混凝土填充废墟，这种混凝土既能够很容易地流入建筑碎片间的空隙，填满空隙保证土体不再发生更进一步的滑移，又能够把吸入土中的水分给挤出来。同时，低强混凝土便于今后的清除和开挖工程。

第二步，在顶面铺上一层土和水泥的拌合物找平层作为清除废墟中混凝土断块和金属构件的工作平台。随后，将废墟中的钢构件割成小件，并连同其他一些建筑碎片用起重机从顶部开始逐步清除掉。

第三步，将基坑回填至地面标高，并修复公路。

第四步，在坍塌的连续墙两侧建筑新的连续墙，以避免今后由于基坑内回填土的沉降变形，致使周边地基土产生滑动破坏。

如图5.3.6所示。

2. 重建工程

事故发生后，原承建公司对该项目进行重建，原来的施工现场因坍塌事故，造成基坑内充满了无法清除完的各类碎片和大块的障碍物，所以又为重建的地铁隧道及地铁站在距旧址100m处重新选址定位。同时在吸取事故经验教训的基础上对工程重新进行了设计，

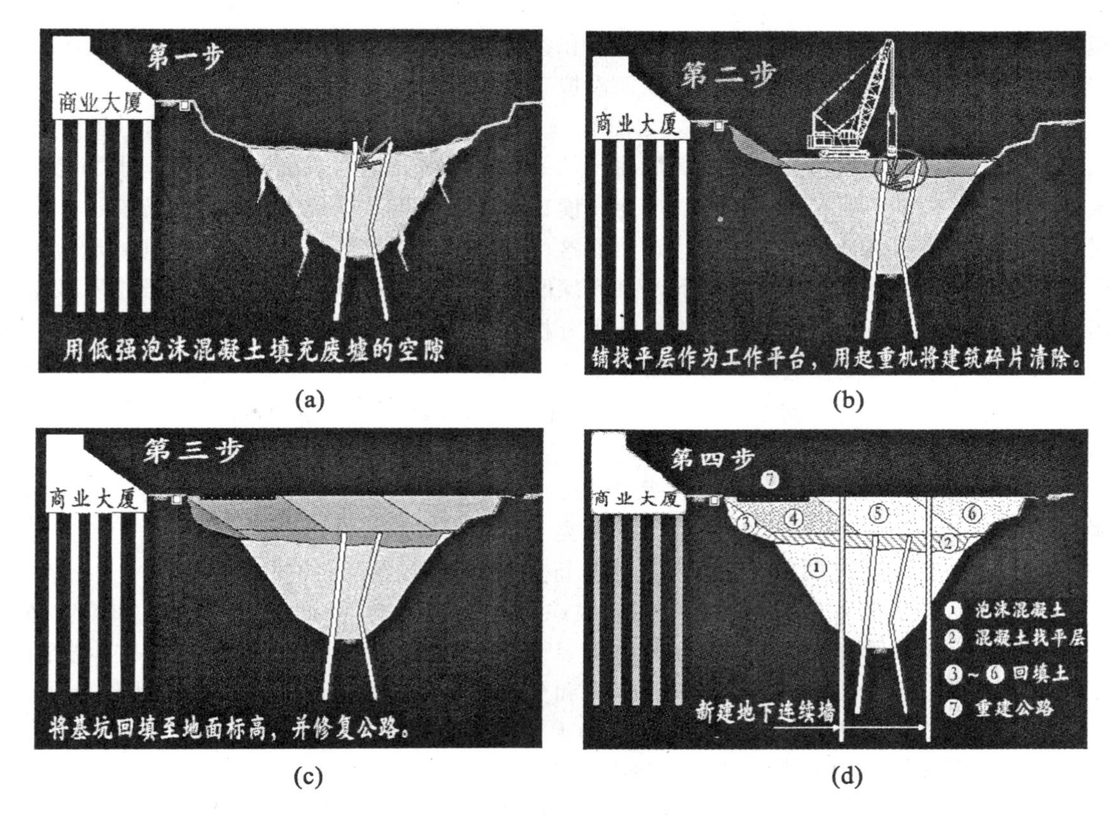

(a)　(b)　(c)　(d)

图 5.3.6　塌陷现场恢复处理

考虑到安全因素，其施工方法也与原来的大不相同。

1.8km 长的两条重建隧道的地下埋置深度大约为 25m，而地铁站的最低底标高为地表下 21.5m，其占地面积为 27m × 165m。

重建工程的隧道施工采用盾构法，使用盾构机在地下掘进，在防止软基开挖面崩塌或保持开挖面稳定的同时，也可以在盾构机内安全地进行隧洞的开挖和衬砌作业。

地铁站重建工程采用逆作法，先在地表面向下做基坑的维护结构和中间桩柱（和顺作法一样，基坑维护结构采用地下连续墙，同时又为地铁站永久结构的承重墙），随后开挖 6m 深表层土体至主体结构顶板面标高，再浇筑顶板。顶板可以作为地下连续墙的第一道很强的支撑（横向整板支撑），以防止维护结构向基坑内变形。以后的工作都是在顶板覆盖下进行，利用结构板下的立柱桩作为竖向支撑，向下进行挖土施工，即自上而下逐层开挖并建造主体结构直至底板，而每层板都形成一道刚度极大的水平支撑。

3. 法律责任

根据新加坡人力部调查委员会的结论，这次事故后有 4 名主要责任人面临刑事指控，总包商、陆路交通管理局、若干分包商以及一系列人员受到警告。

5.3.5　事故的经验和教训

随着计算机技术和商业软件的发展，采用 2D 有时甚至是 3D 有限元分析辅助进行地下开挖和结构的设计已经非常普遍，有非常方便的2D软件可以用来对整个开挖过程进行模拟。然而，任何模拟都有赖于正确的模型和参数。尤其是在使用者对软件所采用的模型和参数的取值不甚了解时，盲目依赖软件模拟有可能导致设计错误和灾难性后果。

坍塌事故并非毫无先兆的，事故之前有一系列不寻常的事件发生。挡土墙过度的变形、倾角仪读数的突然增加、横撑的屈曲、加劲板的屈曲、地面下沉、挡土墙漏水、混凝土支墩破环、横梁弯曲、支架掉落、应变仪读数突然回落以及事故当天支撑系统长达6小时的异样声音都明确预示事故的发生，然而这一切都未得到足够的重视和有效地处理。对于地下工程来说，许多地质情况是无法彻底探明的，施工中必须密切注意实际开挖所显露出来的地质条件，监察分析仪表数据并加以分析和判断，及时作出处理。

新加坡事故调查委员会从事故调查中所总结的教训：

(1) 通过风险识别与分析，包括保证临时结构的稳健、独立审查和定期复查等措施，认识到潜在的重大事故；

(2) 在工程的评标发标过程中采用严格的权重评价系统，系统的权重中应包含投标者的安全纪录、安全文化、核心竞争力等一类非技术、非商业性因素；

(3) 从设计到施工的所有管理人员、执行人员都需要有强烈的安全文化；

(4) 设计安全管理系统时需要考虑到组织和人员的因素，例如仪表的安装和读取必须精心管理、高层管理人员必须具备足够的经验和判断力，适时地发出暂停或停工指令、工期压力和预防系统要得到平衡、专业人员和分包商必须有足够的训练和胜任力等；

(5) 公共场所附近可能带来重大伤害的大型项目必须有完整的紧急预案；

(6) 新技术必须得到严格的理解和评估后才能采用。

任何一次大的工程事故同时应该作为工程科技和工程从业人员吸取教训和学习的机会，所以，该案例也受到广泛的关注。美国麻省理工学院开设课程研讨该案例，新加坡人力部和新加坡工程师学会（The Institution of Engineers, Singapore, IES）专门开设研讨会探讨如何从事故中吸取教训，研讨会讨论了工程师的观点、合理评估土质条件和设计参数、深开挖时合理应用有限元分析、监控仪表的设置、工程师在事故现场工作中的法律责任、设计—建造工程中的实际问题、建筑工业工作场所的安全和健康法规要求、尼诰大道重建的开挖，等等，从各个不同的角度总结经验，力求避免类似悲剧的重演。

思考题

1. 讨论地质勘探报告和实际地质状况之间的关系，阐述施工过程中地质条件监察的重要性。

2. 一项大型工程工地每天都会有形形色色的大小事件发生，什么样的安全预警机制才能保证工程主管人员及时得到最重要的信息，做出正确的判断？

3. 在国家和法规层面如何保证重大安全事故的原因得到彻底的调查，经验得到适当的总结？

第6章　地震震害实例

§6.1　台湾省台中县石岗坝震害

6.1.1　大坝震害简介

大坝按建筑物材料和工作原理分类有混凝土坝，浆砌石坝，土石坝。其中：混凝土坝分为重力坝、拱坝和连拱坝；用浆砌石修筑的坝称为浆砌石坝，这类坝分重力坝和拱坝；土石坝分为心墙坝、斜墙坝。大坝的震害与坝型密切相关，不同坝型的大坝在地震中造成的震害也不完全一样。土石坝在地震发生后可能出现的情况主要表现为以下几种：第一种情况是滑坡。唐山地震之后密云水库出现过大规模滑坡的现象。第二种情况是塌陷。如陡河土坝出现大坝严重塌陷。第三种情况是液化。其主要表现在砂土地基与建筑大坝的材料砂砾出现液化，在震动过程中，饱水的砂砾等材料会变成流沙向四周流动，这样大坝就完全失去了抗震的能力，大坝很可能在很短的时间内垮掉。第四种情况是裂缝。一般来说，地震之后给土石坝带来的问题集中在滑坡、塌陷、液化和裂缝等几种情况。值得注意的是，面板堆石坝的防渗层可能出现裂缝或隆起，还有就是两岸的坝头可能产生山体滑坡，这些都是地震可能给土石坝带来的破坏情况。

而混凝土坝，主要表现在裂缝与两岸坝肩滑坡。其主要出现的地带是顶部裂缝和底部裂缝。裂缝出现的问题就是漏水以及削弱坝的整体稳定，所以混凝土坝一旦发生裂缝就要及时处理、整修。据已有经验，混凝土坝整个垮塌还是较少出现。表6.1.1显示了世界上一些混凝土坝的震害统计资料。

6.1.2　石岗坝简介

石岗水坝（Shih-Gang Dam）位于我国台湾省台中县石岗乡，兴建于为横跨大甲溪（Tachia River）之拦河堰。其主要功能是为台中地区20多个乡镇的工业、灌溉和生活提供用水。

石岗坝的历史可以追溯到1938年的日治时期。当时的日本殖民政府为了给捂栖港口（Wuci harbor）提供电力供应，就计划在大甲溪盆地开发水电资源并逐渐付诸实施。第二次世界大战后，由于经济发展的需求，台湾当局积极从事各种自然资源的开发项目，并与1954年由当时的“经济部”牵头成立了“大甲溪项目委员会”（后来这一委员会改名为“大甲溪水利资源中央规划委员会”）。项目委员会的主席是由当时的“总统府资政”孙运璇博士担任。该项目的主要目的是开发利用大甲溪的水利资源进行水力发电，农田灌溉以及洪水防治。整个项目包括从大甲溪上游至下游六座水力发电厂以及一座正在兴建的德基水库（Techi Reservoir）。

表 6.1.1　　混凝土坝的震害统计资料

大坝名称	建成时间	坝　型	坝高 /m	震　害	地震记录（顺河/横河）	国　家
新丰江	1959	支墩大头坝	105	坝体水平裂缝		中　国
Sefidrud	1962	重力支墩坝	106	坝头部开裂 上游帷幕破坏		伊　朗
柯伊那（Koyna）	1963	重力坝	103	坝体水平裂缝	0.49g/0.63g	印　度
五本松（Gohonmatsu）	1900	重力坝	33.3	无		日　本
谷　关	1961	拱　坝	85.1	裂缝扩大	坝顶下 12.5m 389gal. 754gal	中　国
帕柯伊玛（Pacoima）	1929	拱　坝	110	坝肩开裂	0.43g（1994 年）	美　国

1959 年“经济部大甲溪水利资源项目委员会”建议兴建石岗水坝。1974 年 10 月 31 日大坝正式动工。整个工程耗时三年时间，于 1977 年 10 月 15 日全部完工并开始运行。表 6.1.2 列出了石岗坝的一些基本设计数据。

表 6.1.2　　石岗坝的一些基本设计数据

项目	数据
积水面积	1 061km^2
正常水位高度	267.1m
最高水位高度	267.25m
整个水库面积	64.5 英亩
总库容	3 380 000m^3
计划有效库容	2 700 000m^3
实际有效库容	2 338 000m^3（1999 年六月的测量结果）
水坝类型	混凝土重力坝
坝顶海拔高程	272.00m
最大坝高	25.00m
坝长	357.00m
坝宽	8.00m
坝体积	141 300m^3

6.1.3　台湾省“9.21”大地震

1999年9月21日凌晨1时47分，在我国台湾省中部南投县集集镇，发生了里氏7.3级的强烈地震。震源深度10km左右，重灾区在日月潭地区。该地区有许多活断层，开始是“双冬断层”发生活动，同时牵动相邻的车笼埔断层的大规模滑动，导致断层沿岸的丰原、大境、务峰、中兴新村、南投、名间、竹川等市县村镇地区的灾难性破坏，大部分地段已被夷为平地。

地震导致的地面最大加速度高达984gal（$1\text{gal} = 1\text{cm/s}^2$），而该地区抗震设计采用的地震地面最大加速度为230gal。地震持续时间长达40秒钟，而且地震是上下、水平同时发生。地面垂直错位最大有10m。这次大地震造成严重人员伤亡和财产损失，整个灾区死亡2 246人，受伤8 735人，毁坏房屋17 484栋，其中包括619栋学校建筑及许多公共建筑，受灾人口250万人，直接经济损失超过1 000亿新台币。

“9.21”大地震彻底地改变了石岗坝及其周围地区的地貌。受地震断层的作用，石岗坝的邻近区域产生不均匀的竖向和水平向位移。一条断层穿过坝底，该断层引起地面变形，石岗坝在该断层左侧坝体隆起约10m，右侧坝体隆起约2.2m，垂直落差约7.8m。巨大的垂直落差造成坝体右岸及16号、17号和18号溢洪道闸门破坏，坝体与闸墩局部开裂，闸门传动轴变形、部分闸门无法开启，进水口及输水干线和输水隧道损坏，水库蓄水功能和引水功能丧失，导致供给地区100多万人的用水困难。然而，在勘探与建设石岗坝时都没有发现该断层。

由于石岗坝坝高仅25m，地震前有效库容2 338 000m³，且地震时蓄水不多，故未发生严重次生灾害。

图6.1.1显示的是“9·21”大地震之前的石岗坝。图6.1.2～图6.1.5显示“9·21”大地震对石岗坝及其周围的附属建筑造成的破坏。

图6.1.1　“9·21”大地震之前的石岗坝

图6.1.2　左侧泄水道的挡土墙倒塌

图 6.1.3 重力坝的右边开裂并大量漏水

图 6.1.4 坝的右侧墙损毁

图 6.1.5 巨大的垂直落差造成 16 号、17 号和 18 号溢洪道闸门破坏

6.1.4 造成石岗坝地震破坏的地质原因

石岗坝及其周围有许多冲断层和后冲断层，如图 6.1.6 所示。

“9·21” 大地震造成这些冲断层和一条大的后冲断层滑移，两条冲断层开裂并经过大坝的北边，石岗坝就位于由一条大的冲断层和一条逆冲断层所形成的三角形区域的底端，这两条大断层一直延伸至埠丰桥的南边，其中这条大的冲断层横穿北段坝底并在断层的两边产生 8～10m 竖向落差致使坝体严重受损。

图 6.1.7 显示断层从石岗坝北岸算起的第二个闸墩通过，垂直落差 7.8m，断层造成坝体的损坏。图 6.1.8 以三维图形显示石岗坝及其邻近区域的断层以及由大地震造成的大地永久变形。

6.1.5 石岗坝地震破坏的经验教训

工程选址是工程建设尤其是重大工程建设中的重要环节。建（构）筑物建于抗震不利地段甚至危险地段，地震引起的山崩、滑坡、地陷以及地面变形等对建（构）筑物将直接构成危害，尤其是工程建设未避开活断层，地震时将带来灾难性的后果。

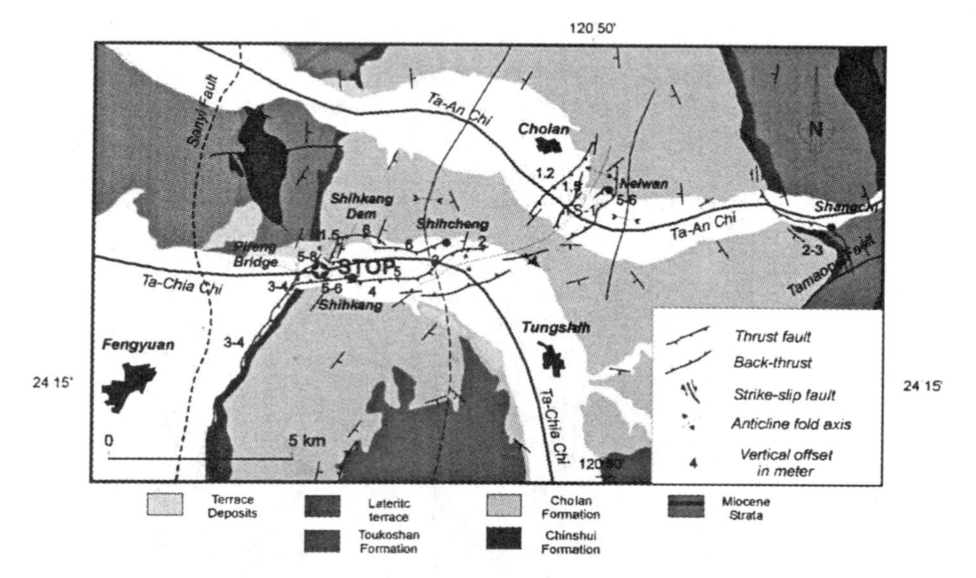

图 6.1.6　石岗坝及其周围地区的断层分布图

图 6.1.7　断层造成坝体的损坏

国内外震害调查表明，工程选址不当所造成的震害尤为严重、损失巨大，教训是深刻的，值得相关决策者和工程技术人员深思。“9·21”大地震是发生在比较活跃的断层上，位于活断层上及其附近的建（构）筑物遭到毁灭性破坏，断层所过之处，房屋倒塌，山河改观，损失惨重。大地震造成一些地方近 10m 的地表垂直变形，大甲溪河床因断层错动而形成 7m 高的瀑布，石岗大坝也因断层错动而断塌，震后断裂处南侧拱起约 9.8m，北侧拱起约 2m，两侧形成 7.8m 的高差，大坝的功能全部丧失。发震断层引起地面变形，这种巨大的自然力是任何建（构）筑物所无法抵御的。有些断层虽不是发震断层，但较大的断层蠕变量同样可以导致建于断层上的建（构）筑物产生严重破坏。

石岗大坝地震破坏留给我们的教训是，工程建设、城市建设一定要注重选址，查明活断层等对工程和建（构）筑物地震安全性影响较大的危险地段和抗震不利地段，这一点在我国现行的抗震设计规范中都作了明确规定。大型水坝在选址中，还必须考虑水库诱发地震问题，防止出现水库诱发地震引起坝体破坏的现象。

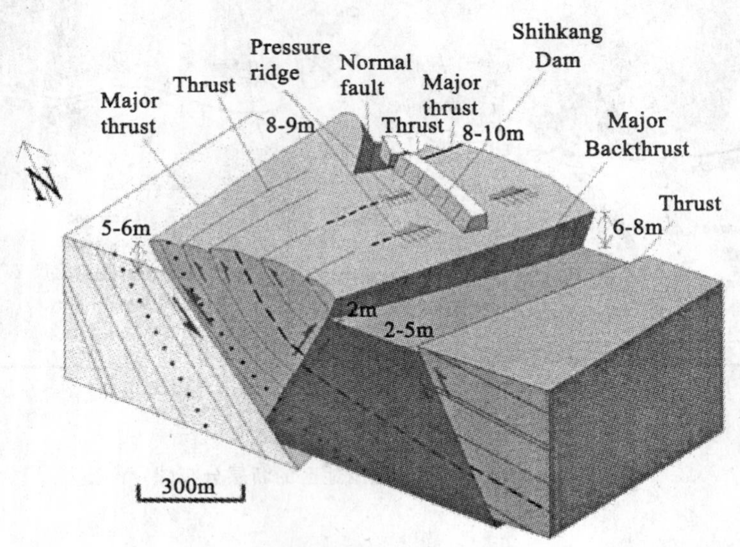

图 6.1.8 地震造成的大地永久变形

思考题

1. 阅读一些参考文献并借助互联网，总结并讨论混凝土重力坝在历次大地震中的各种破坏以及相关经验、教训，以小组为单位写一篇总结报告。

2. 国内外位于断层上的水坝并不少，对于地震时断层错动引发破坏的工程对策研究还很不够，这也是工程抗震研究的一个新课题。阅读一些参考文献并借助互联网，讨论如何评价这些建在断层上水坝的安全性。

§6.2 汶川"5·12"大地震震害

6.2.1 四川汶川大地震及其成因

2008 年 5 月 12 日北京时间下午 2 点 28 分，距离我国四川省首府成都市 80km 处的阿坝州汶川县（北纬 31.0°，东经 103.4°）发生了里氏 8.0 级地震。这次地震属于浅源地震，震源深度大约 19km。浅源地震产生的地震波到达地表后因能量衰减少使得地面产生剧烈振动，因此具有更大的破坏力。更加不幸的是，产生这次地震的断层周围尽是坚硬的土壤和岩石，地震波的强度因而衰减小可以传播至很远。因此汶川大地震不仅在震中区附近造成灾难性的破坏，而且在四川省和邻近省市大范围造成破坏，其影响更是波及到全国绝大部分地区乃至境外，如泰国曼谷，越南河内，日本等地都感受到这次地震。此后余震不断，次生灾害频发。汶川大地震是中国 1949 年以来破坏性最强、波及范围最大的一次地震，地震的强度、烈度都超过了 1976 年的唐山大地震，其所释放的能量是 1995 年日本阪神大地震的 30 倍，相当于 500 颗广岛原子弹释放的能量。

汶川大地震位于龙门山断裂带，过去数百年中这一断裂带附近多次发生里氏 7 级以上大地震，但是龙门山主体并没有强烈的活动，直到这次地震的发生。断裂自东北向西南沿着四川盆地的边缘分布，长 300 ~ 400km，宽约 60km，沿断裂带青藏高原推覆在四川盆地之上。地震是由于一个逆冲断层向东北方向运动的结果。如图 6.2.1 所示。断层破裂起始于龙门山脉，然后向东北方向传播至少 200 km，把龙门山前的大地撕裂开来，破裂时间大约为 50s。

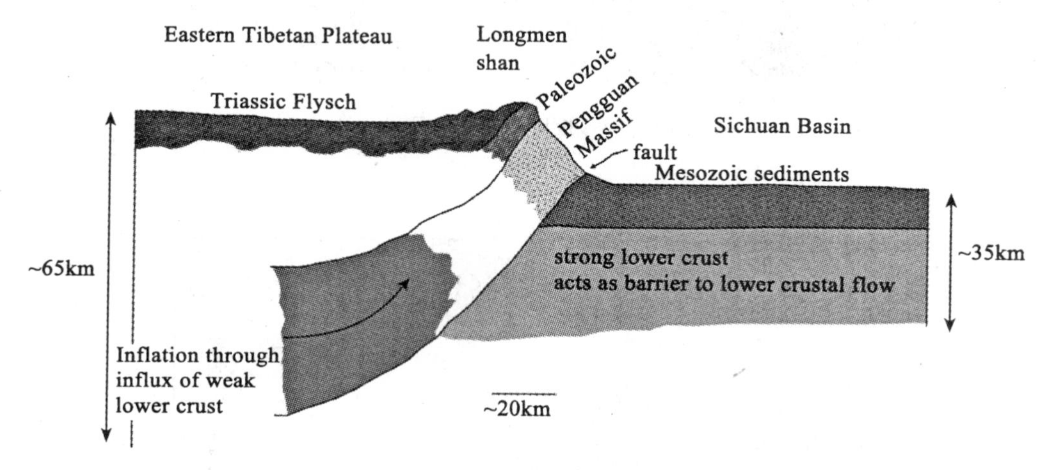

图 6.2.1　一条位于龙门山断裂带的逆冲断层向东北方向运动产生了汶川大地震

从大陆尺度上来看，中亚和东亚的地震活动是由于印度洋板块冲撞欧亚板块造成的。印度洋板块以每年 50mm 的速度向北运动（图 6.2.2 中的白色箭头所示的是由全球定位系统测量到的板块的移动方向），挤压欧亚板块、造成青藏高原的隆升。高原在隆升的同时，也同时向东运动，挤压四川盆地。四川盆地是一个相对稳定的地块。虽然龙门山主体看上去构造活动性不强，但是可能是处在应力的蓄积过程中，由于蓄积的应力超过了岩石强度的临界点，龙门山断裂带就发生了里氏 8.0 级大地震。

6.2.2　汶川地震震害

汶川大地震是中华人民共和国成立以来破坏性最强、涉及范围最广、救灾难度最大的一次地震，震中烈度为 11 度。图 6.2.3 显示了汶川大地震烈度分布图。

汶川大地震造成 8.7 万多人遇难或失踪，受伤 38 万多人；倒塌房屋、严重损毁不能再居住和损毁房屋涉及近 450 万户，1 000 余万人无家可归。这次地震还引发泥石流、山体滑坡等严重次生灾害，使农田、道路、桥梁等设施悉遭损毁，重灾区面积超过 10 万 km^2，造成的直接经济损失预计高达 8 451 亿元。这次地震灾情之重实属罕见，伤亡惨状目不忍睹。

汶川大地震建筑物的震害按结构类型分类如下。

1. 砌体—木屋架结构

由于木材可以就地取材，砌体使用较少，这种结构的造价非常低，在村镇大多采用这

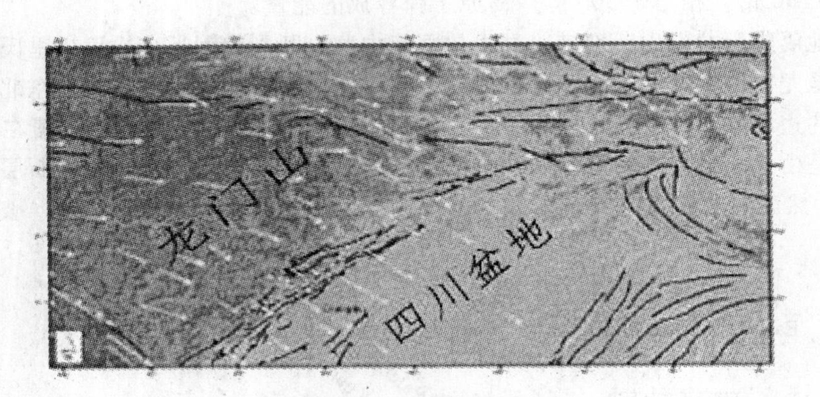

图 6.2.2　板块移动示意图

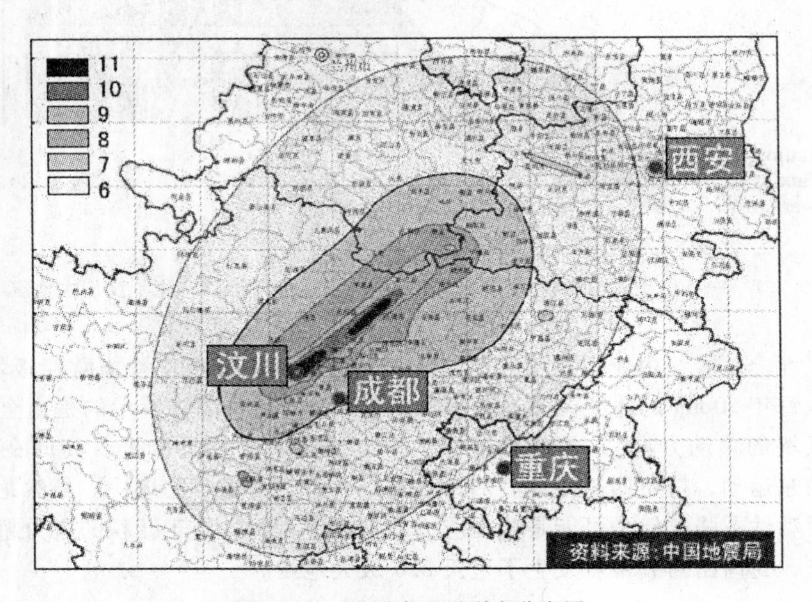

图 6.2.3　汶川大地震烈度分布图

种结构作为简易厂房、仓库等。但是这种结构的砌体墙和砌体柱强度不高，且大多年代较长，在地震中容易发生屋面破坏和局部倒塌，如图 6.2.4 所示。

2. *砖混结构*

砖混结构是我国居住、办公、学校和医院等建筑中最为普通的结构形式。这类建筑主要是由粘土砖、砖块、石块通过砂浆砌成承重墙体和各种预制混凝土楼板砌筑而成，延性差，抗剪、抗拉强度低，承受水平地震力的能力也低，因而结构体系抗震性能相对较差。许多砖混结构因构造措施不足，在地震中造成砖墙倒塌，预制板塌落。图 6.2.5 显示的是汶川大地震中破坏的砖混结构。

3. *底层框架砖混结构*

一般临街的多层砖房的住宅，底层由于开设商店，往往采用底层框架砖房。地震中这

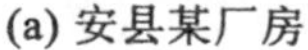

(a) 安县某厂房

(b) 蓥华镇自建住宅

(c) 红白镇中学单层教室

图 6.2.4 砌体—木屋架结构的震害

(a) 建筑物整体坍塌

(b) 顶层教室坍塌

(c) 木屋架散落破坏

(d) 突出屋面的景观构架倒塌

(e) 转角墙柱破坏导致房屋倾斜坍塌

(f) 窗洞矮小形成短柱产生剪切破坏

图 6.2.5 汶川大地震中砖混结构的破坏情况

类房屋震害主要是集中于底层框架或上部砌体结构破坏严重，甚至坍塌。其原因是地层纵横墙少，刚度的急剧变化使房屋的变形集中发生于相对薄弱的底层，而其他各层层间变形很小。一般说来，底层框架砖房的地震破坏危险性要比多层砖房大。图 6.2.6 显示的是汶川大地震中破坏的底层框架砖混结构。

4. 框架结构

框架结构的构件震害一般是梁轻柱重，柱顶重于柱底，尤其是角边柱和边柱更容易发生破坏。除剪跨比小的短柱（如楼梯间平台柱等）易发生柱中剪切破坏外，一般柱是柱端的弯曲破坏，轻者发生水平断裂或斜向断裂；重者混凝土压酥，主筋外露、压屈和箍筋崩脱。

在这次汶川大地震中，大多数框架结构的主体震害一般较轻，主要破坏发生在维护结构和填充墙，尤其是圆形填充墙的破坏较重。个别因施工质量差，结构布置过于复杂的框架结构也发生严重破坏，甚至倒塌。在实际框架震害中，很少见到“强柱弱梁”型破坏。“强梁弱柱”较为多见。部分框架在底层出现明显的薄弱层，如图 6.2.7 所示 。

(a) 底部大开间支撑柱节点破坏导致房屋整体倾斜

(b) 突出屋面的女儿墙、小房间被震落

(c) 底层大空间房屋柱顶破坏节点

图 6.2.6 汶川大地震中底层框架砖混结构的破坏情况

(a) 都江堰填充墙发生破坏

(b) 都江堰某住宅小区框架结构倒塌

(c) 都江堰某住宅小区框架结构底层破坏

(d)都江堰某住宅小区框架结构倒塌(屋顶结构太重)

(e) 都江堰某公共建筑框架结构局部垮塌

(f) 南坝镇-强梁弱柱导致柱顶产生塑性铰

(g) 错层造成短柱剪切破坏

(h) 错层造成短柱剪切破坏

(i) 异形柱端破坏

图 6.2.7 汶川大地震中框架结构的破坏情况

5. 框架剪力墙结构

汶川大地震中，框架剪力墙结构，由于具有较大的抗震刚度和承载能力，显示出了优越的抗震性能。图 6.2.8 为绵阳新益大厦，在地震中仅少数维护结构产生细微裂缝。

表 6.2.1 显示了汶川大地震建筑震害情况统计。

(a)

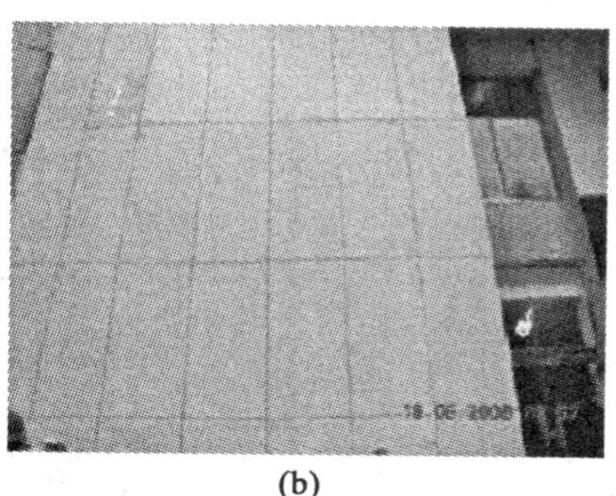
(b)

图 6.2.8 绵阳新益大厦（承重结构没有损坏，少量维护结构有一些小裂纹）

表 6.2.1 建筑震害情况统计（按结构形式分类）

结构类型	可以使用	加固后使用	停止使用	立即拆除
砌体—木屋架结构	0（0%）	2（67%）	0（0%）	1（33%）
砌体结构	36（22%）	59（36%）	27（17%）	40（25%）
底层框架结构（砌体—框架结构）	17（61%）	5（18%）	4（14%）	2（7%）
框架结构	63（60%）	34（32%）	8（8%）	0（0%）
框架—剪力墙结构	5（72%）	1（14%）	0（0%）	0（0%）

6.2.3 汶川地震中校舍的震害

这次汶川大地震中，地震区的校舍大都是延性差，抗剪、抗拉强度低，结构体系抗震性能差的砌体建筑物，因而损失极为惨重。四川省倒塌的校舍有北川中学、茅坝小学、茅坝职中、聚源中学、新建小学、向峨坝中学、平通镇小学、漩口中学、映秀小学、东汽中学、实古镇小学、蓥华镇小学、蓥华镇中学、八角镇小学、洛水镇小学、红光小学、东湖小学、木鱼中学、汉旺镇一所中学、一所技校、红白中学、红白小学、绵竹县富新二小等。

来自四川省建设厅的数据显示，重灾区学校倒塌面积为 14 889.3 万 m^2，倒塌房屋总面积为 144 5330.8 万 m^2。倒塌学校面积占总倒塌房舍面积的 1.3%。而来自四川省教育厅的数据显示，在汶川大地震中四川省学生死亡近 5 000 人，伤者 1.6 万余人，在全四川 67 000死亡人口中，学生占 7% 。

这次大地震中伤亡比较惨重的是都江堰市聚源镇聚源中学。该校共有师生 1 800 余人，其中学生 1 700 余人。地震使得聚源中学教学楼倒塌，正在上课的初二、初三两个年级 18 个班、1 200 多名学生被埋在瓦砾堆下，700 多名学生遇难。

地震前的聚源中学在都江堰市及周边地区享有较高的声誉和知名度。聚源中学因首创农村初中寄宿制教育而闻名于都江堰市，每年因向各类高一级学校输送大量优秀学生成为都江堰市十大生源基地校之一，每年因教育教学工作成绩显著而受到了上级政府和主管部门的表彰；学校先后被授予成都市级“合格初中”、都江堰市级“文明单位”、“校风示范校”等称号；学校通过创建农村名校树立起良好的公众形象。

聚源中学坐落在都江堰市聚源镇，该校距离成都市 50km，离汶川大地震的发震断层只有 20km。聚源中学倒塌的教学楼建于 1986 年，为装配式框架结构，原结构为三层，沿建筑短向为单榀框架，楼板为预制板。图 6.2.9 为倒塌前的聚源中学教学楼。

图 6.2.9 倒塌前的聚源中学教学楼

聚源中学的教学楼在建筑构造上，是装配式结构，抗震性能差。柱与墙的连接没有拉结筋，一遇到地震，墙与柱的拉结，梁、板的搁置长度，板与板之间的拉结等处会遭到严重破坏。从现场残留的梁柱构件可以看到，基本没有完好的梁柱节点，梁柱构件中钢筋数量较少，用于搁置预制板的挑耳尺寸较小，说明原结构框架节点及梁柱构件的承载力较低，预制板与框架连接的整体性差。再加上这次地震震级高，能量大，当地震发生时，房屋振动，楼层预制板与框架不能形成共同体系，当地震引起的变形超过框架节点及构件的承受能力时，造成框架节点破坏，框架体系失效，房屋整体垮塌。

图 6.2.10 显示汶川大地震后的聚源中学。图 6.2.11 显示倒塌后的教学楼。图 6.2.12 显示教学楼倒塌后悬挂着的预制混凝土楼板。图 6.2.13 和图 6.2.14 显示倒塌后的无筋混凝土砖墙和无延性的钢筋混凝土梁。

图 6.2.10 汶川大地震后的聚源中学

图 6.2.11 倒塌的教学楼

图 6.2.12 悬挂着的预制混凝土楼板

图 6.2.13 无筋砖墙和无延性的梁

图 6.2.14 无延性的现浇混凝土梁

然而值得注意的是另一栋建于倒塌教学大楼旁边的实验大楼，虽然遭受破坏，但却没有倒塌，如图 6.2.15 和图 6.2.16 所示。该实验大楼建于 1996 年，与倒塌的教学大楼具有相似的建筑及结构形式。从图上可以看到实验大楼的剪力墙上出现了几条大的裂缝，而整个大楼还基本保持原貌。可能原因是由于聚源中学教学楼是南北向，和断裂带大致平行，地震波易把建筑物夷为平地。同样结构形式，实验楼是东西向，与地震带垂直，虽已破坏，但没有倒塌。

图 6.2.15　没有倒塌的实验大楼

图 6.2.16　实验楼墙上的剪切裂缝

6.2.4　从震害中吸取教训

在这次汶川大地震中，数千校舍倒塌，学生伤亡人数令人触目惊心，痛心疾首。究其原因，一方面这次汶川大地震震级为 8.0 级，震中烈度为 11 度，史所罕见；另一方面建筑楼层超高，建筑质量不达标以及建筑物在抗震方面本身也存在着设计方面的先天性缺陷。从聚源中学教学楼的倒塌以及惊人的伤亡人数，我们大致可以得到以下经验教训。

1. 规范校舍抗震设计，保证整体结构体系的承载力

中小学校舍建设过程中首先应该注意抗震设计方面的问题，校舍场地应选择在抗震有利的地段；校舍的平面、立面布置宜规则、对称，质量和刚度变化均匀，避免楼层错层，对体型复杂的建筑物可以设置防震缝，将建筑物分隔成规则的结构单元，相邻的上部结构要完全分开，并留足宽度。校舍建设应选择合理的抗震结构体系，结构构件应有利于抗震。在校舍结构设计时，必须综合考虑结构体系的实际刚度和强度分布，避免因局部削弱或突变形成薄弱部位，产生过大的应力集中和塑性变形集中。同时，校舍结构的各构件，应力求避免脆性破坏，加强构件的延性。对砌体结构宜采用钢筋混凝土圈梁和构造柱等措施，对钢筋混凝土构件应通过对截面尺寸的选择、纵向钢筋及箍筋的合理配置，保证校舍结构的整体性，并使结构和连接部位具有较好的延性。保证主体结构构件之间的可靠连接是充分发挥各个构件的强度、变形能力，从而获得整个结构良好的抗震能力。构件之间的连接，除了必须保证的强度外，还要求节点在地震作用下超过弹性变形后，还能保持相当的继续变形的能力，以利于结构吸收地震能量。

2. 保证校舍施工质量，加强工程建设的监理与监督

在校舍建设过程中，材料及施工质量的检查与验收，应符合国家相关标准中关于材料

和施工质量检查验收的规定，以及抗震设计的特殊要求。政府主管部门应提高建材产品和建筑机械的合格率，加大建材、建管的联合执法监督力度，将质量监督工作全面地展开，并且把产品质量从对生产企业的监控向建设工程现场延伸，有效地杜绝无证产品进入工地。为全面提高教育工程质量打好坚实的基础。另一方面，应加强教育工程建设的严格监理与监督，把工程质量纳入法制的轨道，做好勘察设计的质量检查工作，严格建筑工程质量验收制度。

3. 制定学校应急防震减灾规划，设置地震灾害预警与指挥系统

在中小学校舍建筑规划时，应充分考虑防震减灾因素，合理的校舍规划将在震中、震后发挥巨大的作用。通过规划手段可以实现将教学楼区的绿地、校园露天运动设施、校园广场等作临时避震区域，同时通过防震减灾规划意见，在规划时充分考虑校区建筑物系统、校区道路交通系统、校区排洪系统、城市排水系统、校区供电子系统、校区热力系统和校区消防子系统等 7 个系统，充分满足防震减灾的需要。中小学校舍相对集中区域应设置地震预警系统的节点，并设立必要的地震应急指挥系统。地震预警对于学生大量集中的教学楼校区是具有极为重要的社会效益，可以大大减少师生人员伤亡，降低次生地震发生，师生完全躲开地震危险的行为一般不会在几秒钟内完成，如果有几秒钟的预告，学校师生可以躲藏于安全地带，如课桌下，个人安全性会大大增强，同时能大大降低学生的恐慌和混乱，可以极大地避免中小学教学楼中常见的恐慌疏散等次生灾害。

思考题

1. 历次大地震的震害告诉我们，建筑物场址选择是建筑抗震设计中非常重要的一个环节，如聚源中学教学楼的倒塌也与场址选择不当有关。阅读一些有关地震工程方面的参考书，写一篇报告，总结并讨论如何根据周围的地震地质情况选择建筑物的场址。

2. 砖混结构在我国应用较为普遍，汶川大地震中这类结构的破坏也最为严重。其主要原因是结构体系抗震性能差，许多结构构造措施不足以及施工质量等问题。阅读一些有关砌体结构抗震设计方面的参考书，写一篇报告，讨论如何从结构平面、立面布置，构造措施以及施工质量上保证这类结构的抗震性能，减轻这类结构在未来地震中的震害。

参考文献

[1] James Koughan, "The Collapse of the Tacoma Narrows Bridge, Evaluation of Competing Theories of its Demise, and the Effects of the Disaster of Succeeding Bridge Designs," The University of Texas at Austin, 1996.

[2] Den Hartog, Mechanical Vibrations, Dover, New York, 1985.

[3] H. Bachmann, et al., Vibration Problems in Structures, Birkhauser Verlag, Berlin, 1995.

[4] M. Levy and M. Salvadori, Why Buildings Fall Down, Norton, New York, 1992.

[5] K. Billah and R. Scanlan, "Resonance, Tacoma Narrows Bridge Failure, and Undergraduate Physics, Textbooks;" American Journal of Physics, 1991.

[6] the early days of the Narrows Bridge: http://www.nwrain.net/~newtsuit/recoveries/narrows/comp.htm.

[7] Mark Ketchum's Bridge Collapse Page: http://www.ketchum.org/bridgecollapse.html.

[8] Want to build a bridge? :http://www.pbs.org/wgbh/nova/bridge/build.html.

[9] Context for World Heritage Bridges: http://www.icomos.org/studies/bridges.htm.

[10] Washington State Highways website: http://www.phenry.org/wsh/index.html.

[11] The University of Washington Tacoma Narrows Bridge Collection: http://content.lib.washington.edu/farquharsonweb/.

[12] http://www.pbs.org/wgbh/amex/goldengate/peopleevents/p_moisseiff.html.

[13] Bruce Ricketts: The Collapse of the Quebec City Bridge, http://www.mysteriesofcanada.com/Quebec/quebec_bridge_collapse.htm.

[14] 卡尔顿大学网站 http://www.cee.carleton.ca/ECL/reports/ECL270/.

[15] The Iron Ring: http://www.ironring.ca/.

[16] Jenny Halliday: The Iron Ring: Where Did It Originate? http://www.engr.uvic.ca/~ess/modules/documents/files/The_Iron_Ring.doc.

[17] Rouse and Delatte, Lessons from the Progressive Collapse of the Ronan Point Apartment Tower, Proceedings of the 3rd ASCE Forensics Congress, October 19-21, 2003, San Diego, California.

[18] Department of Civil And Environmental Engineering, Cleveland State University, http://csuold.csuohio.edu/civileng/faculty/delatte/new_case_studies_project/Ronan%20Point.htm.

[19] R. SHANKAR NAIR, PROGRESSIVE COLLAPSE BASICS, Steel Building Symposium: Blast and Progressive Collapse Resistance, December 4-5 2003, McGrow Hill, pp1-11.

[20] Commission of Inquiry into the collapse of the Hotel New World, Report to the Presi-

dent, Republic of Singapore, February 1987, Singapore National Press Ltd .

[21] BUILDING CONTROL ACT, Building and Construction Authority.

[22] http://www.bca.gov.sg/BuildingControlAct/building_control_act.html.

[23] FEMA Report 403: World Trade Center Building Performance Study: Executive Summary, May 2004. http://www.fema.gov/pdf/library/fema403_execsum.pdf.

[24] FEMA Report 403: World Trade Center Building Performance Study: Chapter 1, May 2004. http://www.fema.gov/pdf/library/fema403_ch1.pdf.

[25] FEMA Report 403: World Trade Center Building Performance Study: Chapter 2, May 2004. http://www.fema.gov/pdf/library/fema403_ch2.pdf.

[26] FEMA Report 403: World Trade Center Building Performance Study: Chapter 3, May 2004. http://www.fema.gov/pdf/library/fema403_ch3.pdf.

[27] FEMA Report 403: World Trade Center Building Performance Study: Chapter 4, May 2004. http://www.fema.gov/pdf/library/fema403_ch4.pdf.

[28] FEMA Report 403: World Trade Center Building Performance Study: Chapter 5, May 2004. http://www.fema.gov/pdf/library/fema403_ch5.pdf.

[29] FEMA Report 403: World Trade Center Building Performance Study: Chapter 6, May 2004. http://www.fema.gov/pdf/library/fema403_ch6.pdf.

[30] FEMA Report 403: World Trade Center Building Performance Study: Chapter 7, May 2004. http://www.fema.gov/pdf/library/fema403_ch7.pdf.

[31] FEMA Report 403: World Trade Center Building Performance Study: Chapter 8, May 2004. http://www.fema.gov/pdf/library/fema403_ch8.pdf.

[32] FEMA Report 403: World Trade Center Building Performance Study: Appendix A, May 2004. http://www.fema.gov/pdf/library/fema403_apa.pdf.

[33] FEMA Report 403: World Trade Center Building Performance Study: Appendix B, May 2004. http://www.fema.gov/pdf/library/fema403_apb.pdf.

[34] FEMA Report 403: World Trade Center Building Performance Study: Appendix C, May 2004. http://www.fema.gov/pdf/library/fema403_apc.pdf.

[35] FEMA Report 403: World Trade Center Building Performance Study: Appendix D, May 2004. http://www.fema.gov/pdf/library/fema403_apd.pdf.

[36] FEMA Report 403: World Trade Center Building Performance Study: Appendix E, May 2004. http://www.fema.gov/pdf/library/fema403_ape.pdf.

[37] FEMA Report 403: World Trade Center Building Performance Study: Appendix F, May 2004. http://www.fema.gov/pdf/library/fema403_apf.pdf.

[38] FEMA Report 403: World Trade Center Building Performance Study: Appendix G, May 2004. http://www.fema.gov/pdf/library/fema403_apg.pdf.

[39] FEMA Report 403: World Trade Center Building Performance Study: Appendix H, May 2004. http://www.fema.gov/pdf/library/fema403_api.pdf.

[40] The National Commission on Terrorist Attacks Upon the United States: The 9/11 Commission Report. July 2004. http://govinfo.library.unt.edu/911/report/index.htm.

[41] NIST: NIST NCSTAR1 Federal Building and Fire Safety Investigation of the World Trade Center Disaster, Final Report on the Collapse of the World Trade Center Towers, September 2005. http://wtc. nist. gov/NISTNCSTAR1CollapseofTowers. pdf.

[42] Before The Administrative Hearing Commission, State of Missouri, Case No. AR-84-0239.

[43] Department of Philosophy and Department of Mechanical Engineering, Texas A&M University. ENGINEERING ETHICS: http://ethics. tamu. edu/ethics/hyatt/hyatt1. htm.

[44] 刘忠晋. 南岭隧道坍方破坏分析 [J]. 中国地质灾害与防治学报, 1992, 3 (4): 85～94.

[45] 钟延. 南岭隧道设计施工教训的拙见 [J]. 铁道工程学报, 1991, 1: 63～65.

[46] 吴治生. 南岭隧道地质灾害及其综合整治 [J]. 中国地质灾害与防治学报, 1993, 4 (2): 85～94.

[47] 余暄平, 朱卫杰. 上海市轨道交通4号线施工中流砂事故的修复工程 [J]. 中国市政工程, 2008. 1: 64～68.

[48] 唐君燕. 上海4号线事故成为4大保险商梦魇. http: //insurance. hexun. com/2003-08-05/102141887. html.

[49] 上海轨道交通4号线事故直接经济损失达1.5亿元. http: //news. sohu. com/65/88/news213458865. shtml.

[50] 上海轨道4号线事故原因查明 三人被逮捕. http: //news. sina. com. cn/c/2003-09-20/19241782151. shtml.

[51] 上海轨道4号线事故段隧道封堵完成形成四道防线. http: //news. enorth. com. cn/system/2003/07/07/000592583. shtml.

[52] 上海轨交4号线修复断点实现"环通". http: //www. stec. net/book/magazine_detail. asp? id = 2127&titlename = %E5%B2%A9%E5%9C%9F%E5%B7%A5%E7%A8%8B%E7%95%8C.

[53] 邵根大. 希思罗快速线中央枢纽区车站垮塌事故的深刻教训 [J]. 现代城市轨道交通. 2005, 58～61.

[54] 苑春艳 (译). 朱比利延伸线 (JLE) 和希思罗隧道塌方的教训 [J]. 世界隧道, 2001, 2: 60～64.

[55] M. Karakus, R. J. Fowell. An insight into the New Austrian Tunnelling Method (NATM) [C]. ROCKMEC'2004-VIIth Regional Rock Mechanics Symposium, 2004, 1～14.

[56] 邓雄业, 李明高. 靠椅山隧道大塌方的处理 [J]. 西部探矿工程, 2000, (4): 91～93.

[57] 尤庆忠. 靠椅山隧道洞口及富水软岩段施工 [J]. 铁道标准设计, 1999, (8-9): 42～44.

[58] 陈建军, 冯卫星, 王昭礼. 靠椅山隧道坍方段支护结构检算 [J]. 石家庄铁道学院学报, 2001, 14 (1): 45～48.

[59] 阮春喜. 猫山隧道通天塌方的整治 [J]. 公路与汽运, 2002, 4: 58～60.

[60] 邓江. 猫山隧道公路工程技术 [M]. 北京: 人民交通出版社, 2003.

[61] 杨晖，俞波，姚学昌．猫山隧道设计与施工［J］．广东公路交通，2000，65：49～53.

[62] 杨晖，邱皓．猫山隧道施工［J］．湖南交通科技，26（4）：58～59.

[63] Independent Panel to Review Cause of Teton Dam Failure. Report to US Department of the Interior and State of Idaho on Failure of Teton Dam , Idaho Falls, ID, December 1976.

[64] US Department of the Interior. Bureau of Reclamation. Federal Reclamation and Related Laws Annotated, Vol. 3: 1959-1966, Appendix, and Index . Washington: Government Printing Office, 1972.

[65] Teton Dam Failure Review Group, Failure of Teton Dam: Final Report , 1976-1982 .

[66] Seed, H. B. , The Teton Dam Failure-A Retrospective Review. Proc. Xth ICSMFE Stockholm 1981.

[67] 国家防汛抗旱总指挥部办公室、水利部科技司编．沟后水库砂砾面板坝—设计、施工、运行和失事．北京：中国水利水电出版社．1996.

[68] 徐泽平．面板堆石坝．中国水利水电科学研究院博士论文，2002.

[69] 中国大百科全书．水利．1992，北京～上海：中国大百科全书出版社：503～505.

[70] Committee of Inquiry Concludes String of Critical Design Errors Caused Collapse at Nicoll Highway, http://www.mom.gov.sg/publish/momportal/en/press_room/press_releases/2005/20050513-CommitteeofInquiryconcludesstringofcriticaldesignerrorscausedcollapseatNicollHighway.html.

[71] THE INCIDENT AT THE MRT CIRCLE LINE WORKSITE THAT LED TO THE COLLAPSE OF THE NICOLL HIGHWAY ON 20 APRIL 2004, An interim report on the investigations by the Committee of Inquiry into the collapse of Nicoll Highway on 20 April 2004.

[72] IES-MOM Seminar on Moving Beyond Nicoll Highway Incident (27 July 2007). http://www.ies.org.sg/event_view.php? event_id = 158.

[73] IAP class probes Singapore highway collapse. http://web.mit.edu/newsoffice/2008/collapse-highway-0201.html.

[74] 吴中如．“水电大坝在汶川大地震中的表现及思考”．2008年安生中国创新英才特训营讲座材料．

[75] 中国水利报．“张楚汉：震后需详查震区所有大坝”，中国环境生态网．

[76] 中国水利科学院．“混凝土大坝震后修复实例—重力坝”，科技快报（三十二），四川汶川抗震救灾，2008.5.22.

[77] 彭阜南，叶银灿．“台湾‘9.21’集集地震考察兼论强震发震断层”，《地震地质》，（2004）26卷4期，576～585.

[78] 921 victims rebuild lives, remember quake. http://taiwanjournal.nat.gov.tw/ct.asp?xItem = 21593&CtNode = 118.

[79] Global Risk Miyamoto, "Sichuan, China M8 Earthquake May 12, 2008: Lesson Learnt", Earthquake Filed Investigation Report.

[80] http://civil.qtech.edu.cn/html/tongzhitonggao/2008/0603/742.html.

[81] http://web. xwwb. com/wb2008/wb2008news. php? db = 4&thisid = 21623.

[82] 喻云龙，王超，唐维民，常银生．四川彭州地区砖混结构的典型震害分析．南京市房产局安全鉴定处．

[83] 卢明奇．汶川地震工程结构震害调查．北京交通大学土木建筑学院．

[84] 清华大学土木结构组，西南交通大学土木结构组，北京交通大学土木结构组．汶川地震建筑震害分析．建筑结构学报．2008，29（4）：1 ~9.

[85] 王正惠，蒋平．从汶川大地震中校舍倒塌看教育工程质量建设．中国社会学网.

[86] "Earthquake of the Month"，LCSN Newsletter, May 2008.

[87] "Lessons from China Earthquake"，The Structural Engineer, 2 September, 2008, Report by EEFIT.